世界一わかりやすい
3ds Max

操作と
3DCG制作の
教科書

IKIF+ 奥村優子 / 石田龍樹　著

技術評論社

注意　ご購入・ご利用前に必ずお読みください

本書の内容について

● 本書はAutodesk社 3ds Max 2016を使用して解説しております。本書記載の情報は、2015年12月1日現在のものになりますので、ご利用時には変更されている場合もあります。また、ソフトウェアはバージョンアップされる場合があり、本書での説明とは機能内容や画面図などが異なってしまうこともあり得ます。本書ご購入の前に必ずソフトウェアのバージョン番号をご確認ください。

● 本書に記載された内容は、情報の提供のみを目的としています。本書の運用については、必ずお客様自身の責任と判断によって行ってください。これら情報の運用の結果について、技術評論社及び著者はいかなる責任も負いかねます。また、本書内容を超えた個別のトレーニングにあたるものについても、対応できかねます。あらかじめご承知おきください。

3ds Maxはご自分でご用意ください

● Autodesk社のWebサイトより、3ds Maxの製品体験版（無償・30日間有効）をダウンロードできます。詳細は、Autodesk社の下記Webサイトをご覧ください。
http://www.autodesk.co.jp/products/3ds-max/free-trial

● 学生と教育者の方は、3年間の無償ライセンスを取得することが可能です（Education Communityへの登録が必要）。
www.autodesk.co.jp/edu

レッスンファイルについて

● 本書で使用しているレッスンファイルおよび練習問題ファイルの利用には別途Autodesk社の3ds Maxが必要です。また、3ds Max 2016で作成しているため、それ以外のバージョンでは利用できない場合や操作手順が異なることがあります。

● 本書で使用したレッスンファイルおよび練習問題ファイルの利用は、必ずお客様自身の責任と判断によって行ってください。これらのファイルを使用した結果生じたいかなる直接的・間接的損害も、技術評論社、著者、プログラムの開発者、ファイルの制作に関わったすべての個人と企業は、一切その責任を負いかねます。

以上の注意事項をご承諾いただいたうえで、本書をご利用願います。これらの注意事項をお読みいただかずに、お問い合わせいただいても、技術評論社および著者は対処しかねます。あらかじめ、ご承知おきください。

3ds Max（〜2016）の動作に必要なシステム構成　※以降のバージョンでは変更になることがあります。

【Windows】

● 64ビットintel（R）またはAMD（R）マルチコア プロセッサ
● Microsoft Windows 7（Service Pack 1）日本語版、Windows 8 日本語版および Windows 8.1 Professional オペレーティングシステム日本語版
● 4GB以上のRAM
● 6GB以上の空き容量のあるハードディスク（推奨8GB）
● ソフトウェアのライセンス認証、およびオンラインサービスの利用には、インターネット接続および登録が必要です。

※ 3ds Max 2016は、Macには対応しておりません。Windowsでのみ作動します。

Autodesk、および3ds Maxは、米国またはその他の国におけるAutodesk,Inc./
Autodesk Canada Co.の登録商標または商標です。また、Microsoft Windowsおよび
Apple Macその他本文中に記載されている製品名、会社名は、すべて関係各社の商標または登録商標です。

PREFACE　はじめに

はじめに

本書は、3ds Maxを使用して3DCG映像を制作のために必要な機能の紹介と、その機能を実際に使用するための手順を解説した初学者向けの解説書です。

3ds Maxは3DCGを制作する非常に優れたソフトウェアですが、さまざまな機能があり、はじめて手にする人が思い通りの映像を制作するにはそれなりの時間と労力が必要になります。
そこで、本書はみなさんが思い描いた世界を、3DCGで具現化するための知識と技術の習得を少しでもわかりやすく解説することを心がけました。まずは基本的な使い方を覚えるための導入として本書を使用してください。各Lessonの最後には、練習問題が用意されております。繰り返し手を動かして、頭と体で覚えましょう。3ds Maxはアニメーションやゲーム、映画などさまざまな3DCGの制作でプロフェッショナルが使用しているソフトウェアです。基本機能を覚えた後、そうした映像のテクニックをまねしてみるのも上達への近道となります。

著者自身、10年以上ほかの3DCGソフトウェアを使って映像制作をしていましたが、あるプロジェクトではじめて3ds Maxを使用したときの手探りでの作業と苦労、それ以上に、こんなこともできるのかと驚いたことを鮮明に覚えています。

あのとき、自分のそばにこんな書籍があれば、と思い浮かべながら、自分がわからなかったところ、疑問に思ったところ、つまづいたところを、なるべく丁寧に具体的に解説しようと心がけました。つまづく原因になるちょっとした要因は、checkやcolumnにできるだけ詰め込んであります。

本書がみなさまの3DCG映像制作の手助けになれれば幸いです。

最後に、共著の石田龍樹氏、サポートしてくださった松之木大将氏、ならびに関係者のみなさまに、この場をお借りして厚く御礼申し上げます。

2016年1月　IKIF+ 奥村優子

本書の使い方

•••• Lessonパート ••••

❶ 節

Lessonはいくつかの節に分かれています。機能紹介や解説を行うものと、操作手順を段階的にStepで区切っているものがあります。

❷ Step / 見出し

Stepはその節の作業を細かく分けたもので、より小さな単位で学習が進められるようになっています。Stepによっては学習ファイルが用意されていますので、開いて学習を進めてください。機能解説や、過程が連続しない工程の節は見出しだけでStep番号はありません。

❸ Before / After

学習する作例のスタート地点のイメージと、ゴールとなる完成イメージを確認することができます。Before/Afterがわかりにくい作例では省略しています。これから学ぶ3ds Maxの知識およびテクニックで、どのような作例を作成するかイメージしてから学習しましょう。

❹ レッスンファイル

その節またはStepで使用するレッスンファイルの名前を記しています。該当のファイルを開いて、操作を行います（ファイルの利用方法については、P.6を参照してください）。

❺ コラム

解説を補うための2種類のコラムがあります。

> **CHECK!**
> Lessonの操作手順の中で注意すべきポイントを紹介しています。

> **COLUMN**
> Lessonの内容に関連して、知っておきたいテクニックや知識を紹介しています。

HOW TO USE　本書の使い方

本書は、3ds Max の基本操作とよく使う機能を習得できる初学者のための入門書です。
ダウンロードできるレッスンファイルを使うことで、実際に手を動かしながら学習が進められます。
さらにレッスン末の練習問題で学習内容を確認し、実践力を身につけることができます。

●●●● 練習問題パート ●●●●

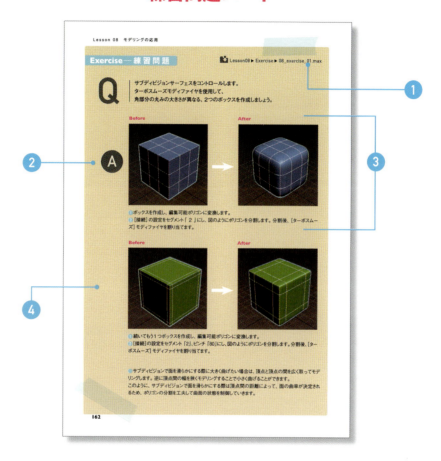

❶ 練習問題ファイル
練習問題で使用するファイル名を記しています。該当のファイルを開いて、操作を行いましょう（ファイルについては、P.6を参照してください）。

❷ Q (Question)
練習問題です。大まかな手順をもとに作成していきましょう。

❸ Before / After
練習問題のスタート地点と完成地点のイメージを確認できます。Lessonで学んだテクニックを復習しながら作成してみましょう。

❹ A (Answer)
練習問題を解くための手順を記しています。問題を読んだだけでは手順がわからない場合は、この手順や完成見本ファイルを確認してから再度チャレンジしてみてください。

005

レッスンファイルのダウンロード

1 Webブラウザを起動し、下記の本書Webサイトにアクセスします。

http://gihyo.jp/book/2016/978-4-7741-7860-8

2 Webサイトが表示されたら、写真右[本書のサポートページ]のボタンをクリックしてください。

3 レッスンファイルのダウンロード用ページが表示されます。ファイルごとに下記IDとパスワードを入力して[ダウンロード]ボタンをクリックしてください。

ID―3dsmax16　パスワード―easy4au

4 ブラウザによって確認ダイアログが表示されますので、[保存]をクリックします。ダウンロードが開始されます。

5 保存されたZIPファイルを右クリックして[すべて展開]を実行すると、展開されて元のフォルダになります。

ダウンロードの注意点

● ファイル容量が大きいため、ダウンロードには時間がかかります。ブラウザが止まったように見えてもしばらくお待ちください。

● インターネットの通信状況によってうまくダウンロードできないことがあります。その場合はしばらく時間を置いてからお試しください。

● [エラーメッセージ]
サンプルシーンを開く際に、[ファイルロード：ガンマとLUT設定が一致しません]というウィンドウが出る場合、[操作を選択]で[ファイルのガンマとLUT設定を採用しますか?]にチェックを入れます。

HOW TO DOWNLOAD　レッスンファイルのダウンロード

本書で使用しているレッスンファイルは、小社Webサイトの本書専用ページよりダウンロードできます。
ダウンロードの際は、記載のIDとパスワードを入力してください。
IDとパスワードは半角の小文字で正確に入力してください。

●●●● ダウンロードファイルの内容 ●●●●

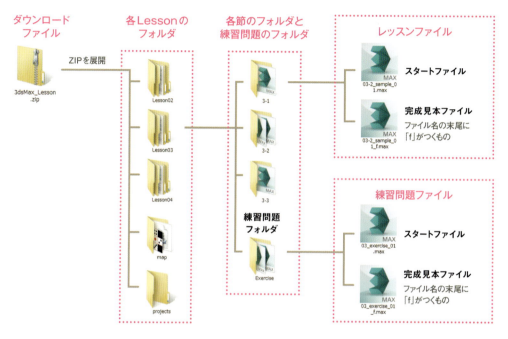

- ダウンロードしたZIPファイルを展開すると、Lessonごとのフォルダが現れます。
- Lessonフォルダを開くと「3-1」などの節ごとのフォルダに分かれています。
- 本書中の「Step」や「練習問題」の最初に、利用するフォルダとファイル名が記載されています。
- 内容によっては、レッスンファイルや練習問題ファイルがないところもあります。
- ファイル名の最後に「f」がつくものは、そのStepでの作業が完了しているファイルです。
- Lesson01にはレッスンファイルがありません。
- ダウンロード時の「projects」フォルダは空の状態です。
- シーンを開いたとき、プラグインに関するエラーが出ることがありますが、気にせず[OK]を押して下さい。

●●●● 3ds Max無償体験版について ●●●●

Autodesk 3ds Max 製品体験版（30日間有効）は以下のWebサイトよりダウンロードすることができます。
https://www.autodesk.co.jp/products/3ds-max/free-trial

Webブラウザ（Internet Explorerなど）で上記Webページにアクセスし、該当のアプリケーションアイコンの下に表示される「体験版」をクリックします。Webページ上の指示にしたがい、ダウンロードを行ってください。

本書のレッスンファイルは、どの環境でもお使いいただけるよう、内部で読み込む画像データなどを相対パスで管理しています。
特定のアドレスでしか読み込めない絶対パスに対し、相対パスはプロジェクトフォルダからの相対的な階層で管理しています。

- 3ds Maxを購入する場合
Autodesk社のオンラインストア、または、認定販売パートナーのサイトやオンラインストアで購入することができます。2016年1月31日以降は、期間契約ライセンス（Desktop Subscription）のみの購入が可能です。

CONTENTS

はじめに …………………………………………… 003
本書の使い方 ……………………………………… 004
レッスンファイルのダウンロード ………………… 006

Lesson 01 3ds Maxという道具を知る ………… 011

1-1　この本を使ってできること ………………… 012
1-2　3DCG映像制作のワークフロー ……………… 014
1-3　3ds Maxのインターフェース ………………… 016
Exercise 練習問題 ………………………………… 020

Lesson 02 各種設定のカスタマイズ …………… 021

2-1　ユーザパスの指定と単位設定 ……………… 022
2-2　各種設定をカスタマイズする ……………… 024
2-3　ビュー設定 …………………………………… 027
2-4　3ds Maxで使用されるオブジェクト ………… 029
Exercise 練習問題 ………………………………… 030

Lesson 03 基本操作をマスターする …………… 031

3-1　ビュー操作とオブジェクト選択・解除 …… 032
3-2　ワークスペースシーンエクスプローラの操作 … 034
3-3　オブジェクトの移動、回転、拡大・縮小 … 036
3-4　オブジェクトの基点・参照座標系・変換中心 … 041
Exercise 練習問題 ………………………………… 044

Lesson 04 プリミティブによるモデリング …… 045

4-1　標準プリミティブの作成 …………………… 046
4-2　拡張プリミティブの作成 …………………… 050
4-3　スプライン …………………………………… 053
Exercise 練習問題 ………………………………… 062

Lesson 05 オブジェクトの設定 ………………… 063

5-1　オブジェクトの位置合わせ ………………… 064
5-2　オブジェクトのグループ化 ………………… 067
5-3　クローンの作成 ……………………………… 070
5-4　クローンの配列条件 ………………………… 074
5-5　オブジェクトの階層リンク（親子関係）の作成 … 076
Exercise 練習問題 ………………………………… 078

モデルの作成 　　　　　　　　　　　　　079

- 6-1　プリミティブを組み合わせてモデルを作成する……… 080
- 6-2　カメラオブジェクトの作成 ………………………… 094
- 6-3　カメラワーク …………………………………… 099
- 6-4　レンダリングと静止画出力 ……………………… 102
- Exercise 練習問題 ………………………………… 104

◀◀◀ Lesson 06

モデリングの基礎 　　　　　　　　　　　　　105

- 7-1　プリミティブから編集可能ポリゴンへの変換……… 106
- 7-2　5つのサブオブジェクトレベル ………………… 108
- 7-3　ポリゴン編集とよく使う機能 …………………… 114
- 7-4　法線を編集する ………………………………… 132
- 7-5　モデルをディテールアップする ………………… 134
- Exercise 練習問題 ………………………………… 144

◀◀◀ Lesson 07

モデリングの応用 　　　　　　　　　　　　　147

- 8-1　モディファイヤとモディファイヤスタックについて… 148
- 8-2　モディファイヤを使った編集 …………………… 151
- 8-3　サブディビジョンサーフェス …………………… 158
- Exercise 練習問題 ………………………………… 162

◀◀◀ Lesson 08

キャラクターモデリング 　　　　　　　　　　163

- 9-1　キャラクターモデリングをはじめる ……………… 164
- 9-2　簡単なパーツでバランスをとる ………………… 167
- 9-3　各パーツを詳細にモデリングする ……………… 173
- 9-4　データを整理する ……………………………… 186
- Exercise 練習問題 ………………………………… 188

◀◀◀ Lesson 09

マテリアルとテクスチャ 　　　　　　　　　　189

- 10-1　光によるものの見え方 ………………………… 190
- 10-2　ジオメトリオブジェクトに色と質感を与える……… 194
- 10-3　ひとつのジオメトリに複数の質感を与える …… 197
- 10-4　テクスチャマッピングを使用したマテリアルを作成する 204
- 10-5　ジオメトリに画像を貼り込む ………………… 211
- 10-6　キャラクターモデルに画像を貼り込む ………… 215
- Exercise 練習問題 ………………………………… 222

◀◀◀ Lesson 10

モーファーの設定 　　　　　　　　　　　　　223

- 11-1　モーファーの特性を知る ……………………… 224
- 11-2　キャラクターモデルにモーファーを設定する …… 228
- Exercise 練習問題 ………………………………… 232

◀◀◀ Lesson 11

Lesson 12

キャラクターリギング 233

- 12-1 キャラクターのデータを整える 234
- 12-2 ボーンオブジェクトを構造に合わせて配置する 238
- 12-3 スキンの設定 248
- 12-4 ボーンにFK・IKを設定する 262
- Exercise 練習問題 268

Lesson 13

アニメーションの作成 269

- 13-1 アニメーションの基本 270
- 13-2 簡単なアニメーションを制作する 272
- 13-3 移動、回転、拡大・縮小以外のアニメーション 283
- 13-4 キャラクターアニメーションを制作する 287
- Exercise 練習問題 296

Lesson 14

ライティングの効果 297

- 14-1 ライトの種類と影の設定 298
- 14-2 ライトをシーンに配置する 303
- Exercise 練習問題 308

Lesson 15

カット編集とレンダリング 309

- 15-1 3ds Maxでのカット割り 310
- 15-2 レンダリング設定とプロダクション 312
- Exercise 練習問題 314

3ds Max 主要ショートカットキー一覧 315
INDEX 316

3ds Maxという道具を知る

An easy-to-understand guide to 3ds Max

Lesson 01

3ds Maxは3次元コンピュータグラフィックス（3DCG）を制作するためのソフトウェアです。3DCGとは、ソフトウェア上の3次元空間で仮想の立体物を制作し、静止画像や動画に変換することです。3ds Maxを実際に使用する前に、まずは映像制作の基本を知り、3ds Maxというソフトウェアの基礎知識を理解しておきましょう。

Lesson 01　3ds Maxという道具を知る

1-1 この本を使ってできること

本書では、各章を読み進めながら実際に自分の手でものを制作していくことで技術を習得します。簡単な操作からはじめて、最終的にはキャラクターアニメーションを制作することができるようになります。段階的に3ds Maxの機能を知ることで、基礎を固め、応用する力が身に付きます。本書のLessonを修了すると、3DCG映像制作の流れをひととおり経験することができます。

本書の流れ

［操作の習得］

Lesson 1、2、3

3DCG制作の流れと3ds Maxの機能や特長を紹介します。制作環境を整え、ソフトウェアの基本操作を学びます。

［オブジェクトの制作と編集］

Lesson 4、5

3ds Maxにあらかじめ用意されているオブジェクト、「プリミティブオブジェクト」の作り方と、作ったオブジェクトの複製や配置の方法を学びます。

Lesson 6

プリミティブを組み合わせて遊園地のオブジェクトを作ります。光を当て、カメラを操作して構図を決めて整えていきます。制作物を静止画像に出力できるようになります。

Lesson 7、8

プリミティブオブジェクトを編集する方法を習得し、より自由度の高い形状を作るための方法を学びます。

［キャラクターの制作］

Lesson 9

キャラクターをモデリングする手順を理解し、実際に各パーツを制作します。

1-1　この本を使ってできること

Lesson10
光による色の見え方を理解したうえで、制作したキャラクターに色や質感を与えます。

Lesson11
時間軸に沿って、物の形状を変更をすることができる［モーファー］という機能を理解し、キャラクターの表情パターンを作成します。

Lesson12
キャラクターを動かすための仕組み作り（リギング）を学んでいきます。

［アニメーション技術を学ぶ］

Lesson13
制作したキャラクターを用いて簡単なキャラクターアニメーションを制作します。

Lesson14
照明について、より深く理解し、光の効果を駆使して、効果的に場面を見せる画面作りを学びます。

Lesson15
Lesson14までで制作してきたデータを使用して、カット割りのあるアニメーション映像として仕上げます。

Lesson 01　3ds Maxという道具を知る

1-2 3DCG映像制作のワークフロー

3DCG映像制作が、どのような工程を経て制作されるのかを
時間軸に沿って並べた図（ワークフロー）で解説します。

映像制作の流れ

映像制作の流れをあらわした表のことを「ワークフロー図」と呼びます。準備段階を「プリプロダクション」と呼び、映像は絵コンテの段階で、細かくカット割りされます。それ以降のカット制作にあたる部分を「プロダクション」と呼びます。カットが完成した後の工程を「ポストプロダクション」と呼び、映像、音楽の編集、ナレーションや台詞の録音、効果音の追加などを行い作品を完成させます。

個人で制作する場合は、企画、プロットなどの「プリプロダクション」を意識することは少ないですが、作品のアイデアが思い浮かんだ時点でそれが企画の始まりといえるでしょう。頭の中でその企画のキャラクターや背景のイメージを膨らませるとプロットやシナリオとなります。

映像制作の役割とワークフロー

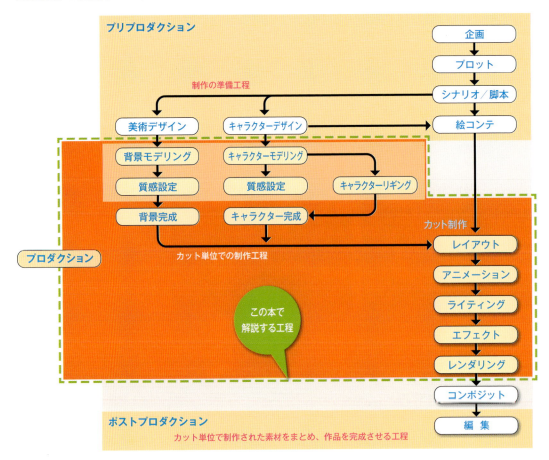

用語解説

映像制作のワークフローの用語について解説します。

企画
　作品の意図や作品内容などの基本的な部分を決定するもの。

シナリオ/脚本
　柱書き、台詞、ト書きだけで構成し、客観的な映像描写をしたもの。プロットを元に具体的に文章に起こしたもの。

美術デザイン
　背景や小物をデザインして線画に起こすこと。

キャラクターモデリング/背景モデリング
　キャラクターや背景のデザイン画、三面図を使用して、3Dモデル化すること。

キャラクターリギング
　3D化したキャラクターを動かすための仕組みを組み込むこと。

アニメーション
　カットの内容に合わせて、キャラクターやカメラにさまざまな動きをつけること。

エフェクト
　カットに合わせた光や影、煙や爆発などの画面効果を作成すること。

コンポジット
　コンポジット用のソフトウェアを使用して、エフェクトを足したり、画面全体に効果を加えること。

プロット
　構成や展開を書き出したもの。

絵コンテ
　映像制作前に用意する、イラストによる映像の設計図のこと。カットごとのおおまかな構図や動きに加え、セリフ、カメラワーク、尺等を記入したもの。

キャラクターデザイン
　キャラクターをデザインして線画に起こすこと。正面の絵のほかに、側面、背面などの絵（三面図）を用意すると3Dモデル化しやすい。

質感設定
　物体に色やツヤ、透明度などを与えること。

レイアウト
　絵コンテをもとにカットの構成図を作成したもの。カメラを設定し、キャラクター、背景を配置する。

ライティング
　カットのイメージに合わせて背景やモデルに照明をあてること。

レンダリング
　3Dソフトで制作した映像を、静止画像や動画として出力すること。

編集
　複数のカットをつないで映像を作り上げること。場面に合わせてBGMや効果音を入れていく。

COLUMN

個人での映像制作と共同制作の違い

　3DCGの映像を個人で制作するということは、映画で言うところのすべての役職を一人で担うようなものです。
　監督、脚本、役者といった演出内容にかかわるスタッフから、技術者であるカメラマン、美術（大道具、小道具）、衣装、照明、編集など、映像を作る要素すべてのことを考えなければならないので、多岐にわたる知識が必要になります。
　映画制作などの多人数での共同制作と違って、すべてを一人でコントロールしながら自由に制作できる半面、各工程に対する知識が足りないと、優れた作品を生み出すことはできないでしょう。
　世界的に見ても3Dアニメーションの制作現場では、技術者はいくつかの役職に分かれています。日本の3Dアニメーション業界では、モデリング、アニメーション、リギング、質感などの工程ごとに担当が分かれていることが一般的です。大規模な作品や、海外のスタジオでは、エフェクト、ライティング担当など、より細かく役職が分かれていることもあります。

Lesson 01 3ds Maxという道具を知る

1-3 3ds Maxのインターフェース

3ds Maxの起動画面や頻繁に使うメニューなどの名称、
機能などを解説します。

3ds Maxを起動する

3ds Maxを起動しましょう。スタートメニューのショートカット❶、もしくはデスクトップの3ds Maxアイコン❷でソフトウェアを起動します。

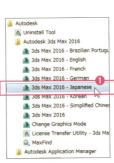

［ようこそ画面］を開く

［ようこそ画面］は3ds Max起動時に表示されるメニューです。タブを選択することで、さまざまなヘルプサポートを受けることができます。

［開始］

［開始］が選択されていると、最近使用したファイルやあらかじめ設定しておいたテンプレートを簡単に開くことができます。

［学習］

［学習］が選択されていると、1分間のスタートアップムービーや、その他の学習リソースが表示されます。さらに、インターネット接続ができる環境であれば、それらにアクセスすることができます。

［拡張］

［拡張］が選択されていると、オンラインで技術情報のサイトにアクセスしたり、有償、無償のモデルデータをダウンロードしたりといった3ds Maxの機能を拡張するメニューにアクセスできます。

［ようこそ画面を終了する］

［ようこそ画面］の右上のアイコンをクリックすることで、この画面を閉じることができます。パネルを閉じた後に再度表示させたい場合は、［メニュー］→［ヘルプ］→［ようこそ画面］を選択します。

> **COLUMN**
>
> **初回起動時の注意**
>
> **・使用言語の選択方法**
>
> 初回は、使用する言語を選択するため、Windowsスタートメニューのショートカット❶から起動します。次回以降はデスクトップの3ds Maxアイコンでソフトウェアを起動してかまいません。
>
> ※使用言語を変更する場合は、スタートメニューの各言語のショートカットから起動します。
>
> **・インターフェイス選択**
>
> 初回起動時に図のパネルが表示された場合、［クラシック］→［続行］を選択し、［OK］ボタンをクリックします。
>
>

1-3 3ds Maxのインターフェース

3ds Maxウィンドウ

3ds Maxのメインインターフェース画面です。

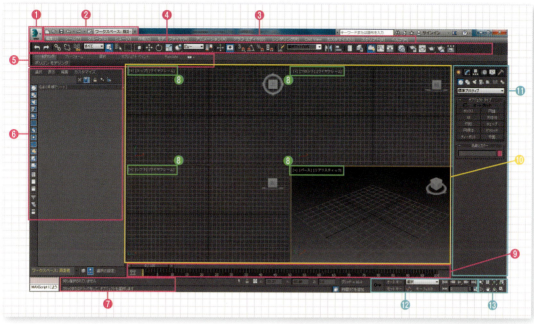

❶アプリケーションボタン

アプリケーションボタンをクリックするとアプリケーションメニューが表示されます。アプリケーションメニューには、ファイルを管理するための機能が用意されています。

❷クイックアクセスツールバー

ファイルの新規作成、読み込み、保存、元に戻す、やり直し、などの機能を簡単に使用することができます。

Ⓐ新規シーンを作成
Ⓑファイルを開く
Ⓒファイルを上書き保存
Ⓓシーン操作を元に戻す（アンドゥ）
Ⓔシーン操作をやり直し（リドゥ）

❸メニュー

3ds Maxのさまざまな機能にアクセスするためのメニューが並んでいます。

❹メインツールバー

3ds Maxで使用される数多くのコマンドが表示されます。

Ⓕシーン操作を元に戻す（アンドゥ）
Ⓖシーン操作をやり直し（リドゥ）
Ⓗ選択してリンク
Ⓘ選択をリンク解除
Ⓙスペースワープにバインド
Ⓚ選択フィルタ
Ⓛオブジェクトを選択
Ⓜ名前による選択
Ⓝ矩形選択領域

Ⓞ領域内／交差
Ⓟ選択して移動
Ⓠ選択して回転
Ⓡ選択して均等にスケール
Ⓢ選択して配置
Ⓣ参照座標系
Ⓤ基点中心を使用
Ⓥマニピュレータ
Ⓦキーボードショートカットの切り替え
Ⓧスナップ切り替え
Ⓨ角度スナップ切り替え
Ⓩパーセントスナップ切り替え
ⓐスピナースナップ切り替え
ⓑ名前付き選択セットを編集
ⓒ名前付き選択
ⓓミラー
ⓔ位置合わせ
ⓕシーンエクスプローラを切り替え
ⓖレイヤエクスプローラを切り替え
ⓗリボン切り替え
ⓘカーブエディタ（開く）
ⓙスケマティックビュー（開く）
ⓚマテリアルエディタ
ⓛレンダリング設定
ⓜレンダリングフレームウィンドウ
ⓝレンダリングプロダクション
ⓞAutodeskA360でのレンダリング
ⓟAutodeskA360ギャラリーを開く

❺ リボン

モデリング、シーンへのペイントなど、数多くのツールが含まれます。

❻ ワークスペースシーンエクスプローラ

シーン内に存在するオブジェクトの表示、ソート、フィルタリング、選択のほか、オブジェクト名の変更、削除、非表示、フリーズや、オブジェクト階層の作成および修正、オブジェクトプロパティの一括編集といったさまざまな作業が可能です。

❼ ステータスバーコントロール

さまざまな情報が表示されます。プロンプトの右側にある座標表示フィールドには、変換値を手動で入力することができます。

❽ ビューポートラベルメニュー

視点（POV）やシェーディングスタイルなどを含む、各ビューポートで表示される内容を変更できます。

❾ タイムスライダ

タイムラインに沿ってナビゲートすることや、シーン内の任意のアニメーションフレームにジャンプすることができます。タイムスライダを右クリックして目的のキーを[キーを作成]（Create Key）ダイアログボックスから選択することで、位置および回転またはスケールのキーを簡単に設定することができます。

❿ ビューポート

シーンを複数の角度から描画することや、ライト、シャドウ、被写界深度などの効果をプレビューすることができます。分割数は初期設定では4画面ですが、自由に設定することができます。

⓫ コマンドパネル

上部のアイコンで6種のタブを切り替えて使用します。ジオメトリの作成と修正、ライトの追加、アニメーションのコントロールなどを行うためのツールにアクセスします。パネル内の各種ロールアウトからもジオメトリの作成や修正を行うことができます。

ⓠ [作成]タブ
オブジェクトを作成するためのパネルが用意されています。

ⓡ [修正]タブ
オブジェクトを編集するためのパネルが用意されています。

ⓢ [階層]タブ
階層リンク（P.76参照）やIK（P.262参照）などを編集するパネルが用意されています。

ⓣ [モーション]タブ
アニメーションを編集するパネルが用意されています。

ⓤ [表示]タブ
オブジェクトの表示／非表示を切り替えるパネルが用意されています。

ⓥ [ユーティリティ]タブ
3ds Max内のさまざまなユーティリティを起動することができます。

⓬ アニメーションの作成と再生

アニメーションコントロールと、ビューポート内でのアニメーション再生のためのタイムコントロールがあります。時間の経過に伴ってアニメーションを制作したり確認するには、このコントロールを使用します。

⓭ ビューポート ナビゲーション

ビューポート内で、ビューの位置や回転などを変更するには、これらのボタンを使用します。

CHECK! 項目や機能の選択

[プルダウン]

[プルダウン]ボタン❶をクリックしてから選択ウィンドウ❷を表示し、項目を選択することができます。

[フライアウト]

[フライアウト]ボタン❸上でクリックをし、長押しすることで機能を選択❹することができます。選択した機能によってアイコンの見た目が変化します❺。
[フライアウト]可能なボタンかどうかはボタン右下のマーク❻で判断します。

[ロールアウト]

名前の左側にある「＋」「－」❼をクリックすることで[ロールアウト]が開閉します。オブジェクトやレンダリングの設定パネルなどに設置されています。

その他メニューとウィンドウ

常に表示されている3ds Maxウィンドウ以外にも、ユーザーの操作で表示させるウィンドウがあります。

クアッドメニュー

ビューポート内のビューポートラベルメニューの上以外の部分❶でマウスの右ボタンをクリックすると、クアッドメニュー❷が表示されます。クアッドメニューで使用できるオプションは、選択対象によって異なります。

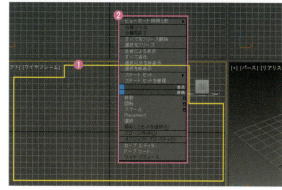

スレートマテリアルエディタ

メインツールバーの[マテリアル エディタ]アイコンを選択するか、キーボードのMキーを押すと開きます。マテリアルとマップの作成および編集をすることができます。マップを利用することで、さまざまな質感のものを作りだすことができます。

コンパクトマテリアルエディタに表示を変更することが可能です。

レンダリングフレームウィンドウ

シーンをレンダリングした結果が自動的に表示されます。ウィンドウ内のアイコンやボタンで各種設定の変更をすることができます。

Exercise — 練習問題

3ds Max を起動し、ようこそ画面、学習パス、ヘルプにアクセスして参考資料を見てみましょう。まずはインターネットにつなげられるように準備しておきます。

● [ようこそ画面]で、1分間スタートアップムービーを見る

❶ 3ds Max を起動して[ようこそ画面]を表示します。

❷ [学習]をクリックすると表示される、1分間スタートアップムービー「3ds Maxの開始」を見てみましょう。1分間スタートムービーは、この本でも学ぶ 3ds Max の機能の概要を音声付きのムービーで見ることができます。

❸ その他の1分間ムービーも見てみましょう。

● その他の学習リソースで[Autodesk学習パス]を開く

❶ [ようこそ画面]右側のその他の学習リソースの、[Autodesk学習パス]をクリックします。
❷ 基本的な 3ds Max の機能について、学習ムービーを見ることができます。

● その他の学習リソースで[Autodeskヘルプ]を使用して必要な情報を得る

❶ [ようこそ画面]を閉じ、メニューの[ヘルプ]→[Autodesk 3ds Max ヘルプ]をクリックすると、インターネットのブラウザが起動し、ヘルプが表示されます。ブラウザの左側から参照したい項目を選びます。
❷ 以下の虫眼鏡アイコンをクリックし、検索ウィンドウにキーワードを入力することで、参照したい項目を検索することもできます。

各種設定の
カスタマイズ

An easy-to-understand guide to 3ds Max

Lesson 02

3ds Maxのすべての機能を理解し、使いこなすには、時間と労力が必要です。まずは、はじめて使うときにつまずきやすい部分である基本設定を行います。ここで、全体を把握するためのビュー設定や、ソフトウェア上のオブジェクトの概念を理解しておくと、この先の制作がスムーズに進められます。

Lesson 02　各種設定のカスタマイズ

2-1　ユーザパスの指定と単位設定

3ds Maxのデータの読み込み・保存などを、それぞれの環境に合わせ、使用しやすいように整えます。また、制作の基本となる単位を決定します。

プロジェクトフォルダの設定

プロジェクトフォルダを設定する

Lesson2をはじめる前に、レッスンファイルのダウンロードを行ってください（P.7参照）。レッスンファイルは、空き容量の多いHDD（空き容量500MB程度以上）にダウンロードしてください。

1 メニュー→［カスタマイズ］→［ユーザパスを設定］を選択します。

2 ［ユーザパスの設定］パネルが表示されます。

3 プロジェクトフォルダは、初期設定では［C:▶Users▶ユーザー名▶Documents▶3dsMax］というフォルダに設定されています。プロジェクトフォルダを変更するには、右の ■ ボタンをクリックして、プロジェクトフォルダを選択します。本書では、［C:▶3dsMax_Lesson▶projects］をプロジェクトフォルダに指定して解説します。

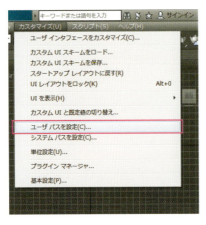

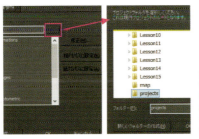

※外付けHDDなどをお使いの場合「C」でない該当のディスクを指定して下さい。

CHECK！ 設定時の注意

各自でダウンロードしたレッスンファイルが入ったフォルダ、［3dsMax_Lesson］フォルダを容量の多いHDDに移動し、［3dsMax_Lesson］フォルダをプロジェクトフォルダに指定します。プロジェクトフォルダを設定すると、いくつかのフォルダが自動的に作成されます。
以下は、その中で覚えておくとよい項目です。
AutoBackup：Lesson2-2で解説する自動バックアップのデータが保存される
Previews：アニメーションをプレビューする際、プレビューの映像ファイルが保存される
RenderOutput：レンダリング画像を保存する初期設定フォルダ
Scenes：シーンの読み込みや保存時に最初に開かれるフォルダ

単位設定

ソフトウェア上で3Dオブジェクトを作成するときに、長さの「1」という単位を1インチとするのか、1センチとするのか、どの単位を基準にして制作するかということを設定します。一般的なアニメーションを例とすると、通常の人間サイズのキャラクターが登場するような作品には、センチかメートルを使いますが、複数の惑星が登場するスケールの大きな巨大空間が舞台の作品の場合は、1単位をキロメートルや、より大きい単位を使用します。本書では「システム単位設定」「ディスプレイ単位設定」ともにセンチメートルで設定します。

単位を設定する

1 メニュー→［カスタマイズ］→［単位設定］を選択します。［単位設定］パネルが表示されます。

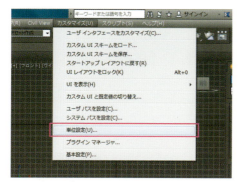

2 ［システム単位設定］をクリックして、パネルを開きます❶。［センチメートル］を選択し❷、［OK］ボタンをクリックしてパネルを閉じます❸。

3 ［ディスプレイ単位設定］は［メートル］にチェックを入れます。

4 すぐ下のプルダウンメニューから［センチメートル］を選択します。これで、1単位を1センチメートルで制作する設定をしたことになります。

> **CHECK！ システム単位の統一**
>
> システム単位設定が、シーンごとやカットごとにばらついていると、同じサイズのものの大きさが変わってしまったり、照明の照らす範囲が変わってしまったりと不都合が起きます。同じ作品ではシステム単位設定は統一しておく必要があります。ディスプレイ単位設定は表示上の設定なので、変更可能です。

Lesson 02　各種設定のカスタマイズ

2-2 各種設定をカスタマイズする

基本設定は制作をするうえでのルール決めのようなものです。制作を開始する前に、「ソフトが不正終了したときのためにバックアップをとる」、「レンダリング時に画像の自動補正を入れない」などのルールを決めます。また、使用頻度の高いワークスペースシーンエクスプローラをカスタマイズしておくことで快適に使用できるようにしておきます。

[基本設定]のカスタマイズ

[基本設定]をカスタマイズして、静止画出力時のルールや非常時用のバックアップ設定をします。本書の解説に沿ったカスタマイズを行いますが、操作に慣れたら制作しやすいカスタマイズをしてもかまいません。

メニュー→[カスタマイズ]→[基本設定]を選択します。[基本設定]パネルが表示されます。

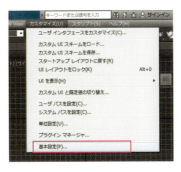

ファイルタブの設定

[ファイル]タブに切り替えます❶。画像❷の部分のチェックをオンにします。

❸保存時にバックアップ作成

プロジェクトのシーンファイルを保存するときに、コピーしたファイルをバックアップとして作成します。

❹保存時に圧縮

プロジェクトのシーンファイルのデータサイズを小さくします。

❺自動バックアップ

指定した間隔で作業中に自動的に途中のデータを保存します。バックアップファイルの数で、どれだけバックアップの履歴を残すか決めることができます。

レンダリングタブの設定

[レンダリング]タブに切り替えます❶。[出力ディザリング]内の[トゥルーカラー]と[ディザ256]のチェックをオフにします❷。このように設定すると、ソフトウェアで設定した色に補正をかけずにそのまま出力されます。

ガンマとLUTタブの設定

[ガンマとLUT]タブに切り替えます❶。
[ガンマ/LUT補正を使用]のチェックをオフにします❷。
これも、ソフトウェアで設定した色に補正をかけずにそのまま出力される設定です。

2-2 各種設定をカスタマイズする

[ワークスペースシーンエクスプローラ] のカスタマイズ

画面左の [ワークスペースシーンエクスプローラ] は使用頻度が高いので、使いやすいようにカスタマイズしておきます。

[ワークスペースシーンエクスプローラ] をカスタマイズする

1 ワークスペースシーンエクスプローラ→[カスタマイズ]→[カラムを設定]を選択します。

2 [カラムを設定] パネルの [フリーズ] をダブルクリックします。

3 図のように、[フリーズ] という項目が表示されます。

4 再度、**2** の [カラムを設定] パネルの [レンダリング可能] をダブルクリックします。

5 図のように、[レンダリング] という項目が表示されます。

6 追加した項目を右クリック❶して、表示されたメニューから [すべての幅を最小化] を選択します❷。
図のような状態になったら、[カラムを設定] パネルを閉じます。

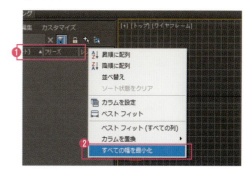

Lesson 02　各種設定のカスタマイズ

3ds Maxの終了

これまでの設定を保存するために、3ds Maxをいったん終了します。アプリケーションメニュー→[3ds Maxの終了]を選択します。終了時にこれまで設定した情報がシステムファイルに自動的に記憶され、次回起動するときに設定が引き継がれます。

> CHECK!　ワークスペースシーンエクスプローラの幅を変更する
>
> ワークスペースシーンエクスプローラの幅は、図の部分❶を左右にドラッグすると変更することができます。
> パネルや画面の設定をリセットするには、画面左上部のクイックアクセスツールバーの[ワークスペース]をクリックすると表示されるリストから、[既定状態にリセット]を選択します❷。これで、初期の状態に戻すことができます。

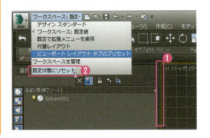

シーンファイルを開く

1 シーンファイル（3ds Maxファイル）を開きます。再度、3ds Maxを起動し、アプリケーションボタン❶→[開く]❷→[開く]❸を選択します。

2 例として、「3dsMax_Lesson▶Lesson02▶2-2」フォルダ❶の[02-2_sample_01.max]❷を選択して、[開く]ボタン❸をクリックすると、サンプルのシーンファイルが開きます。

シーンファイルを保存する

1 上記のシーンファイルを開いた状態で、アプリケーションボタン❶→[名前を付けて保存]❷→[名前を付けて保存]❸を選択します。

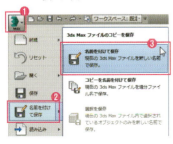

2 保存先には「3dsMax_Lesson▶Lesson02▶2-2」フォルダ❶を指定し、保存ファイル名に「02-2_save.max」❷と入力し、[保存]ボタン❸をクリックします。

> CHECK!　サンプルシーンの名前と場所
>
> Lesson中に開くサンプルシーンの名前と場所はそのLessonの右上にアイコンで指定します。サンプルシーンが複数ある場合は、その都度ファイル名を指定します。
>
> [例]
>
> Lesson05 ▶ 5-1 ▶ 05-1_sample_01.max

2-3　ビュー設定

2-3 ビュー設定

ビューの設定方法や、ビューの見た目の変更方法を習得します。

ビューポートとは

Lesson02 ▶ 2-3 ▶ 02-3_sample_01.max

ビューポートは、3次元空間に存在する3Dのキャラクターや背景を眺めるための窓のようなものです。単なる観察ポイントではなく、物の裏側や下側にまわり込んでみたり、ものとものとの3次元的な関係を理解するためのツールとしても利用します。サンプルシーンファイルを開いて確認してみましょう。

サンプルシーンファイルを開く

1 Lesson2-2の手順で、サンプルシーンを開きます。

2 シーンが開かれると、図のような画面になります。

ビューポート

ビューは初期設定では、4画面に分割されています。本書では、特殊な場合を除きこの状態で説明します。

左上：トップビュー
上から見た状態❶

右上：フロントビュー
正面から見た状態❷

左下：レフトビュー
左から見た状態❸

右下：パースビュー
人間の目の見え方に最も近いビューで、奥行きがある❹

各ビューポートは、後述するビューポートラベルのPOVで変更が可能です。

027

Lesson 02　各種設定のカスタマイズ

アクティブビュー

4つに分割されたビューポートのうち、いずれかひとつだけが黄色の枠に囲まれた状態になり、ハイライト表示されます。このビューポートをアクティブビューポートと呼びます。

さまざまなアクションは、アクティブビューポートに対して適用されます。アクティブにしたいビューの上で、マウスを右クリックすることで切り替えることができます。

ビューポートラベル

ビューポートラベルは各ビューポートの左上に表示されています。左クリックでプルダウンメニューが選択できるようになります。初期設定は右のようになっています。

一般ビューポート ラベルメニュー❶

ビューポートを最大化、ビューポートを無効（更新しない）、グリッドの表示など、ビューポート全体の表示や有効化に関する設定

POV (Point-Of-View、視点) ビューポート ラベル メニュー❷

主にビューポートの表示内容の設定（フロント、レフト、トップ、パースなど）

シェーディングビューポートラベル メニュー❸

ビューポートでのオブジェクトの表示方法（ビジュアルスタイル）を設定

 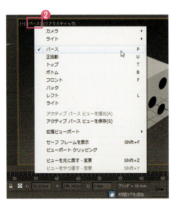 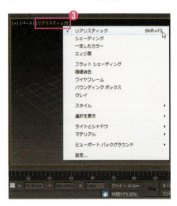

ビジュアルスタイル

シェーディングビューポートラベルメニュー❸でビジュアルスタイルを変更すると、オブジェクトの色などを変更することなく、ビュー上での見た目を変更することができます。エッジ面を表示すると、オブジェクトの形状が把握しやすくなり、実際の制作時には、工程によってビジュアルスタイルを使い分けていきます。

この本で使用する基本的なビジュアルスタイルは［リアリスティック］と［エッジ面］です。

［リアリスティック］
標準で設定されているスタイルで、物の質感をリアルに表現します。光源があれば、影も表示されます。

［エッジ面］
すべてのスタイルに重ねて表示されるので、場合によってオンとオフを切り替えるとよいです。

028

2-4 3ds Maxで使用されるオブジェクト

3ds Maxで使用されるオブジェクトの概念について解説します。各オブジェクトの詳細は、それぞれの章で解説しますので、ここでは概要を理解します。

オブジェクトとは

3ds Maxというソフトウェアでは、オブジェクトとは「3ds Max上で作成する要素すべて」のことを表しています。ライト、カメラ、小道具、大道具、キャラクター、キャラクターの中に仕込まれているボーンという構造など、シーン内にあるすべてのものはオブジェクトと呼ぶことができます。オブジェクトは、役割ごとにカメラオブジェクト、ライトオブジェクト、ジオメトリオブジェクトなどの名前が付いています。

さまざまなオブジェクトの名称と役割

本書で使用するオブジェクトの名称と役割について解説します。この5つのほかにも、特殊な用途のオブジェクトがありますが、本書では使用しません。

カメラオブジェクト

特定の視点からシーンを表示するためのオブジェクトです。3ds Maxのカメラは、実世界のさまざまなカメラをシミュレートし、映像を出力します。

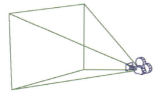

ジオメトリオブジェクト

座標を持った点、線、面で構成されたオブジェクトです。具体的にはモデリングで作成したキャラクター、大道具や小道具、背景などのモデルのことを表します。

ヘルパーオブジェクト

ヘルパーオブジェクトは、レンダリングされないオブジェクトです。さまざまな状況で、補助的な役割を担います。

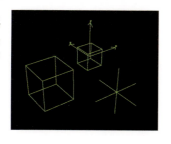

ライトオブジェクト

照明機材の光、太陽の光などの現実の光をシミュレートするためのオブジェクトです。3ds Maxではさまざまなタイプのライトオブジェクトを使用して、実世界の光源を再現します。

シェイプオブジェクト

シェイプは複数のスプラインから構成されるオブジェクトです。スプラインとは、ラインやカーブを形成する頂点とそれをつなぐ線で表示されるオブジェクトです。頂点を調整することにより、ラインの

形状をカーブさせたりまっすぐにすることができます。シェイプは、作成した時点では、レンダリングされないオブジェクトですが、ジオメトリに変換することでレンダリング可能になります。また、アニメーションのパスとして使用することができます。

Lesson 02　各種設定のカスタマイズ

Exercise ― 練習問題

 Lesson02 ▶ Exercise ▶ 02_exercise_01.max

ビジュアルスタイルを切り替えてみましょう。
P.28で解説したビジュアルスタイル[リアリスティック]、[エッジ面]以外にもさまざまなビジュアルスタイルを選択できます。
以下のビジュアルスタイル例を参考に見え方を変更してみましょう。

シェーディング

[シェーディング]
面を滑らかに見せます。光に向いている面が明るく、反対側は暗くなります。

[フラットシェーディング]
本来滑らかでない表面を、そのまま表示します。ライトがあれば、影も表示されます。

[ワイヤフレーム]
物体をワイヤフレームモードで表示します。本来裏側に隠れている線も表示されます。

[バウンディングボックス]
その物体がすっぽりと収まるような箱状に表示します。

スタイル

[グラファイト]
鉛筆で描いた絵のような表現です。カラーはなく、白黒になります。

[色鉛筆]
色鉛筆で描いた絵のような表現です。質感はグラファイトのものとあまり変わりませんが、こちらは色が付いています。

[インク]
インクで描いた絵のような表現です。カラーはなく、白黒になります。

[カラーインク]
インクで描いた絵のような表現です。こちらは色が付いています。

サンプルシーンを開きます。
❶ ビューポート上の左上部のシェーディングビューポートラベルメニューを左クリックします。
❷ メニューが表示されるので表示させたいビジュアルスタイルを選択します。

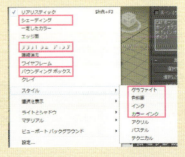

基本操作を
マスターする

An easy-to-understand guide to 3ds Max

Lesson 03

3ds Maxはビューの操作やオブジェクトの操作を習得すると、3次元空間の中で自由な視点からオブジェクトを観察したり、操作することができます。まずは移動、回転、拡大・縮小をマスターして、自由にオブジェクトを操れるようになりましょう。

Lesson 03 基本操作をマスターする

3-1 ビュー操作と オブジェクト選択・解除

ビューの基本的な操作方法とオブジェクトの表示・非表示の仕方を学びます。ビューの操作を習得すると、3次元空間で自由な視点でオブジェクトを観察したり操作することができます。

ビュー操作

Lesson2-2と同じ手順で、サンプルのシーンを開きます。

📥 Lesson03 ▶ 3-1 ▶ 03-1_sample_01.max

ViewCubeの使用

オブジェクトをさまざまな視点から見るためには、それぞれのビューポートの右上に表示されているViewCubeを使用します。ビューポートのPOVで、カメラ・ライト・シェイプを選択していると表示されません。

ViewCube以外の場所でマウスホイールをクリックしたままドラッグするとアイコンが🖐になり、上下左右に視点を移動することができます。マウスホイールを奥側に転がすと拡大、マウスホイールを手前側に転がすと縮小できます。

ViewCubeでビューポートをコントロールする

パースビュー上でクリックをして、アクティブにします。

1 ViewCubeの立方体を、クリックしたまま離さずにドラッグします。画面の中央を中心にビューを自由に回転させることができます。

2 「前」部分が青くハイライト表示されたときにマウスをクリックすると、フロント(表面からの視点)に切り替わります。

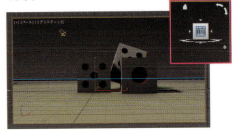

3 ホームアイコンをクリックすると、元の視点に戻ります。

4 左、右、上、下、後でも同じく切り替わります。

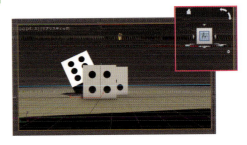

オブジェクトの選択

サイコロのモデルを例に使って、基本的な選択方法を解説します。

オブジェクトを選択する

1 アクティブビュー上で、サイコロの上にマウスポインタを持っていくと、サイコロの外側に黄色い縁取り線が表示されます❶。輪郭線は、パースビュー上では、別のものに隠れていても表示されます。また、オレンジ色の四角にオブジェクトの名前「dice_C」が表示されます❷。

2 この状態でサイコロをクリックすると、黄色い縁取りが水色に変化し、マウスポインタを別のところに動かしても、そのまま輪郭線が表示された状態になります❶。ビューポート上のシェーディングがワイヤーフレームの場合、白いワイヤーで表示されます❷。

オブジェクトの複数選択・個別選択解除

1 キーボードのCtrlキーを押しながら別のサイコロをクリックすることで、追加選択をすることができます。

2 また、Altキーを押しながら選択済みのサイコロをクリックすることで、そのサイコロを選択解除することができます。

すべてのオブジェクトの選択解除

4つのビューのなにもない場所でクリックすると、すべての選択が解除されます。

Lesson 03 基本操作をマスターする

3-2 ワークスペースシーン エクスプローラの操作

ワークスペースシーンエクスプローラの使用方法を学びます。ワークスペースシーンエクスプローラを使うと、シーン上のオブジェクトに対して、選択、解除、表示、非表示、名前の変更、フリーズ(固定)などのさまざまな設定を行うことができます。

ワークスペースシーンエクスプローラ

ワークスペースシーンエクスプローラパネル

ワークスペースシーンエクスプローラパネルは、2つの表示モード「レイヤ別にソート」「階層別にソート」があり、パネル下部のボタン❶で切り替えて使用します。
パネル左のアイコン群❷で、オブジェクトの種類によって表示非表示を切り替えることができます。
リスト上に名前が表示されている部分❸には、このシーン上にあるオブジェクトが表示されます。
パネル右側❹では、オブジェクトの状態がアイコン表示されています。

ワークスペースシーンエクスプローラの操作

オブジェクトを選択する

📥 Lesson03 ▶ 3-2 ▶ 03-2_sample_01.max

ここでは、サイコロのモデルを例に使って、基本的なオブジェクトの選択方法を解説します。

1 サンプルシーンを開きます。オブジェクトの名前❶をクリックすることでオブジェクトが選択できます❷。

2 選択の追加は、Lesson3-1と同じ手順で、Ctrlキーを押しながら、オブジェクトでなくオブジェクト名をクリックします❶。オブジェクトが選択されました❷。

3-2 ワークスペースシーンエクスプローラの操作

オブジェクトの名前を変更する

「dice_A」オブジェクトを選択しておき、名前部分を再度クリックします。すると、オブジェクト名が変更できる状態になります❶。「dice_X」と書き換えたら enter キーを押して、変更を確定します❷。

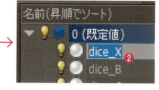

オブジェクトを非表示にする

オブジェクトを非表示にすると、画面上では見えなくなります（最終的にレンダリングするときも表示されません）。「dice_X」の名前列のいちばん左の黄色の電球アイコン❶をクリックすると、薄いグレーの電球に変化し、ビュー上で、サイコロが表示されなくなりました❷。再度❶のアイコンをクリックすると表示されます。

オブジェクトをフリーズさせる

フリーズさせると、そのオブジェクトはビュー上では色がなくなり、グレーの状態で表示されます。ビュー上でクリックしても選択することができません。
変更する予定のないものをフリーズしておくことで、誤って操作してしまうことを防ぎます。作業画面上で操作できないだけで、最終的なレンダリング結果には元のカラーで表示されます。

1 「dice_B」の名前の右側のフリーズアイコン❶をクリックします❷。

2 「dice_B」がグレーの状態で表示され、クリックしても選択できなくなりました。

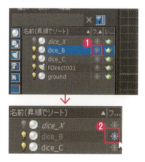

ファイルの保存

シーンファイルを保存する

1 Lesson2-2と同じ手順で変更したシーンデータを保存します。アプリケーションボタン❶→［名前を付けて保存］❷→［名前を付けて保存］を選択します❸。

2 保存先は「3dsMax_Lesson ▶ Lesson03 ▶ 3-2」を指定し、保存ファイル名は、「03-2_work_01.max」として保存します。

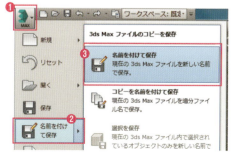

035

Lesson 03 基本操作をマスターする

3-3 オブジェクトの移動、回転、拡大・縮小

移動、回転、拡大・縮小ツールに切り替えて、オブジェクトを選択し、「ギズモ」と呼ばれるハンドルアイコンを操作してオブジェクトを動かすことができます。「ギズモ」を使用すると、移動や回転の方向を一定の方向に固定して動かすことが可能です。

オブジェクトの移動

Lesson03 ▶ 3-3 ▶ 03-3_sample_01.max

オブジェクトを選択する

サンプルシーンを開きます。オブジェクトを移動したり回転させたりするには、まず動かしたいオブジェクトを選択します。Leson3-2での選択方法でも選択できますが、画面上のオブジェクトを直接クリックして選択することもできます。その場合は、メインツールバーの［オブジェクトを選択］ツールを使用します❶。ビュー上から、「dice_A」オブジェクトをクリックして選択します❷。

❶［オブジェクトを選択］

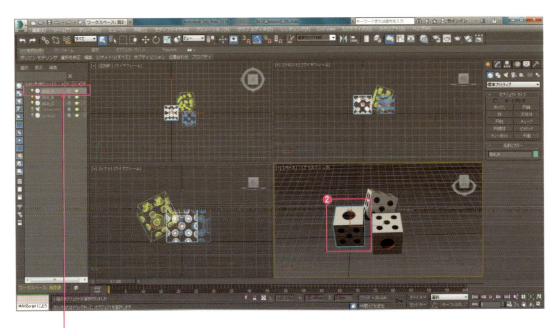

ワークスペースシーンエクスプローラで選択すると、オブジェクト名の下地が青くなりますが、ビュー上で選択すると下地はグレーで表示されます。

3-3 オブジェクトの移動、回転、拡大・縮小

オブジェクトを移動する

メインツールバーで［選択して移動］ツールをクリックして、切り替えます❶。切り替えると「ギズモ」と呼ばれるハンドルアイコンがオブジェクトの中央に表示されます。

ギズモの中心点の四角部分にポインタを当てると、四角が黄色くなります❷。この状態でドラッグすると上下左右奥行きに自由に動かすことができます。

❶［選択して移動］

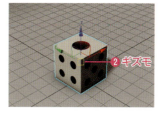

| 1 | ギズモの青矢印の軸の部分にポインタを当てると、軸部分が黄色くなります❶。この状態でドラッグすると上下にのみ、動かすことができます❷。 |

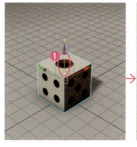 →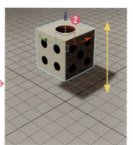

| 2 | ギズモの緑矢印の軸の部分にポインタを当てると、軸部分が黄色くなります❶。この状態でドラッグすると緑矢印の軸方向にのみ、動かすことができます❷。 |

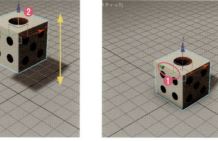 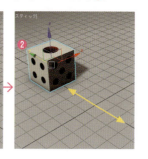

| 3 | ギズモの赤矢印の軸の部分にポインタを当てると、軸部分が黄色くなります❶。この状態でドラッグすると赤矢印の軸方向にのみ、動かすことができます❷。 |

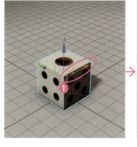 →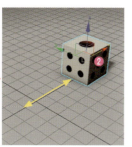

| 4 | ギズモの青矢印と赤矢印の間の四角の部分にポインタを当てると、四角部分が黄色くなります❶。この状態でドラッグすると四角の面方向にのみ、動かすことができます❷。 |

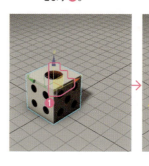 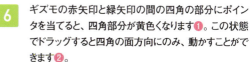

| 5 | ギズモの青矢印と緑矢印の間の四角の部分にポインタを当てると、四角部分が黄色くなります❶。この状態でドラッグすると四角の面方向にのみ、動かすことができます❷。 |

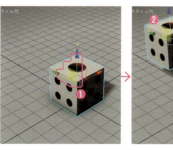 →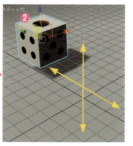

| 6 | ギズモの赤矢印と緑矢印の間の四角の部分にポインタを当てると、四角部分が黄色くなります❶。この状態でドラッグすると四角の面方向にのみ、動かすことができます❷。 |

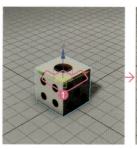 →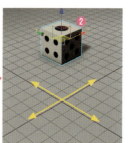

037

Lesson 03 基本操作をマスターする

オブジェクトの回転

オブジェクトを選択し、メインツールバーの[選択して回転]ツールを使用します。ギズモを使ってオブジェクトを回転させます。回転方向を固定して動かすことも可能です。

オブジェクトを回転させる

オブジェクトを選択した状態で、メインツールバーで[選択して回転]ツールをクリックして、切り替えます。

1 ギズモの青リングにポインタを当てると、リングが黄色くなります❶。この状態でドラッグすると、青リング方向にのみ、動かすことができます❷。

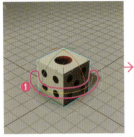

2 ギズモの赤リングにポインタを当てると、リングが黄色くなります❶。この状態でドラッグすると赤リング方向にのみ、動かすことができます❷。

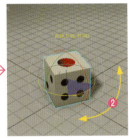

3 ギズモの緑リングにポインタを当てると、リングが黄色くなります❶。この状態でドラッグすると緑リング方向にのみ、動かすことができます❷。

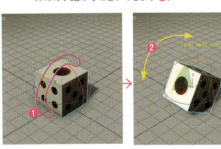

4 ギズモのいちばん外側のグレーのリングをドラッグすると、操作している見た目上の面で回転できます❶。

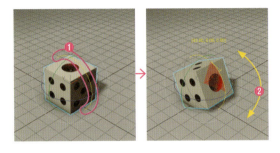

5 赤青黄色リングの隙間の球体の部分をクリックすると(図の赤い部分)、自由に回転することができます。

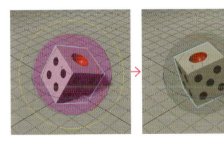

オブジェクトの拡大・縮小

メインツールバーの[選択して均等にスケール]ツールを使用します。オブジェクトを選択し、ギズモを使ってオブジェクトを拡大・縮小させます。拡大・縮小させる方向を固定することも可能です。

オブジェクトを拡大・縮小させる

オブジェクトを選択した状態で、メインツールバーで[選択して均等にスケール]ツールをクリックして、切り替えます。

| 1 | ギズモの中央あたりにポインタを当てると、ギズモの三角形が黄色くハイライトされます❶。この状態でドラッグすると、比率を守ったまま、拡大・縮小することができます❷。 |

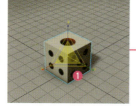 

| 2 | ギズモ青軸の中央あたりにポインタを当てると、軸が黄色くハイライトされます❶。この状態でドラッグすると青軸上に伸ばしたり縮めたりすることができます❷。 |

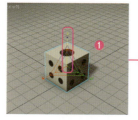 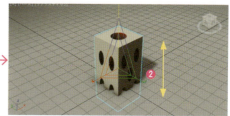

| 3 | ギズモ赤軸の中央あたりにポインタを当てると、軸が黄色くハイライトされます❶。この状態でドラッグすると、赤軸上に伸ばしたり縮めたりすることができます❷。 |

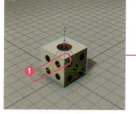 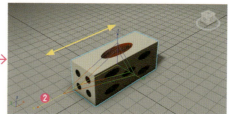

| 4 | ギズモ緑軸の中央あたりにポインタを当てると、軸が黄色くハイライトされます❶。この状態でドラッグすると、緑軸上に伸ばしたり縮めたりすることができます❷。 |

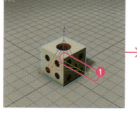 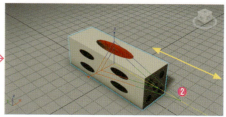

| 5 | ギズモ青軸と赤軸の間の帯状の部分にポインタを当てると、黄色くハイライトされます❶。この状態でドラッグすると、ハイライトされている面上につぶしたりつまんだりしたような変形をすることができます❷。 |

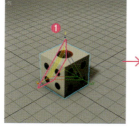 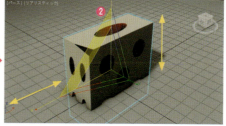

Lesson 03　基本操作をマスターする

6 ギズモ青軸と緑軸の間の帯状の部分にポインタを当てると、黄色くハイライトされます❶。この状態でドラッグすると、ハイライトされている面上につぶしたりつまんだりしたような変形をすることができます❷。

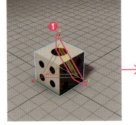
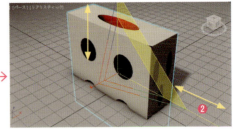

7 ギズモ赤軸と黄軸の間の帯状の部分にポインタを当てると、黄色くハイライトされます❶。この状態でドラッグすると、ハイライトされている面上につぶしたりつまんだりしたような変形をすることができます❷。

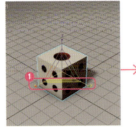
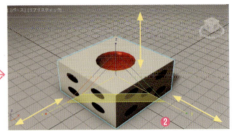

［選択して均等にスケール］ツールのフライアウト

移動や回転のツールには、ツールの選択肢がありませんが、［選択して均等にスケール］ツールはボタンをクリックしたままにすると、フライアウトして拡大・縮小のスタイルを選択できます。

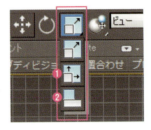

［選択して均等にスケール］
［選択して不均等にスケール］❶
［選択して押しつぶし］❷

［選択して不均等にスケール］❶は、数値入力で大きさを決めるときに、各軸で異なる値を入力することができます。

［選択して押しつぶし］

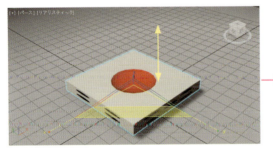
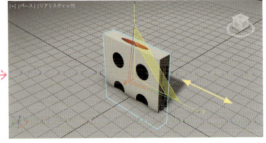

［選択して押しつぶし］❷を選択すると、体積を保った状態で変形します。選択した青軸を縮めたぶん、ほかの2軸が伸びています。

040

3-4 オブジェクトの基点・参照座標系・変換中心

3ds Maxで重要な基点の概念と、移動や回転のときに使用する参照座標系、基点中心に関して解説します。これらの概念を理解することは、3ds Max習得にはとても重要です。

オブジェクトの基点とは

Lesson03 ▶ 3-4 ▶ 03-4_sample_01.max

基点とは、変換（移動・回転・拡縮）の中心点のことです。すべてのオブジェクトは必ずひとつ基点を持っています。この基点は、回転や拡縮といった変換の中心になるだけでなく、他にもいくつかの用途があります。モディファイヤの中心位置の既定値、リンクした子に関する変換の原点、IK（P.262参照）のための関節位置になる、といった具合です。

基点を確認する

1 サンプルシーンを開きます。「dice_A」を選択して、基点の位置を確認してみましょう。規定値では、基点はツール選択時に表示されるギズモと同位置❶にあります。たとえば、[選択して回転]ツールでオブジェクトを回転させると、基点を中心に回転します❷。

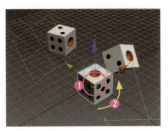

2 基点の位置は調整することも可能です。コマンドパネル→[階層]タブ❶→[基点]ボタン❷→[基点調整]ロールアウト内の[基点にのみ影響]ボタン❸をクリックします。

3 [選択して移動]ツールでサイコロの中心の基点を図のように左側に移動させます。調整が終わったら、❷の[基点にのみ影響]ボタンを再度押して編集状態を解除してください。

4 オブジェクトを回転させると、移動させた基点を中心に回転させることができるようになりました。

CHECK! 原点とは？

原点とは、基本的には空間上でX軸、Y軸、Z軸が交差している点(0,0,0)のことを指します。ビュー上に表示されているグリッドの黒いラインが交差する部分のことです。この原点を中心にして空間が無限に広がっています。

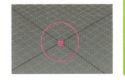

Lesson 03 基本操作をマスターする

参照座標系の使用

参照座標系を使用すると、オブジェクトの移動・回転・拡縮時に操作する方向（軸）を指定することができます。標準では［ビュー］が指定されており、ビュー方向に動かすことができます。

たとえば、カメラの移動時に参照座標系を［ローカル］に変更すると、カメラの向いている方向に移動させることができるようになります。

［参照座標系］の切り替えは、右図のメインツールバー→［参照座標系］リストから選択します。

よく使う参照座標系

Lesson03 ▶ 3-4 ▶ 03-4_sample_02.max

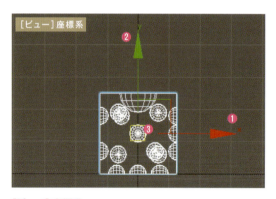

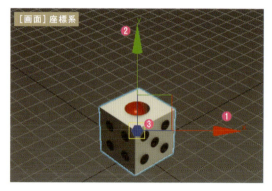

［ビュー］座標系

・参照座標系の既定値
・どの正投影ビューポートでもXYZ軸の向きは変化しない

X軸＝常に右方に向かって値が増加①
Y軸＝常に上方に向かって値が増加②
Z軸＝常に画面手前に向かって値が増加③

［ビュー］座標系では、角度の付いたビュー（パース・カメラなど）ではワールド軸を参照したときと同じような軸の表示になります。

［画面］座標系

・アクティブなビューポート画面を座標軸として参照する

X軸＝水平軸で右方に向かって値が増加①
Y軸＝垂直軸で上方に向かって値が増加②
Z軸＝奥行きを表す軸で、画面手前に向かって値が増加③

［画面］座標系では、角度の付いたビュー（パース・カメラなど）で見たときに、常に画面に対して垂直水平に軸が表示されます。

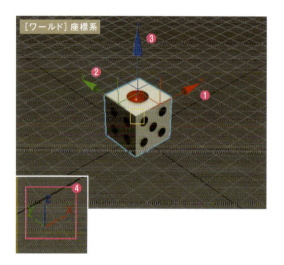

［ワールド］座標系

・各ビューポートの左下隅④に表示されているワールド軸を参照する

X軸＝赤い軸の方向に向かって値が増加①
Y軸＝緑の軸の方向に向かって値が増加②
Z軸＝青い軸の方向に向かって値が増加③

3-4 オブジェクトの基点・参照座標系・変換中心

Lesson03 ▶ 3-4 ▶ 03-4_sample_03.max

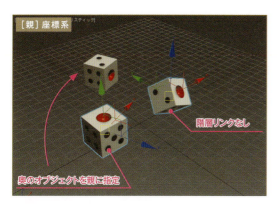

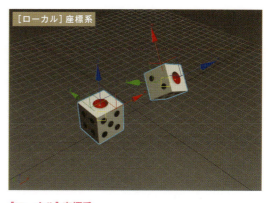

[親] 座標系

・階層リンク（親がある）オブジェクトで有効
・選択したオブジェクトの親の座標軸を参照して動かすことができるようになる

階層リンクについては後述のLesson5-5を参照してください。
階層リンクの子になっていないオブジェクトは、ワールドの子とみなされ、[ワールド] 座標系が適用されます。

[ローカル] 座標系

・選択した各オブジェクトが持つ基点の座標軸を参照する
・この場合は面に垂直な軸になる

[ローカル] 座標系で参照される基点はP.41の操作で、位置と向きを調整することができます。

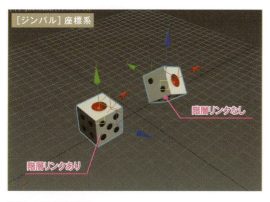

[ジンバル] 座標系

・階層リンク（親がある）オブジェクトで有効
・移動・拡縮は親の座標軸を参照して動かすことができる
・回転はオブジェクトの基点の座標軸を参照する

[ジンバル] 座標系時の回転軸は、[ローカル] 座標系と似ています。[ローカル] 座標系では、3つの回転軸は互いに垂直で固定されていますが❶、[ジンバル] 座標系は回転時に独立して3軸を回転させることができます❷。

Lesson03 ▶ 3-4 ▶ 03-4_sample_03-2.max

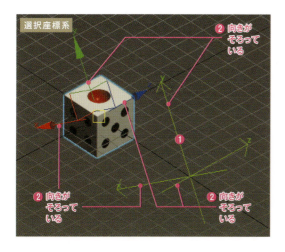

[選択] 座標系

サンプルシーンを開く。
・シーン上の任意のオブジェクトの座標軸を参照する

[参照座標系リスト] から [選択] を選び、任意のオブジェクトを指定するとそのオブジェクトの座標軸が参照されます。
選択したオブジェクトの名前は参照座標系リストに表示されます。このリストは4つまで記録されます。

図では [選択] 座標系で右下の緑色のオブジェクト❶を選択しています。緑色のオブジェクトの矢印の向きと、サイコロのギズモの軸の向きがそろっています❷。

Lesson 03 基本操作をマスターする

変換中心とは

Lesson03 ▶ 3-4 ▶ 03-4_sample_04.max

変換中心とは、変換（移動・回転・拡縮）操作時に使用される中心点のことです。選択されている参照座標系やオブジェクトを複数選択しているなど、状況によって位置が異なってきます。メインツールバーで選択できる［基点中心を使用］ツール（P.18 U）の［中心を使用（Use Center）］フライアウトでは、この中心点を決定するための3種類の方法が用意されています。実際に変換中心を切り替えてみましょう。

変換中心の種類（3種類）

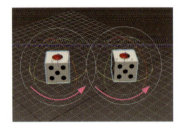

［基点中心を使用］❶
各オブジェクトの基点を軸として回転させたり拡大または縮小することが可能です。

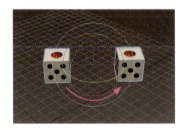

［選択部分の中心を使用］❷
1つまたは複数のオブジェクトの平均的な中心を軸として回転させたり、拡大または縮小することが可能です。

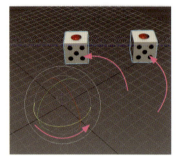

［変換座標の中心を使用］❸
選択されている参照座標系の中心を軸として回転させたり、拡大または縮小することが可能です。

※画像は［ビュー］座標系のものです。

Exercise ― 練習問題

Lesson03 ▶ Exercise ▶ 03_exercise_01.max

［選択］座標系と変換中心を使って、大きいサイコロ（dice_A）を、小さいサイコロ（dice_B）の基点で回転させてみましょう。

サンプルシーンを開きます。
❶［選択して回転ツール］を選択、［参照座標系］を［選択］にし、小さいサイコロ（dice_B）を選択します。

❷［変換座標の中心を使用］を選択します。　❸ 小さいサイコロ（dice_B）の基点で大きいサイコロ（dice_A）を回転させることができました。

プリミティブによる モデリング

An easy-to-understand guide to 3ds Max

Lesson 04

3ds Maxにはあらかじめ簡単な形状を作成するためのツールが用意されています。ボックスやボールなどを作成する「標準プリミティブ」、特殊な形状を作成する「拡張プリミティブ」、自由に曲線を描いて図形を作成する「シェイプ」の3種類を知り、モデリングの基礎を身に付けましょう。

Lesson 04 プリミティブによるモデリング

4-1 標準プリミティブの作成

プリミティブはいくつかのカテゴリーに分けられており、標準的な幾何学形状を標準プリミティブと呼びます。ボックス・球・円柱等といった標準的な形状を作成することができ、複雑な形状を作るうえで基本となるプリミティブです。
実際に手順を追って作成してみましょう。

標準的な形状のプリミティブの作成

3ds Maxに用意されているプリミティブの中からボックス、球体、円柱の3つのプリミティブを作成します。

作成する[標準プリミティブ]を選択する

1 ビューポート右下の[パースビュー]画面内をクリックしてアクティブにします。

2 プリミティブはコマンドパネル一番左側の[作成]タブ❶→タブの直下にあるボタンの一番左側の[ジオメトリ]ボタン❷から作成することができます。ジオメトリボタンの下にあるドロップダウンリストから[標準プリミティブ]を選択します❸。

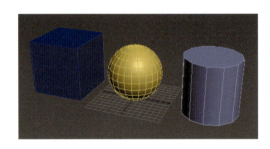

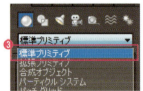

「ボックス」を作成する

1 [オブジェクトタイプ]ロールアウト内の[ボックス]をクリックします。

2 アクティブビュー上でマウスを左ドラッグすることで板(ボックスの底面)の大きさを決めます。

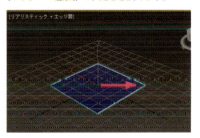

046

4-1 標準プリミティブの作成

3 底面が決まったら、マウスの左ボタンを離します。そのままマウスを上下に動かすと板に高さが足されボックスの形になります。マウスを左クリックすると高さが固定され、その状態でボックスが作成されます。

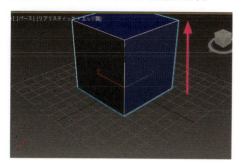

4 幅や高さといったパラメータを修正したい場合は、コマンドパネル内の[パラメータ]ロールアウトの項目で調整ができます。トップビューとパースビューで作成した場合、長さはY軸方向、幅はX軸方向、高さはZ軸方向に対してそれぞれ対応しています。図を参考に[長さ][幅][高さ]パラメータを調整します。パラメータの調整を終えて完成したら、作成したボックスを右クリックするかコマンドパネルの[ボックス]を左クリックして、作成モードから抜けます。

CHECK! セグメントとは？

[パラメータ]ロールアウト内のセグメントという項目は、ポリゴン（P.106）密度を高めるパラメータで、ボックスの面を何分割するかを決めることができます。初期値は「1」になっていますがこの数値を「3」にしてみましょう。図のようにそれぞれの面が3分割されます。

COLUMN

パラメータの調整ができなくなった場合

パラメータの調整途中で誤って作成モードを抜けてしまったりなどでパラメータ調整ができなくなってしまった場合は、次の「球を作成する」で挙げた[修正]タブからの調整方法を行ってください。

「球」を作成する

1 球を作成してみましょう。[オブジェクトタイプ]ロールアウト内の[球]をクリックします。

2 ボックスを作成したときと同じように、アクティブビュー上でマウスを左ドラッグすることで球が作成されます。

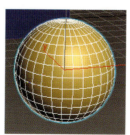

Lesson 04 プリミティブによるモデリング

❸ 作成した球を右クリックするかコマンドパネルの[球]を左クリックして、作成モードから抜けます。作成モードから抜けてしまうと、[作成]タブではパラメータの編集ができなくなります。作成後のパラメータ編集はコマンドパネルの[修正]タブ❶で行います。[パラメータ]ロールアウトがあるので、パラメータの調整をします❷。半径「50.0cm」、セグメント数「24」に設定します❸。

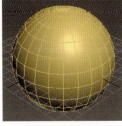

❹ 球のセグメント数は滑らかさに影響します。数値を上げるとより滑らかになりますが、必要以上に上げると3ds Maxの処理速度に影響がでるので注意が必要です。

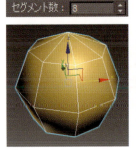 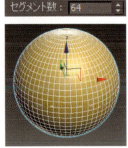

セグメント数が「8」の場合　　セグメント数が「64」の場合

「円柱」を作成する

❶ 円柱の作成方法も、基本的にはボックスと同じです。アクティブビュー上でマウスを左ドラッグすることで円（円柱の底面）の大きさを決めて、ボタンを離すと、円に高さが出て、円柱の形になります。

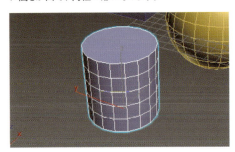

❷ [パラメータ]ロールアウト内で半径「50.0cm」、高さ「100.0cm」、側面「12」にパラメータを調整します。

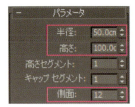

CHECK! パラメータを調整するには

パラメータの調整は、ボックスのときに行った作成時に調整するパターンと、球のときに行った作成後に[修正]タブから調整の2パターンがありますが、どちらの方法で調整してもかまいません。

3つの標準プリミティブが作成できました。このシーンファイルを保存します。保存先は「3dsMax_Lesson ▶ Lesson04 ▶ 4-1」を指定し、保存ファイル名は、「04-1_work_01.max」とします。

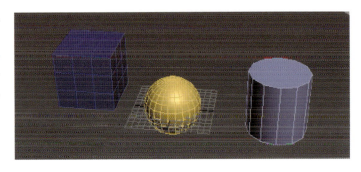

4-1 標準プリミティブの作成

COLUMN

標準プリミティブの一覧とパラメータ

標準プリミティブの種類とパラメータの一覧です。比較的、単純な形状のオブジェクトが用意されています。

円錐
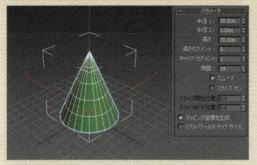

天球体
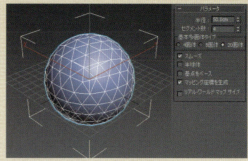

チューブ
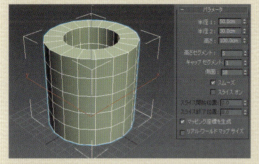

円環体
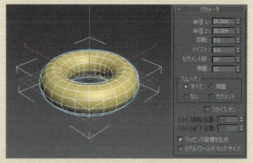

ピラミッド
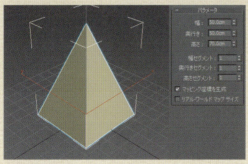

ティーポット
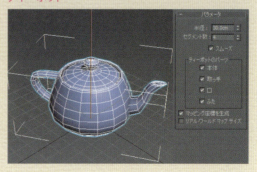

平面
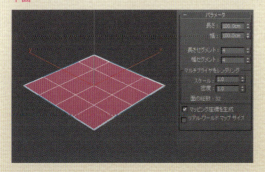

Lesson 04 プリミティブによるモデリング

4-2 拡張プリミティブの作成

拡張プリミティブは標準プリミティブと比較して、より複雑な形状のプリミティブです。標準プリミティブでは作成できない特殊な形状を作成することができます。

拡張プリミティブの作成

作成する［拡張プリミティブ］を選択する

ここでは、多角柱、カプセルの2つのプリミティブを作成します。標準プリミティブの作成と同じようにコマンドパネル一番左側の［作成］タブ→タブの直下にあるボタンの一番左側の［ジオメトリ］から作成することができます❶。［ジオメトリ］の下にあるドロップダウンリストから［拡張プリミティブ］を選択します❷。

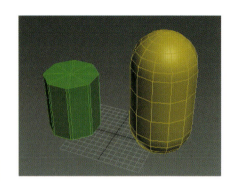

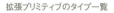

拡張プリミティブのタイプ一覧

「多角柱」を作成する

1 ［オブジェクトタイプ］ロールアウト内の［多角柱］をクリックします❶。円柱と同じく、アクティブビュー上でマウス左ドラッグで多角柱の底面に当たる部分を作成します❷。

2 左ボタンを離し、垂直に動かすことで高さが作成され、左クリックすることで高さを決定します。

3 マウスを右下から左上へ対角線上に動かすことで、側面の角の面取りのサイズを指定します。左クリックして面取りのサイズを決定します。

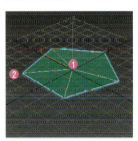
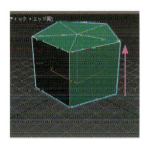
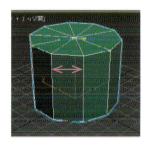

4-2 拡張プリミティブの作成

4 図を参考に[半径][フィレット][高さ]のパラメータの調整をします。[側面]は角の数、[フィレット]は角の面取りサイズを指します。

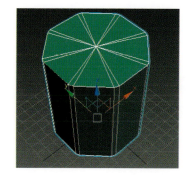 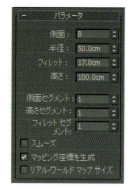

「カプセル」を作成する

作成方法は、Lesson4-1で球を作成したときの操作と、ボックスを作成したときの高さを設定する操作の組み合わせです。

1 [オブジェクトタイプ]ロールアウト内の[カプセル]をクリックします。マウス左ドラッグで球を作成します。

2 左ボタンを離して、そのまま垂直に動かし、高さを設定します。

3 マウスを左クリックして高さを決定します。図を参考に[半径][高さ][側面]のパラメータを調整して完成です。

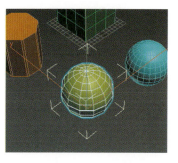 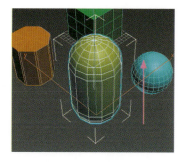 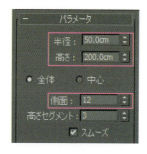

オブジェクト色の変更

オブジェクトの色を変更する

オブジェクトを作成すると、自動的にランダムな色が割り当てられます。
色を変更するには、[修正]タブの図の部分をクリックします❶。[オブジェクトカラー]パネルから色を選択して変更します❷。

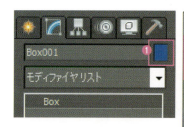 

シーンファイルを保存します。保存先は「3dsMax_Lesson ▶ Lesson04 ▶ 4-2」を指定し、保存ファイル名は、「04-2_work_01.max」とします。

Lesson 04　プリミティブによるモデリング

COLUMN

他拡張プリミティブの一覧とパラメータ

拡張プリミティブの種類とパラメータの一覧です。紹介しているのは一部ですが、初心者が作成するには難しいユニークな形状がいくつも用意されています。

ヘドラ

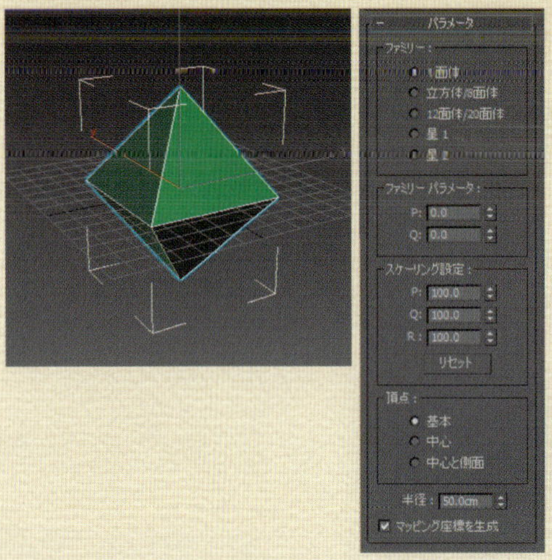

知恵の輪

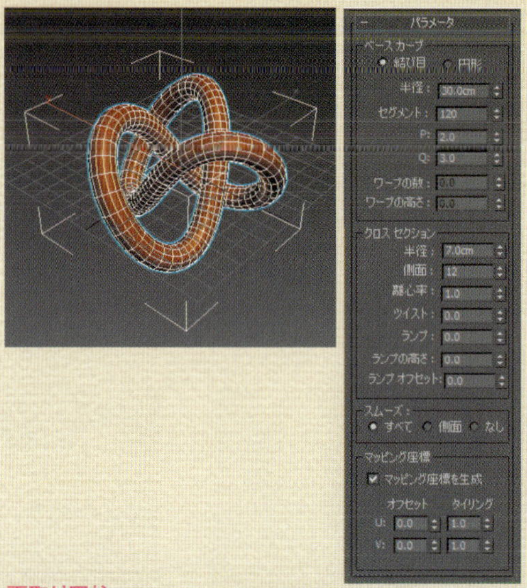

面取りボックス

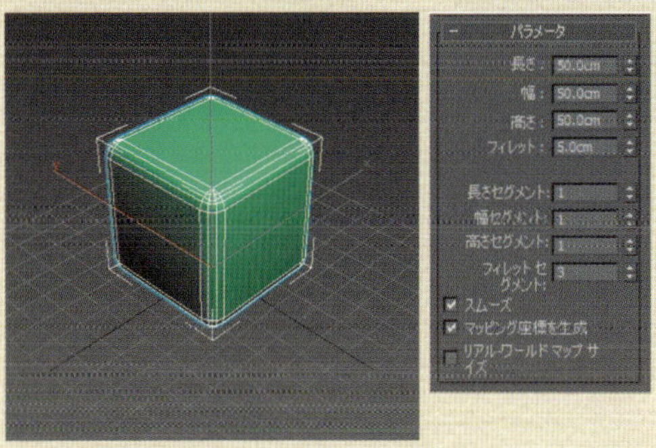

面取り円柱

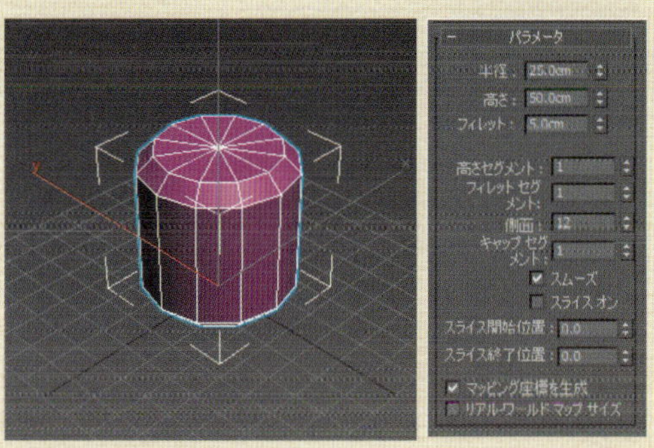

オイルタンク

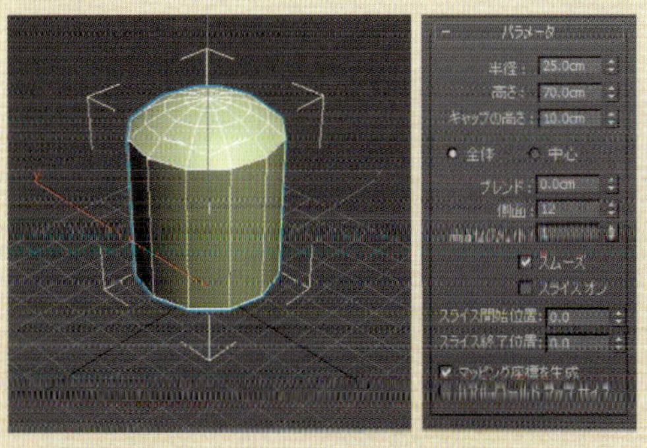

L-Ext

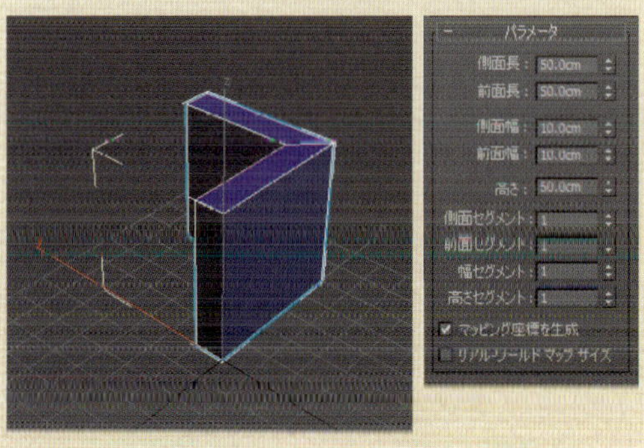

スプライン

「スプライン」はモデリングからアニメーションまで幅広く使用するプリミティブの1つです。モデリングでは、複雑な曲線を多用した有機的なモデリングをしたい場合など、アニメーションでは、あらかじめルートをスプラインで指定しておき、その線上でオブジェクトを移動させたい場合などに有用です。スプラインにも標準プリミティブと同じく、形状の決まったプリセットが存在します。

スプラインを構成する [頂点] の特徴を理解する

スプラインを使った形状を作成します。スプラインを作成する上で重要なのが、スプラインを構成する [頂点] のタイプです。[頂点] のタイプは、「コーナー」「スムーズ」「ベジェ」「ベジェコーナー」の4種類あります。それぞれの [頂点] のタイプによって調整方法が異なります。スプラインの形状に適した [頂点] のタイプに変更することで、直線と曲線を切り替えたり、曲線を調整したり、綺麗な形状を描けるようになります。

スプラインの [頂点] タイプの種類 (4種類)

[コーナー]
作成したスプラインの頂点に補完をかけず、直線的な形状を描くタイプ。

頂点タイプ:コーナー

[ベジェ]
各頂点で曲線の調整が可能なスプラインを描くタイプ。曲線の曲がり具合と方向は、各頂点から伸びているハンドルによって自由に調整することが可能。2方向に伸びたハンドルは互いに影響しあう。

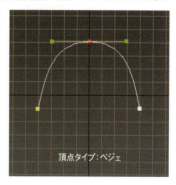
頂点タイプ:ベジェ

[スムーズ]
各作成したスプラインの頂点に自動補完をかけ、スムーズな曲線を描くタイプ。この曲線の補完は頂点の間隔によって自動的に調整される。

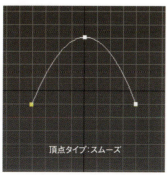
頂点タイプ:スムーズ

[ベジェコーナー]
各頂点で曲線の調整が可能なスプラインを描くタイプ。曲線の曲がり具合と方向は、各頂点から伸びているハンドルによって自由に調整することが可能。2方向に伸びたハンドルはそれぞれ独立して調整することが可能。

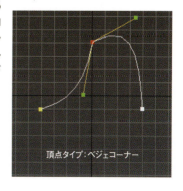
頂点タイプ:ベジェコーナー

スプラインの基本的な作成方法

スプラインを作成する

スプラインは、コマンドパネルの[作成]タブ❶→
[シェイプ]ボタン❷→ドロップダウンリスト❸から
[スプライン]をクリックし、[オブジェクトタイプ]ロールアウトからスプラインをクリックして作成することができます。
オブジェクトタイプの[ライン]ボタン❹をクリックすることで、自由な形状を作成することができます。
[ライン]以外のボタンを選択すると、あらかじめ決められた形状を作成することができます。
[新規シェイプの開始]のチェックがオンの場合❺は、作成時に新しいオブジェクトとして作成します。基本はオンのままになっていますが、既存のオブジェクトにシェイプを追加したい場合はオフにします。

Step 01 ラインを作成する

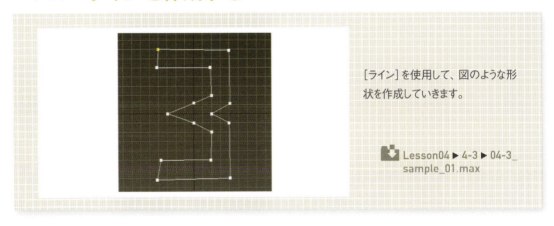

[ライン]を使用して、図のような形状を作成していきます。

Lesson04 ▶ 4-3 ▶ 04-3_sample_01.max

CHECK! 頂点タイプの変更

[作成方法]ロールアウト内の項目によって作成時の頂点タイプを決めることができます。

[初期タイプ]
クリック操作によって作成したスプライン頂点のタイプを設定します。
[ドラッグタイプ]
ドラッグ操作によって作成したスプライン頂点のタイプを設定します。
それぞれのタイプの違いは「スプラインを構成する[頂点]の特徴を理解する(P.53)」を参照してください。

4-3 スプライン

マウスクリックで頂点を描く

1 トップビューをアクティブにします。ビュー上で時計回りにクリックしながら、数字の「3」のような形のスプラインを作成していきます。最初に作成する頂点は図で示した頂点から作成してください。最後の頂点を作成したあと、一番最初に作成した頂点（黄色になっている頂点）をクリックします。

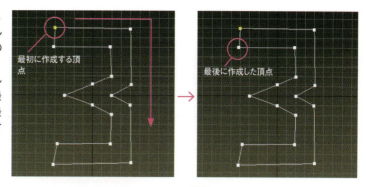

2 右図のような[スプライン]ウィンドウが出るので、[はい]ボタンをクリックすると、始点と終点が繋がったスプラインが作成できます。
ビュー上で右クリックして作成モードを抜けてください。「3」のような形状ができました。

CHECK! 始点と終点をつなげないスプライン

始点と終点が繋がっていないスプラインにしたい場合は、最後の頂点作成後、ビュー上で右クリックして作成モードを抜けてください。

Step 02 ラインを編集する

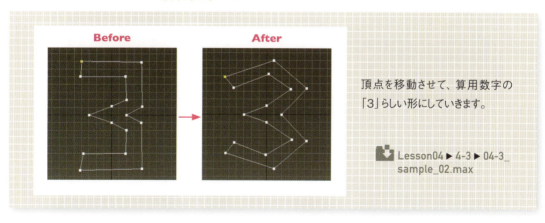

頂点を移動させて、算用数字の「3」らしい形にしていきます。

Lesson04 ▶ 4-3 ▶ 04-3_sample_02.max

1 Step01で作成した「3」は直線を繋ぐ角ばった形状なので、滑らかな「3」になるように調整します。作成後、ラインの形状を調整するには[修正]タブ❶→Line❷と書かれた場所の左の[+]をクリック（画像では[−]となっています）→頂点・セグメント・スプラインという3つの項目がツリー状に展開されるので[頂点]❸をクリックすると、ギズモが表示されるので、移動・回転・拡縮を使用して調整していきます。

2 「3」の形状と曲線の具合をイメージをしつつ、頂点を移動させていきます。

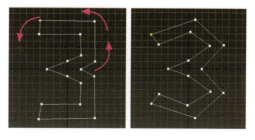

Step 03 頂点タイプを変更する

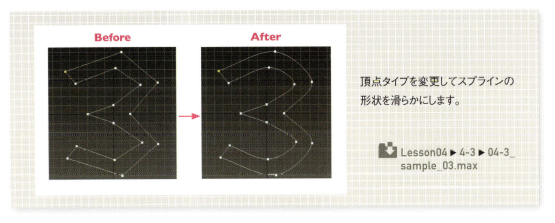

頂点タイプを変更してスプラインの形状を滑らかにします。

Lesson04 ▶ 4-3 ▶ 04-3_sample_03.max

1 頂点に番号を表示させます。コマンドパネル内の[修正]タブ→[選択]ロールアウト→[頂点]アイコンを選択→[表示]グループ→[頂点番号を表示]にチェックを入れます。Step01で解説した手順と始点を同じにしていればこのような並びになります❶～⓰。

2 ❷、❸、❺、❻、❾、❿、⓮、⓯の頂点を選択します。現在の[頂点]タイプはコーナーになっているので、角張った形状です。

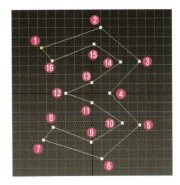

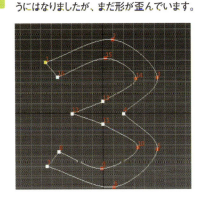

3 曲線を描くためには頂点タイプを変更する必要があります。右クリックすると出てくるクアッドメニューの[頂点]タイプの一覧で、現在のタイプ(コーナー)❶にチェックマークがついています。スムーズ❷を選択し、[頂点]タイプを変更します。

4 下図のような形状になります。滑らかな曲線を描くようにはなりましたが、まだ形が歪んでいます。

> **COLUMN** 頂点数は少なめに
> スプラインはなるべく少ない頂点数で作成するとコントロールもしやすく、結果として歪みの少ないきれいな形状になります。

4-3 スプライン

Step 04　ベジェハンドルで調整する

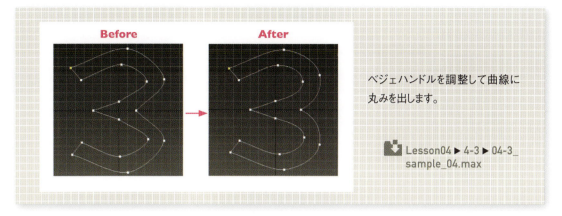

ベジェハンドルを調整して曲線に丸みを出します。

Lesson04 ▶ 4-3 ▶ 04-3_sample_04.max

1 4つの頂点(頂点番号:3,5,10,14)を選択して[頂点]タイプを[ベジェ]に変更します。[頂点]タイプをベジェにすると、スプラインの曲線をコントロールするハンドルが表示されます。

2 [移動]ツールでのベジェハンドル調整を行います。頂点番号:10,14の頂点を[移動]ツールで調整します。[移動]ツールではハンドルの傾き・長さが調整できます。

3 [回転]ツールでのベジェハンドル調整を行います。頂点番号:3,5の頂点を[回転]ツールで調整します。[回転]ツールではハンドルの傾きのみ調整できます。ハンドルの長さが足りないため、まだ尖っているように見えます。

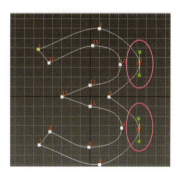

4 頂点番号:3,5の[頂点]を拡縮ツールで調整します。[拡縮]ツールではハンドルの傾きを変えることなく長さの調整が可能です。ハンドルの長さをギズモのY軸方向へ伸ばしていきます。

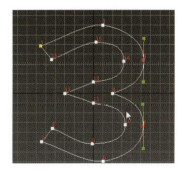

CHECK! ギズモをアクティブにする

思うように動かない場合は、ギズモの状態を確認し動かしたい方向のギズモの軸をクリックしてアクティブにしてください。画像の状態では、X軸方向(横方向)には動かせますが、Y軸方向(縦方向)に動かすことはできません。

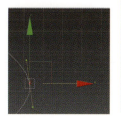

Lesson 04 プリミティブによるモデリング

Step 05 頂点を挿入する

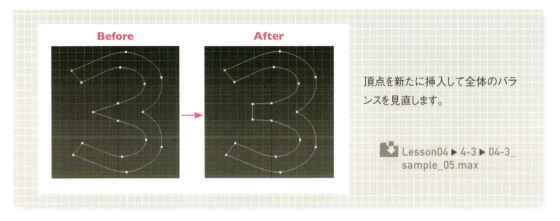

頂点を新たに挿入して全体のバランスを見直します。

Lesson04 ▶ 4-3 ▶ 04-3_sample_05.max

1 真ん中の折り返し部分が尖っていてバランスが悪いので頂点を増やして、厚みを作ります。コマンドパネル［修正］タブの［ジオメトリ］ロールアウト→［挿入］ボタンをクリックします。頂点番号：12,13の間のセグメント上にマウスを持っていくとカーソルが変わるので左クリックします。

2 マウスを動かすと、動きに合わせて頂点も一緒に移動します。再度左クリックすると、頂点が挿入されます。

3 ［移動］ツールで頂点番号：12,13を移動して形を整えます。

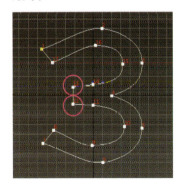

CHECK! 挿入モードは手動で解除する

右クリックを押さない限り、挿入モードのままなので必要な頂点の数だけ挿入したら、右クリックして挿入モードを抜けてください。
頂点を挿入したり、削除したりすると頂点番号が変わるので、編集する頂点を間違えないよう注意しましょう。

Step 06 頂点を削除する

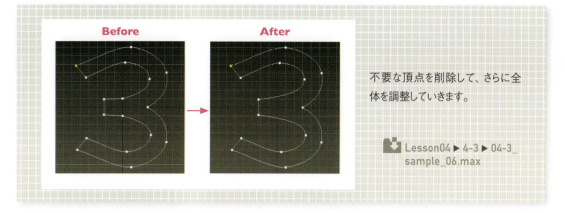

不要な頂点を削除して、さらに全体を調整していきます。

📥 Lesson04 ▶ 4-3 ▶ 04-3_sample_06.max

1 図の2頂点（頂点番号：11,14）は、不要な頂点なので削除します。対象の頂点を選択し、Deleteキーを押すと、削除されます。

2 2つの頂点を削除しました。

Step 07 最終調整する

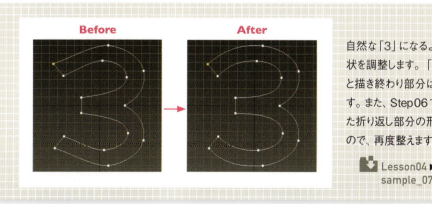

自然な「3」になるよう、先端の形状を調整します。「3」の書き始めと描き終わり部分はまだ直線的です。また、Step 06で頂点を削除した折り返し部分の形状が変化したので、再度整えます。

📥 Lesson04 ▶ 4-3 ▶ 04-3_sample_07.max

Lesson 04 プリミティブによるモデリング

1 これらの部分は、角のある曲線にするために図で示されている頂点を選択し、[頂点]タイプをベジェコーナーに変更します。滑らかな曲線を意識してハンドルを[移動]ツールで調整します。

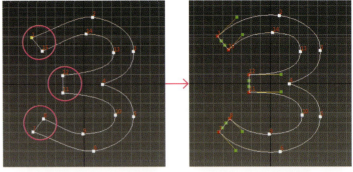

2 図の頂点の位置が左に寄り気味で、文字の太さに均一感がないので右へ少し移動させます。このような形状になれば完成です。
完成したら、シーンファイルを別名で保存します。

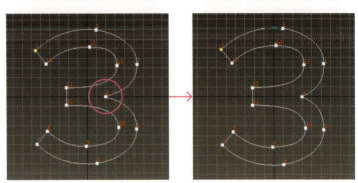

文字を作成する

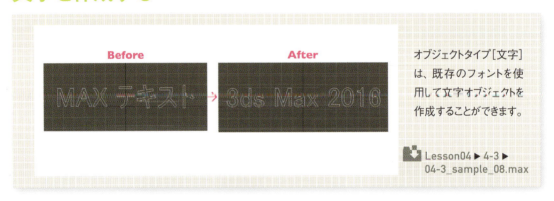

オブジェクトタイプ[文字]は、既存のフォントを使用して文字オブジェクトを作成することができます。

Lesson04 ▶ 4-3 ▶ 04-3_sample_08.max

1 [作成]タブ→[オブジェクトタイプ]ロールアウト内の[文字]ボタンをクリックすることで作成することができます。左クリックで作成します。

2 ビューポート上で左クリックすると、クリックした地点を中心に最初から入力されている[MAXテキスト]という文字のスプラインが作成されます。

3 [パラメータ]ロールアウト内の[文字]領域にある「MAXテキスト」というテキスト部分❶に、自由な文字を入力してみましょう。「3ds Max 2016」とテキストを変更すると、ビューポート上のスプラインもテキストと同じように変更されます❷。

[文字]パラメータ

[文字]の編集可能なパラメータは以下のようになっています。

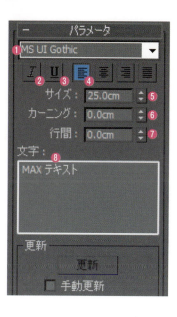

**ロールアウトトップの
ドロップダウンリスト**
フォントを変更できます❶。

ボタン群
左から 斜体❷ 下線スタイル❸ 行端揃え切り替え❹ となっています。

サイズ
文字サイズを設定します❺。

カーニング
文字間の距離を設定します❻。

行間
行間の距離を設定します❼。

文字
テキストの編集ができます❽。段落を切ることも可能です。デフォルトでは「MAX テキスト」となっています。

思い思いのテキストを入力してみましょう。試しに「3ds Max 2016」とテキストを変更すると・・・。
このようにビューポート上のスプラインもテキストと同じように変更されます。

文字の面を表示させる

始点と終点が繋がったスプラインは、変換することでスプラインに囲われた部分を面にすることができます。

1 作成したテキストを選択し、右クリックすると表示されるクアッドメニューから[変換]❶→[編集可能ポリゴンに変換]❷をクリックします。

2 スプラインの形に沿った平面に変換されます。スプラインではなくなるため、それまでのようなパラメータの調整はできなくなるので変換の際は注意しましょう。

Lesson 04 プリミティブによるモデリング

Exercise — 練習問題

 標準プリミティブから「円錐」を選んで実際に作成してみましょう。
途中までの手順は円柱作成と同じですが、最後に先端を狭めるための操作が必要です。

円錐

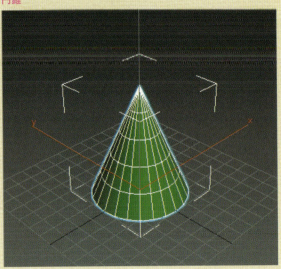

① Lesson 4-1 で学習した通りに、[作成] タブから [ジオメトリ] ボタンを押し、[標準プリミティブ] を選択します。
② [円錐] ボタンを押し、マウスドラッグで底面と高さを決定します。
③ オブジェクトができたら図のようにパラメータを調整し、上図の円錐と同じ形に整えます。

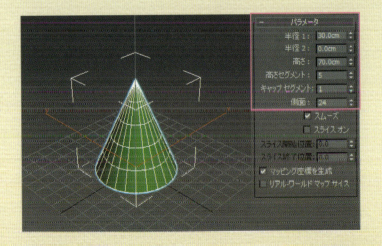

オブジェクトの設定

An easy-to-understand guide to 3ds Max

Lesson 05

オブジェクトを任意の場所に配置したり、1つのグループにまとめて扱う方法を学びます。同じオブジェクトを複製したり、より複雑なルールのもとで複製することができるようになります。実際にジオメトリオブジェクトを制作する前に、これらの技術を習得することで、制作物のバリエーションを増やします。

Lesson 05 オブジェクトの設定

5-1 オブジェクトの位置合わせ

位置合わせとは、文字通り、選択したオブジェクトを、ターゲットとして指定したオブジェクトの位置、回転、スケールに合わせることです。
ここでは基本的な3つの位置合わせ機能の[位置合わせ][クイック位置合わせ][法線位置合わせ]を解説します。

位置合わせとは

[位置合わせ]とは、選択オブジェクトを、ターゲットとして指定したオブジェクトの位置、回転、スケールに合わせることができる機能です。

位置合わせの種類

位置合わせはメインツールバーの[位置合わせ]ツールから行います。おもに使用する[位置合わせ]❶[クイック位置合わせ]❷[法線位置合わせ]❸の3つの機能を紹介します。

[位置合わせ]

❶[位置合わせ]
❷[クイック位置合わせ]
❸[法線位置合わせ]

オブジェクトの位置合わせ

▶Lesson05 ▶ 5-1 ▶ 05-1_sample_01.max

[位置合わせ]を行う

位置合わせは、オブジェクトを他のオブジェクトと同じ座標に移動させるときに便利な機能です。選択しているオブジェクトをターゲットオブジェクトの位置に合わせることができます。

1 サンプルシーンを開きます。「dice_A」を選択し❶、[位置合わせ]ツールをクリックして❷、「dice_B」をクリックします❸。

2 [選択の位置合わせ]ダイアログが表示されます。

［位置合わせ］ダイアログの設定

［位置合わせ］ダイアログの解説をしていきます。

［位置合わせ（ワールド）］

ターゲットとなるオブジェクトのX位置❶・Y位置❷・Z位置❸の3つの軸のチェックを切り替えることで、合わせる軸を制限できます。それぞれの方向はビュー左下にある軸アイコンを参照してください。

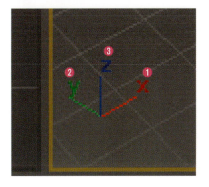

［現在のオブジェクト］グループと［ターゲット オブジェクト］グループ

オブジェクトを囲むバウンディングボックス上の任意のポイントを位置合わせの基準として指定します。選択オブジェクトとターゲットオブジェクトには、それぞれ異なる参照ポイントを指定できます。

最小

バウンディングボックス上で、最も小さいX・Y・Zの値のポイントを割り出し、そのポイントを参照して位置合わせします。

中心

バウンディングボックスの中心を割り出し、そのポイントを参照して位置合わせします。

基点

オブジェクトの基点（選択時に表示されるギズモの中心）を参照して位置合わせします。

最大

バウンディングボックス上で、最も大きいX・Y・Zの値のポイントを割り出し、そのポイントを参照して位置合わせします。最小、最大の割り出し方法は軸アイコンの方向を参照します。軸が伸びている方向ほど、値が大きく算出されます。

［方向位置合わせ（ローカル）］

回転角度を合わせます。X軸・Y軸・Z軸のチェックを切り替えることで合わせる軸を制限できます。

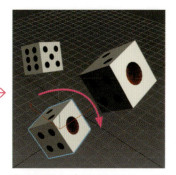

［方向位置合わせ］を行う前　　［方向位置合わせ］のY軸にのみチェックを入れた場合

［スケール合わせ］

スケールの比率を合わせます。X軸・Y軸・Z軸のチェックを切り替えることで合わせる軸を制限できます。
ターゲットオブジェクトの比率がそれぞれの軸で異なり、かつ回転していると比率が合わず形状が歪むことがあります。

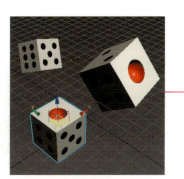

［スケール合わせ］を行う前　　［スケール合わせ］のX軸にのみチェックを入れた場合

Lesson 05 オブジェクトの設定

[クイック位置合わせ] を行う

Lesson05 ▶ 5-1 ▶ 05-1_sample_01.max

選択しているオブジェクトをターゲットオブジェクトに位置合わせすることができます。オブジェクトの基点(選択時に表示されるギズモの中心)を参照して位置合わせします。

1 再度サンプルシーンを開きます。「dice_A」を選択し❶、[位置合わせ]ツールのプルダウンリストから[クイック位置合わせ]を選択して❷「dice_C」をクリックします❸。

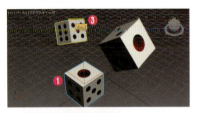

2 [クイック位置合わせ]によって、位置のみを合わせました。回転角度、スケールは異なったままです。

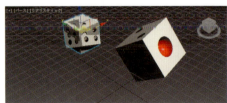

[法線位置合わせ] を行う

Lesson05 ▶ 5-1 ▶ 05-1_sample_01.max

選択しているオブジェクトを、各オブジェクトの面か選択箇所の法線の方向(面が向いている方向)を参照して位置と回転を合わせます。

1 再度サンプルシーンを開きます。「dice_A」を選択し、[位置合わせツールの]プルダウンリストから[法線位置合わせ]を選択します。

2 「dice_A」の1の面の白い部分を(画像の矢印を目安にして)クリックしてみましょう。

3 続いて、「dice_B」の2の面の白い部分をクリックします。[法線位置合わせ]ダイアログが表示されるとともに「dice_A」の1の目の面と「dice_B」の2の目の面が合わさるように位置合わせされます。

4 [法線位置合わせ]パネルの[位置オフセット]グループで位置の調整❶、[回転オフセット]❷で角度の調整が可能です。角度の調整は合わさった面の水平方向にしか回転しません。[法線を反転]チェックボックスを切り替えると❸、合わせる面の向きを変更できます。

5-2 オブジェクトのグループ化

グループ化を使用すると、複数のオブジェクトをシーン内で単一のオブジェクトとして扱うことができるようになります。たとえば車をボディ・内装・タイヤといった要素でオブジェクトを分けて作成したとします。この要素をオブジェクトとして分けておきながらも、移動や回転は一括で行いたい場合などに便利な機能です。

オブジェクトのグループ化を行う

Lesson05 ▶ 5-2 ▶ 05-2_sample_01.max

複数のオブジェクトをシーン内で単一のオブジェクトのように扱うことができるように設定するのが[グループ化]です。[グループ化]を行うとグループに含まれる、どのオブジェクトをクリックしても、そのグループ全体を選択することができます。

オブジェクトをグループ化する

1 グループ化するには2つ以上のオブジェクトを選択する必要があります。「dice_B」と「dice_C」を選択しましょう。

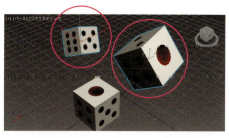

2 メニュー→[グループ]をクリックし、プルダウンからさらに[グループ]をクリックします。

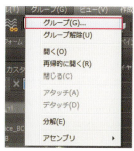

3 グループ名を指定するダイアログボックスが表示されるので、「Group_dice_BC」と変更し❶、[OK]ボタンをクリックします❷。移動させてみたりして、1つのオブジェクトのように扱われていることを確認してみてください。

グループ化されると、選択したとき、図のようになります。

4 ワークスペースシーンエクスプローラの階層別にソートの表示上では以下のようになります。「Group_dice_BC」❶という入れ物の中に「dice_B」❷と「dice_C」❸が入っているイメージです。ワークスペースシーンエクスプローラ上で「dice_B」と「dice_C」を選択しても、ビュー上で確認すると「Group_dice_BC」を選択していることになります。

5 続いて「dice_A」と「Group_dice_BC」を選択して同じようにグループ化してみましょう。グループ名は「Group_dice_all」と変更し❶、[OK]ボタンをクリックします❷。

6 ワークスペースシーンエクスプローラ上ではこのようになります。グループの中にさらにグループを入れ子状にすることもできます。

Lesson 05　オブジェクトの設定

グループを解除する

1 グループ化されたオブジェクトを選択します。「Group_dice_all」を選択しましょう。メニュー→[グループ]→[グループ解除]をクリックします。

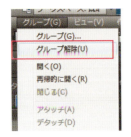

2 「Group_dice_all」のグループ化は解除されても入れ子になったグループに関しては解除されないので、注意が必要です。次のステップのため、もう一度「dice_A」と「Group_dice_BC」を選択して、グループ化しておきましょう。

> **CHECK!** グループ内のオブジェクトを編集する
>
> グループ内のオブジェクトの位置や回転等を編集したい場合は、メニュー→[グループ]をクリックし、プルダウンからさらに[開く]か[再帰的に開く]をクリックします。

グループを開く・閉じる

グループを開く

グループ内のオブジェクトを一時的にグループ解除してアクセスできるようになります。入れ子になったグループ内のオブジェクトは展開されないのでアクセスはできません。アクセスしたい場合は入れ子状になったグループを選択し、再度メニュー→[グループ]→[開く]をクリックします。

グループを[再帰的に開く]

グループ内のすべてを一時的にグループ解除して、すべてのレベルのオブジェクトにアクセスできるようにします。入れ子になったグループも一時的にグループ解除されます。メニュー→[グループ]→[再帰的に開く]をクリックします。オブジェクトの周りにピンク色の囲いが表示されるようになり❶、各オブジェクトごとに移動や回転ができるようになりました。このピンク色の囲いはグループに含まれるオブジェクトの外側を示す枠です。この枠をクリックしてグループを選択することができ、移動や回転等も可能です。[選択して移動]や[選択して回転]ツールを使用して、オブジェクトの位置などを変えてみましょう❷。編集が終わったら、再度グループ化するために次のステップへ進みます。

グループを閉じる

開いたグループを再度グループ化したい場合はメニュー→[グループ]→[閉じる]をクリックします❶。開かれたグループを再びグループ化しました。グループを閉じて、シーンを保存しましょう。
保存先は「3dsMax_Lesson ▶ Lesson05 ▶ 5-2」を指定し、保存ファイル名は「05-2_sample_01_work.max」とします。

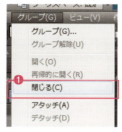

> **CHECK!** 内側のグループごと閉じる
>
> 入れ子になったグループの場合、最も外側のグループを閉じると、内側のグループもすべて閉じられます。
>
>

グループのアタッチ・デタッチ

Lesson05 ▶ 5-2 ▶ 05-2_sample_02.max

グループのアタッチ

サンプルシーンを開きます。すでにグループ化したものに対してオブジェクトを追加したい場合は、この機能を使用します。グループに追加したいオブジェクトを選択してメニュー→[グループ]→[アタッチ]をクリックします。「dice_A」と「dice_B」がすでにグループ化されているので、「dice_C」を選択しましょう。[アタッチ]をクリック後、ビュー上でグループ化されたオブジェクトをクリックすると、そのグループへ組み込まれます。

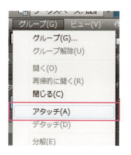

グループのデタッチ

すでにグループ化したものから任意のオブジェクトのみグループ解除したい場合にこの機能を使用します。
[デタッチ]を使用する場合は、選択したグループが「開かれている」状態でなければなりません。「Group_dice」グループを選択し、開きましょう。開いた後、「dice_C」を選択してメニュー→[グループ]→[デタッチ]をクリックします。[デタッチ]をクリックした時点でグループ化が解除されます。

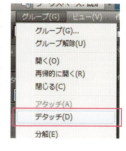

グループの分解

Lesson05 ▶ 5-2 ▶ 05-2_sample_03.max

グループを分解する

サンプルシーンを開きます。選択したグループ内のすべてのオブジェクトをグループ解除します。入れ子になったグループに対しても、グループ解除します。「Group_dice_all」グループを選択して❶、メニュー→[グループ]→[分解]をクリックします❷。ワークスペースシーンエクスプローラ上で確認すると、階層が分かれていた状態ではなくなっていることから、グループ解除されたことがわかります❸。

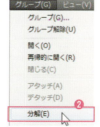
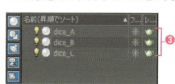

Lesson 05 オブジェクトの設定

5-3 クローンの作成

「クローン作成」とは同じ形のオブジェクトを複製したいときに便利な機能です。
建築物などのモデリングは同じパーツがいくつも必要な場合があります。
ひな形をひとつ作成し、それをクローン作成によって複製、配置していくことで、
作業時間の短縮が可能になります。

クローンの作成

クローン作成には3つの方法があります。3つの方法による違いに注目しながらクローンを作成します。オブジェクトを選択し、メニュー→［編集］→［クローン作成］をクリックすると以下の［クローンオプション］ダイアログが開きます。

［クローンオプション］ダイアログ

[コピー]
完全にオリジナルとは切り離されたクローンを作成できます。一方のパラメータなどを修正しても他方には影響がありません。

[インスタンス]
オリジナルと完全に互換性のあるクローンを作成できます。インスタンスによってクローンしたオブジェクトのパラメータなどを修正すると、オリジナルも同様に修正されます。逆も同様に修正されます。

[参照]
オリジナルに基づいてクローンを作成します。クローンしたオブジェクトはオリジナルの状態を参照した状態になりますが、モディファイヤという機能はオリジナルに影響を与えずに設定することも可能です。

［コピー］クローンを作成する

 Lesson05 ▶ 5-3 ▶ 05-3_sample_01.max

1. サンプルシーンを開きます。「Box_A」を選択した状態でメニュー→［編集］→［クローン作成］をクリックします❶。［クローンオプション］ダイアログで［コピー］をチェックし❷、名前を「Box_B」とします❸。［OK］ボタンをクリックします❹。これで「Box_Aのコピー」ができました。

2. 「Box_A」と同じ位置に重なっているので、「Box_B」を横へ移動させます。

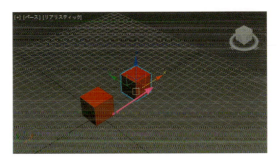

3 わかりやすくするため、色を変更します（P.51参照）。

4 「Box_B」の長さを［パラメータ］ロールアウト内で「100cm」に変更します❶。「Box_B」のパラメータを変更しても、もとになっている「Box_A」の形状は変更されません。下図のように、コピーはそれぞれのオブジェクトが完全に独立した状態になります❷。

 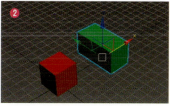

［インスタンス］クローンを作成する

1 「Box_A」を選択した状態でメニュー→［編集］→［クローン作成］をクリックします。［クローンオプション］ダイアログで［インスタンス］をチェックし❶、名前を「Box_C」とします❷。［OK］ボタンをクリックします❸。「Box_Aのインスタンス」である「Box_C」が作成されました❹。「Box_A」と同じ位置に重なっているので「Box_C」を「Box_B」より横へ移動させます❺。

 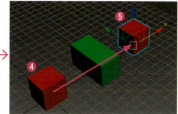

2 わかりやすくするため、色を変更します（P.51参照）。

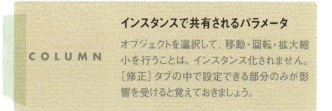

COLUMN　インスタンスで共有されるパラメータ

オブジェクトを選択して、移動・回転・拡大縮小を行うことは、インスタンス化されません。［修正］タブの中で設定できる部分のみが影響を受けると覚えておきましょう。

3 「Box_C」のパラメータの高さを「100.0cm」に変更します❶。「Box_C」のパラメータを変更すると、もとになっている「Box_A」の形状も合わせて変化します❷。インスタンスはすべてのパラメータに対して互換性が発生し、一方のパラメータを変更すると他方も影響を受けるようになります。

 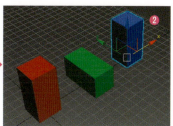

［参照］クローンを作成する

1 これまでと同じ手順で「Box_A」を複製して、［クローンオプション］ダイアログで［参照］をチェックし❶、名前を「Box_D」とします❷。［OK］ボタンをクリックします❸。「Box_A」の参照である「Box_D」が作成されました❹。同じ位置に重なっているので「Box_D」を「Box_C」より横へ移動させます❺。

 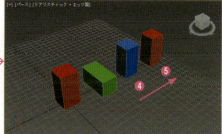

Lesson 05 オブジェクトの設定

2 わかりやすくするため、色を変更します（P.51参照）。

3 「Box_D」のパラメータを変更します。「Box_D」のパラメータの幅を「80.0cm」に変更すると❶、もとになっている「Box_A」の形状も合わせて変化します❷。「Box_C」もインスタンスであるため、形状が変化します。参照クローンは、このままだとインスタンスクローンと違いがわかりません。

 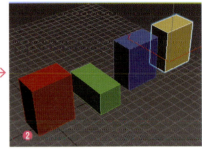

COLUMN ［参照クローン］の特徴

［参照］を利用すると、インスタンス化したオブジェクトを個別に変形させることができます。「Box_D」を選択→［修正］タブを選択します。「Box」❶と書かれたリストボックス内上部の暗いバーを選択します❷。このバーより下に追加された［モディファイヤ］はインスタンスされたオブジェクトとまったく同じ状態です。バーより上に追加された［モディファイヤ］は、インスタンスオブジェクトには影響を与えません。［モディファイヤ］の詳細についてはLesson8で解説します。

［参照］クローンにモディファイヤを追加する

1 「Box_D」を選択し、コマンドパネル→［修正］タブで、モディファイヤリストのドロップダウンリストをクリックします。モディファイヤの一覧がプルダウンリストで表示されるので、その中から［ターボスムーズ］を選択します❶。❷のようになります。

 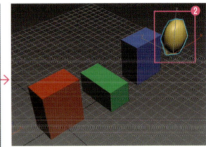

2 「Box_D」の形状だけが、丸みを帯びた形状に変化しました。いったんリストボックス内の［ターボスムーズ］の横にある電球アイコンをクリックして、モディファイヤの影響をオフにします。

3 もとの形状である「Box_A」オブジェクトを選択し、モディファイヤリストから［ストレッチ］を選択します。

4 ［パラメータ］ロールアウト内の［ストレッチ］を「0.5」に設定します。

5-3　クローンの作成

5 「Box_A」の変化を受けて、「Box_D」の形状も変化していることがわかります。

6 「Box_D」を選択し、コマンドパネル→[修正]タブで、[ターボスムーズ]の横にある電球アイコンをクリックしてモディファイヤの影響をオンにします。

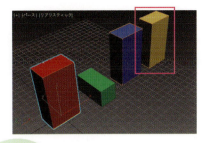
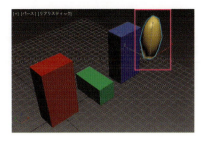

CHECK!　[参照]によって継承されるパラメータ

このように[参照]は、オリジナルに存在するパラメータ（モディファイヤ）は互いに影響し合いますが、参照によって作成したオブジェクトにしか存在しないパラメータに関しては、オリジナルへ影響を及ぼしません。

移動時のクローン作成

Lesson05 ▶ 5-3 ▶ 05-3_sample_01.max

[クローン作成]は、[選択して移動]ツールを使っても行うこともできます。Shiftキーを押しながら、移動を行うことでクローン作成になります。

クローンを移動させて作成する

1 再度サンプルシーンを開きます。Shiftキーを押しながら移動ツールで「Box_A」を移動させます。

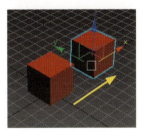

2 [クローンオプション]ダイアログが表示されます。[コピーの数]という追加された項目の数値を「3」に設定して、[OK]ボタンをクリックします。

3 設定した数値の分のオブジェクトが複製され、移動した方向へ一列に配置されます。それぞれのクローンの幅は移動した距離になります。

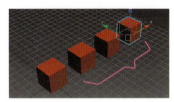

[コピーの数]で設定した通り、3つ同時に複製されます。

COLUMN

回転・スケールを利用したクローン作成

Shiftキーを押しながら回転・スケールツールを使用した場合も、クローン作成を行うことができます。

回転の場合

Shiftキーを押しながら回転させた角度を、順に加算しながら配置されます。

スケールの場合

1つ前のオブジェクトから比較したスケール係数が適用されます。数が多くなるとスケール幅がだんだん狭まっていきます。

Lesson 05 オブジェクトの設定

5-4 クローンの配列条件

「配列」とは選択したオブジェクトを複製し、多次元的に均等に配置することのできる機能です。たとえば、柱が等間隔で立っている古代の神殿などを作成する場合、この機能を使って配置していくとすばやく作成することができます。

配列

配列は大量のオブジェクトをすばやく、均等に並べることのできる機能です。

[配列] ダイアログを表示する

1 オブジェクトを選択した状態で、メニュー→ [ツール] → [配列] をクリックします。

2 [配列] ダイアログが開きます。各パラメータを設定後、[OK] ボタンをクリックすると、オブジェクトが実際に配置されます。

❶配列変換

配列の方向と数値の項目です。増分パラメータと総数パラメータに分かれており、どちらかのパラメーターを使用します。
「増分」は入力した数値を加算していきます。「総数」は入力した数値をオブジェクトの複製数で均等に割ります。
どちらかに数値を入力した後、それぞれの横にある矢印をクリックすると、パラメータが変換され、切り替えることができます。また [移動・回転・スケール] は、それぞれ個別に設定できます。

❷オブジェクトのタイプ

複製するときの方法を指定します。それぞれの違いは、先述の「クローンの作成 (P.70)」を参照してください。

❸配列の次元

[1D]

[一次元配列] を行いたい場合は、こちらにチェックを入れます。
配列したいオブジェクトの数を変更したい場合はこの「数」の数値を変更します。

[2D]

[二次元配列] を行う場合は、こちらにチェックを入れます。一次元目の方向と数値設定は「配列変換」グループで行い、二次元目の配列数、方向と数値はここの項目で設定します。

[3D]

[三次元配列] を行う場合は、こちらにチェックを入れます。一次元目の方向と数値設定は「配列変換」グループで行い、二次元目の配列数、方向と数値は2Dの項目で設定します。三次元目の配列数、方向と数値をここの項目で設定します。

❹配列の総数

複製がいくつ作られるかの総数は自動的に表示されます。配列のもとになるオブジェクトも含めて、総数が表示されます。

❺プレビュー

このボタンを有効にすると、配列の最終結果をプレビューしながら、パラメータの調整が行えます。

5-4 クローンの配列条件

[一次元配列] を行う

Lesson05 ▶ 5-4 ▶ 05-4_sample_01.max

1. サンプルシーンを開きます。シーン上の [Step] を選択し、メニュー→ [ツール] → [配列] をクリックします。

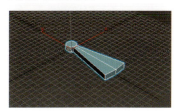

2. 増分グループのX位置を「150cm」にします❶。[配列の次元] グループの [1D] にチェックを入れ、数を「5」にします❷。

3. [OK] ボタンをクリックすると、図のような結果になり、オブジェクトを一列に並べたような配置になります。

CHECK! 次元配列が行える項目

次元配列が行えるのは位置の項目のみになります。[回転・スケール] に関しては、一次元のみでしか対応しません。

[二次元配列] を行う

1. 増分グループのX位置を「200cm」にします❶。[配列の次元] グループの「2D」にチェックを入れ、数を「3」にY値を「350cm」にします❷。

2. [OK] ボタンをクリックすると、図のような結果になり、オブジェクトを平面に並べた配置になります。

[三次元配列] を行う

1. 増分グループのX位置を「500cm」にします❶。[配列の次元] グループの [3D] ❷にチェックを入れ [2D] の数を「3」❸、Y値を「350cm」❹にし、[3D] の数を「3」❺、Z値を「150cm」❻にします。

2. [OK] ボタンをクリックすると、図のような結果になり、先ほどの二次元配列を上に立体的に並べた状態になります。

075

Lesson 05　オブジェクトの設定

5-5 オブジェクトの階層リンク（親子関係）の作成

オブジェクトに階層リンクを形成する方法を学びます。階層リンクのことを一般的には「親子関係」と呼ぶことが多いので、本書では、階層リンクを形成することを「親子関係を設定する」と表現します。

オブジェクトの階層リンクを作成する

階層リンクを作成する利点

たくさんのオブジェクトを1つの親オブジェクトにリンクすると、親オブジェクトを移動、回転、拡大・縮小するだけで、たくさんの子オブジェクトにも同じ動きをさせることができます。
カメラやライトの向きをコントロールするターゲットオブジェクトを、目標オブジェクトにリンクすると、カメラやライトが、必ず目標オブジェクトのほうを向くように設定できたり、キャラクターや機械部品の構造をシミュレートして動かすことができます。

グループ化との違い

階層リンクとは、オブジェクトをリンクさせて「階層」を形成する機能です。AオブジェクトをBオブジェクトにリンクすることで、AとBの間には階層（親子関係）が作られます。

親を動かすと子も一緒に動きますが、子を動かしても親に変化はありません。

親子関係を設定する

Lesson05 ▶ 5-5 ▶ 05-5_sample_01.max

サンプルシーンを開きます。シーンを開いた時点では、親子関係は設定されていないので、オブジェクトを個別に動かすとそれぞれが別々に動きます。

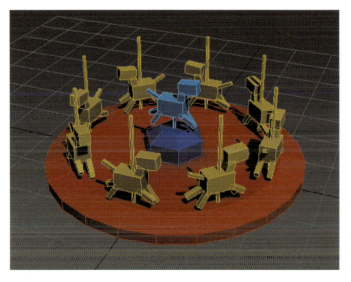

CHECK! グループ化と階層リンクの違い

グループ化は複数のオブジェクトをひとまとめのオブジェクトにして扱うのに対して、階層リンク（親子関係）は子が親に追従する設定なので、親だけを動かすとグループ化と同じように見えますが、子単体でも動かすことができます。

5-5 オブジェクトの階層リンク（親子関係）の作成

1対1の親子関係を設定する

1 中央の青いスタンドと青い馬に親子関係を設定します。青いスタンドが回転すると、それに合わせて青い馬が回転する状態に設定していきます。
子にしようとしている[GEO_horse-blue]を選択し、メインツールバー→[選択してリンク]を選択します。

2 選択された青い馬は、図のように表示されます。

3 その状態で、中央の青い馬の上にマウスポインタをあてると、アイコンが図のように変化します。

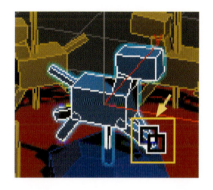

4 マウスをクリックして青い馬から少し離れたところまでドラッグします。すると、青い馬の基点に当たる部分からマウスポインタの間に点線が表示されます。

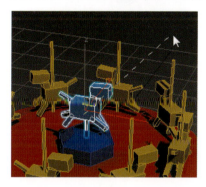

5 マウスポインタがいずれかのオブジェクトの上にくると、そのオブジェクトの輪郭が黄色くハイライトされます❶。青いスタンドが黄色くハイライトされた状態でマウスボタンを離すと、親のオブジェクトのワイヤーフレームが一瞬白く表示され、親子関係が設定されます。親子関係が設定されると、ワークスペースシーンエクスプローラでは右図のように表示されます❷。
青いスタンド[GEO_horse-stand]を回転させると、馬も回転することを確認します。これで親子関係の設定ができました。

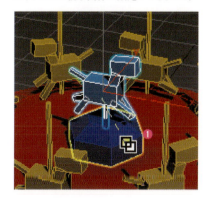

COLUMN

[選択してリンク]のオフ

[選択してリンク]ボタンは使用後はオフにしますが、再度クリックしてもオフにできません。メインツールバーの[オブジェクトを選択]や[選択して移動]など他のツールに切り替えるとオフになります。

親子関係設定の順番

親子関係を設定する場合は、必ず子から親を指定します。親オブジェクトは1つだけしか指定できません。

Lesson 05 オブジェクトの設定

6 親オブジェクトにさらに親を設定します。同じ手順で青いスタンド[GEO_horse-stand]を赤い大きな台座[GEO_base]の子に設定します。赤い台を基準に考えると以下のような親子関係になっています。

親：赤い台座　子：青いスタンド　孫：青い馬

7 図の階層別ソートボタン❶をクリックすると、親子関係が階層表示されます❷。階層表示で、親子関係が正しく設定できているか確認することができます。

1対多の親子関係を設定する

1 複数の黄色い馬[GEO_horse～]を赤い台座[GEO_base]の子に設定していきます。ワークスペースシーンエクスプローラで黄色い馬をすべて選択します。

2 どれか1つの黄色い馬にマウスポインタをあててクリックし、ドラッグすると、選択したすべてのオブジェクトから点線が表示されます。点線が表示されている状態で赤い台座の上にマウスポインタを持っていき、赤い台座が黄色く囲まれてハイライトされた状態で、マウスボタン離すと、複数のオブジェクトから親を指定することができます。赤い台座を回転させるとその他のオブジェクトも回転する親子関係が設定できました。

Exercise — 練習問題

Lesson05 ▶ Exercise ▶ 05_exercise_01.max

Before　　**After**

Q [配列]と[参照座標系]を使って、原点から離れた位置にあるボックスを、円形に並ぶように複製してみましょう。

A

❶ 参照座標系を[ワールド]、基点使用を[参照座標の中心を使用]にします。

❷ メニュー→[ツール]→[配列]を選択します。

❸ [配列]パネルの[回転増分Z]を「36.0」、[1D]の数を「10」にします。[プレビュー]ボタンでどのような配列になっているか確認できます。

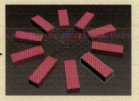

❹ 円形に並ぶように複製できました。[配列]パネルではさらに複雑な複製が可能です。

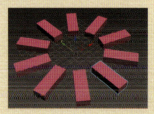

モデルの作成

An easy-to-understand guide to 3ds Max

Lesson 06

ここまでに覚えた3ds Maxの機能を使って、実際にオブジェクトを作る工程です。シンプルな形状を簡単に作成することができるプリミティブ作成の機能を使い、積み木の城やメリーゴーラウンドを作成します。作成した背景オブジェクトに照明やカメラを配置して、自分の思い通りの角度で静止画像を出力できるようになります。

Lesson 06 モデルの作成

プリミティブを組み合わせて モデルを作成する

Lessonで学んできたことを活かし、プリミティブを組み合わせて、積み木の城とメリーゴーラウンドを作成します。わからなくなったら、Stepごとにシーンファイルが用意されていますので、データでそれぞれを確認しましょう。

オブジェクトの作り方

オブジェクト作成時のルール

オブジェクトを作るときは以下の6つを守りましょう。

- ・トップビューかパースビューで作成する
- ・作成した後、基点を原点に合わせておく
- ・オブジェクトの基点の位置を把握しておく
- ・オブジェクトには必ず名前を付ける
- ・作業中はこまめにシーンファイル（3ds Maxのファイル）を保存する
- ・シーンファイルは別名（数字を増やすなど）で保存する

オブジェクト名のルール

慣れるまではオブジェクトの種類が把握しにくいので、わかりやすい名前を付けておくことが大事です。本書では以下のように名前を付けています。

- ・[GEO_〜]　：ジオメトリオブジェクト
- ・[GRP_〜]　：グループ名
- ・[LT_〜]　：ライトオブジェクト
- ・[CAM_〜]　：カメラオブジェクト
- ・[SHP_〜]　：シェイプオブジェクト

積み木の城とメリーゴーラウンドを作成する

ここまでのLessonで学んだプリミティブ形状のジオメトリオブジェクトの作成の技術と、上記のルールを踏まえて、積み木の城とメリーゴーラウンドを作成します。

Lesson06 ▶ 6-1 ▶ 06-1 sample 01.max

6-1　プリミティブを組み合わせてモデルを作成する

Step 01　地面と囲いの作成

ベースのシーンファイルを作成します。ここから先の作業はこまめにシーンファイルを保存しておきましょう。（例：「playland_00.max」などのファイル名を付けて、保存するたびに01、02…と数字を増やします。）

地面の板を作成する

1. ［作成］タブ→［ジオメトリ］→［標準プリミティブ］→［平面］で、長さ「120cm」、幅「120cm」の平面を作成します。作成が終わったら、アクティブビューで右クリックして作成モードから抜けます。

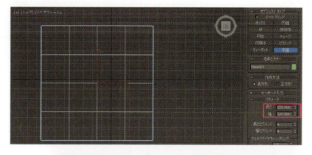

2. ［修正］タブで、オブジェクト名を［GEO_ground］と変更します。
   ［選択して移動］ツールを選択し、参照座標系を［ビュー］に変更→画面下の数値入力パネルで、「0cm、0cm、0cm」①とし、原点に移動します②。もともと平面の板は、板オブジェクトの中心点に基点があるので、これで地面の板がこの世界の真ん中に配置されました。

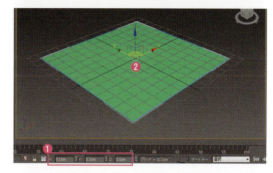

囲い（横部分）を作成する

1. ［作成］タブ→［ジオメトリ］→［標準プリミティブ］→［ボックス］で、適当な箱を作成します。
   アクティブビューで右クリックして作成モードから抜けます。

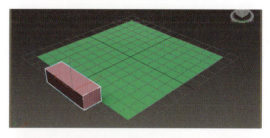

2. ［修正］タブで、長さ「120cm」、幅「6cm」、高さ「3cm」に修正します。
   オブジェクト名を［GEO_fence-side］と変更します。
   ［選択して移動］ツールを選択し、参照座標系を［ビュー］に変更→画面下の数値入力パネルで、「0cm、0cm、0cm」とし、原点に移動します。

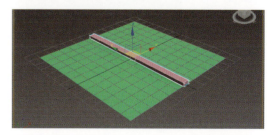

囲い（正面部分）を作成する

1. ［作成］タブ→［ジオメトリ］→［標準プリミティブ］→［ボックス］で、適当な箱を作成します。アクティブビューで右クリックして作成モードから抜けます。
   ［修正］タブで、長さ「6cm」、幅「108cm」、高さ「3cm」に修正します。

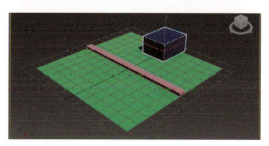

Lesson 06 モデルの作成

2 オブジェクト名を[GEO_fence-front]と変更します。[選択して移動]ツールを選択し、参照座標系を[ビュー]に変更→画面下の数値入力パネルで、「0cm、0cm、0cm」とし、原点に移動します。

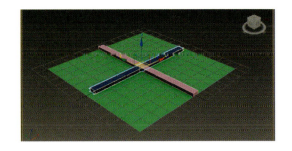

横の囲いの位置を地面の板の端に合わせる

1 [GEO_fence-side]を選択し、[位置合わせ]ツールを選択し、[GEO_ground]をクリックします。

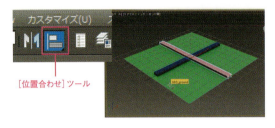

[位置合わせ]ツール

2 [X位置]のみを選択し❶、[現在のオブジェクト]❷、ターゲットオブジェクト❸を図のように設定して、[OK]ボタンをクリックします❹。

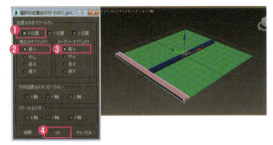

手前の囲いの位置を地面の板の端に合わせる

1 [GEO_fence-front]を選択し、[位置合わせ]ツールを選択し、[GEO_ground]をクリックします。

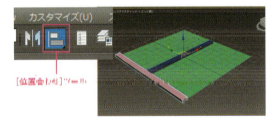

[位置合わせ]ツール

2 [Y位置]のみを選択し❶、[現在のオブジェクト]❷、ターゲットオブジェクト❸を図のように設定して、[OK]ボタンをクリックします❹。

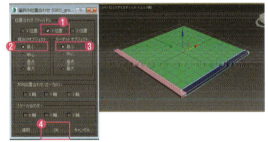

囲いを反対側に複製する

1 [GEO_fence-side]と[GEO_fence-front]を選択し、参照座標系を[ワールド]❶に変更→変換中心(P.44)を[変換座標の中心を使用に変更]にします❷。上部メニューの[ミラー]ツールを選択します❸。

2 [ミラー軸]は[XY]❶、[選択のクローン]は[インスタンス]にチェックを入れ❷、[OK]ボタンをクリックします❸。

親子関係を設定する

囲いの4つのオブジェクトを選択し、メインツールバー→［選択してリンク］を使用して［GEO_ground］の子にします。

親子関係の設定はLesson5-5（P.76）を参照してください。これで土台と囲いが完成しました。

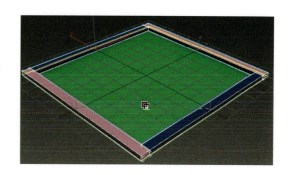

> **CHECK!** 参照座標系と変換中心の標準設定
>
> 操作に慣れないうちは、参照座標系と変換中心は、使用した後にもとの設定に戻しておきましょう。→［参照座標系：ビュー、変換中心：基点中心を使用］

Step 02　城の作成　※重複する手順は省略して解説していきます。

まずは城を作っていきます。実際の城と同じように土台からはじめていきます。

基本のブロックを作成する

```
プリミティブ：ボックス
設定：長さ12cm、幅24cm、高さ9cm
位置：原点
オブジェクト名：［GEO_cast-block］
```

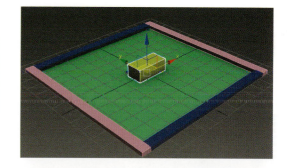

1段目と2、3段目を
インスタンスクローンする

1 ［GEO_cast-block］を選択し、トップビューで Shift キーを押しながらスライドさせて隣に並べます❶。［クローンオプション］ダイアログで、［インスタンス］を選択し❷、［OK］ボタンをクリックします❸。

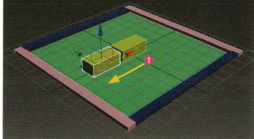

2 2つのブロックオブジェクトを選択し、トップビューで Shift キーを押しながら奥へスライドさせて❶、並んだらマウスを離し、［クローンオプション］パネルで、［インスタンス］を選択し❷、名前は自動的に付けられる［GEO_cast-block001］のまま、［OK］ボタンをクリックします❸。

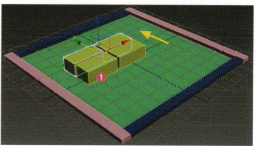

Lesson 06 モデルの作成

3 [GEO_cast-block]をインスタンスクローンして、図のように計7個並べます。[選択して移動]ツールを選択して、画面下の数値入力パネルで座標を入力するか、[位置合わせ]ツールを使用して横や上面にぴったり合わせます。

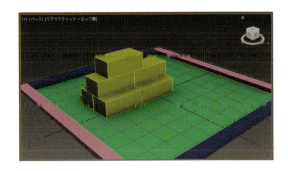

オートグリッド機能を使用して城の柱を作成する

1 ブロックの上に円柱を作成するために、[オートグリッド]機能を使用します❶。[作成]タブ→[ジオメトリ]→[標準プリミティブ]→[円柱]を選択します❷。

2 ❶の[オートグリッド]のチェックをオンにすると❶、マウスポインタに[移動のギズモ]が現れます❸。いちばん上のブロックの上面にマウスポインタを移動すると、オブジェクト名が表示されます。ここでは「GEO_cast.block006」となっています。

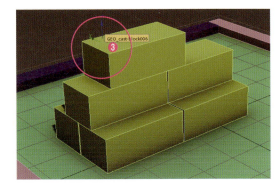

3 クリックして円柱を作成すると、選択していたオブジェクトの面に接地したプリミティブを作成することができます。使用後は[オートグリッド]のチェックをオフにしておきましょう。

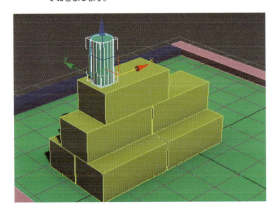

4 アクティブビューで右クリックして作成モードから抜けます。[修正]タブで、半径「3.0cm」、高さ「12.0cm」、高さセグメント「1」に修正します❶。オブジェクト名を[GEO_cast-pole]と変更します❷。

6-1　プリミティブを組み合わせてモデルを作成する

|5| 柱を横に移動してインスタンスクローンして、コピー数「2」にして、2本の柱を追加します。位置を調整します。

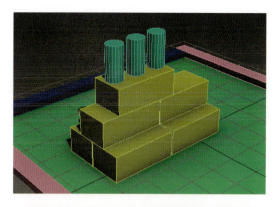

城の屋根を作成する

円柱の分割数を減らして三角形を作成し、屋根にします。

> プリミティブ：円柱
> 設定：半径12cm、高さ9cm、側面3
> オブジェクト名：[GEO_cast-roof]

倒れた三角形ができます。

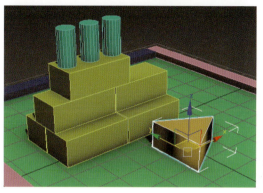

角度スナップを使用して回転させ柱に屋根をのせる

|1| メインツールバーの[角度スナップ切り替え]ボタンををオンにします❶。[選択して回転]ツールで屋根を回転させます。[角度スナップ]を有効にすると、回転させると5度ずつ変化するようになります❷。

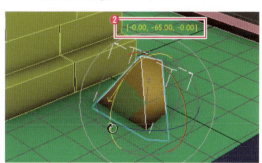

|2| Z軸で90度回転させて、柱にのるようにします。[位置合わせ]などを使用して、柱の上にのせます。

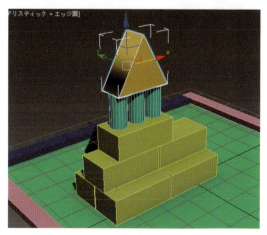

> CHECK!　**角度スナップ**
>
> [角度スナップ]を使用すると、回転角が5度ずつ変化するので正確に90度回す場合などに便利です。

Lesson 06　モデルの作成

一段低いところの柱と屋根を作成

同じ手順で柱2本をインスタンスで作成して並べます。屋根はインスタンスクローンした後、オブジェクトの拡大縮小で2本の柱にのるように大きさを調整します。オブジェクト名は[GEO_cast-roofB]とします。

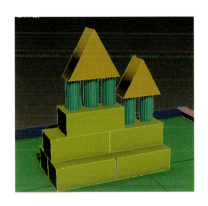

城をグループ化する

1　ワークスペースシーンエクスプローラで[GEO_cast～]という名前のパーツをすべて選択し、メニュー→[グループ]→[グループ]でグループ化します。

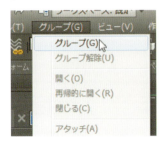

2　グループ名を以下とします。

> グループ名：[GRP_catsle]

城の位置をトップビューで見て上側、パースビューでは奥側に移動させます。これで城が完成しました。

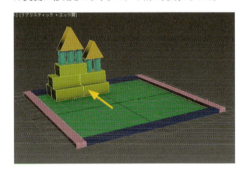

城をフリーズする

1　ワークスペースシーンエクスプローラのソートモードを[階層別にソート]にします❶。
　[GRP_catsle]❷をダブルクリックすると、グループの構成オブジェクトをすべて選択できます（ビュー上でcastleグループをクリックしても同じ選択が可能です）。ワークスペースシーンエクスプローラのフリーズアイコンをクリックしてフリーズさせます❸。

2　ビュー上ではグレーに表示され、選択ができなくなりました。

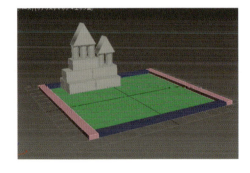

6-1 プリミティブを組み合わせてモデルを作成する

Step 03 塔の作成

城の横にそびえる塔を作ります。プリミティブを組み合わせて大きさの異なる2つの塔を作りましょう。それぞれのプリミティブの設定は、これまでのオブジェクトを参考にして下さい。わからなくなってしまった場合は、Stepごとの完成したサンプルシーンを参照してください。

左奥の塔を作成する

```
プリミティブ：円柱、円錐、球
オブジェクト名：[GEO_tower〜]
グループ名：[GRP_tower]
```

作成したら、図のように位置を調整します。

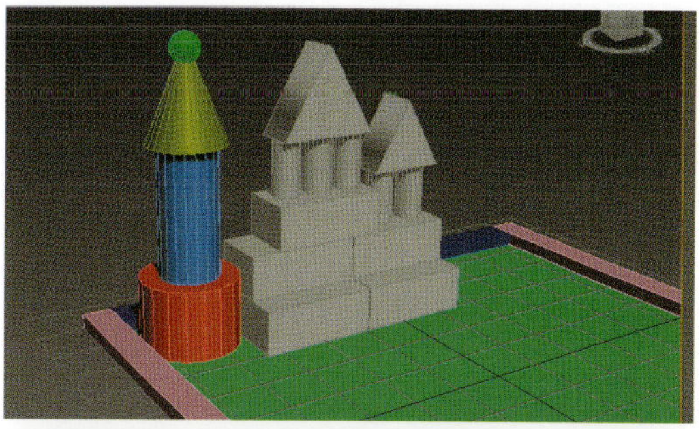

反対側の塔をインスタンスで複製する

1. [GRP_tower]を選択し、インスタンスクローンします。[クローンオプション]ダイアログの「オブジェクト」をインスタンス❶、[コピーの数]を「1」にして❷、[OK]ボタンをクリックします❸。

2. 位置を城の反対側に移動します❹。
   グループ名は[GRP_tower_small]とします。

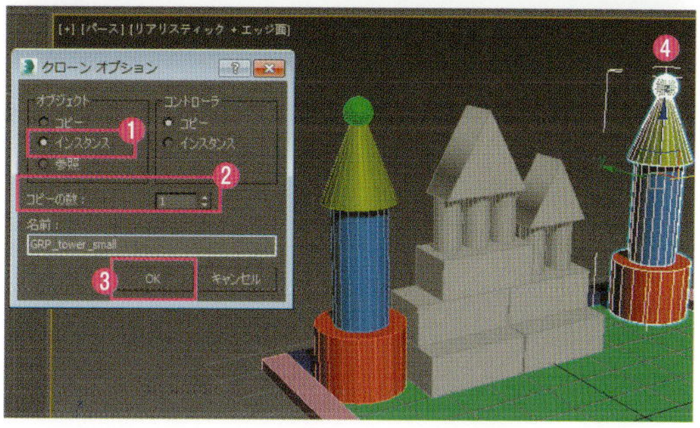

反対側の塔のパーツのインスタンスを解除する

1. メニュー→[グループ]→[開く]を選択します❶。塔の長い柱のパーツを選択します。[修正]タブのモディファイヤリスト直下の文字を右クリック→[個別のモディファイヤとして割り当て]を選択します❷。これで、インスタンスが解除され、この柱のみを修正することができるようになりました。高さを半分程度に低くします。

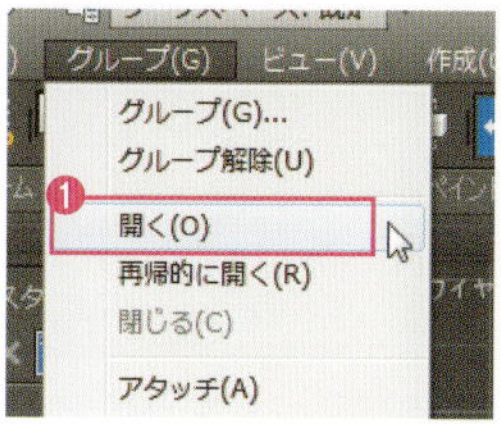

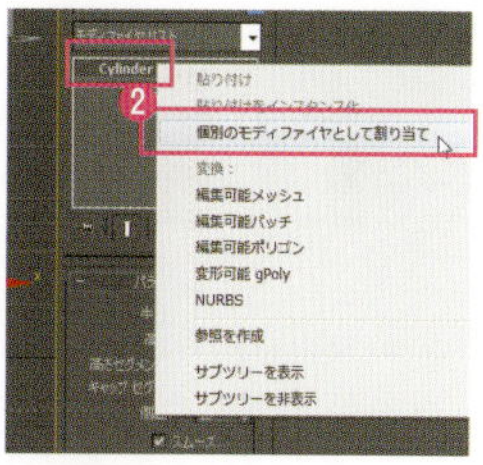

2. 同じ手順で、塔の屋根もインスタンスを解除して、位置を合わせ、高さを低く変更し、最後に球の位置を合わせたら、グループのパーツのどれかを選択した状態で、メニュー→[グループ]→[閉じる]を選択します。左右2つの塔はフリーズしておきます。

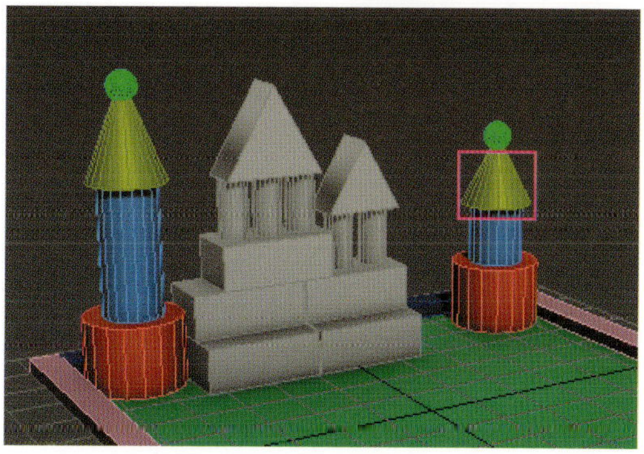

CHECK！ インスタンス化しているか判断するには

[修正]タブのモディファイヤリストの文字が太字ならば、シーン内にインスタンスされたオブジェクトがあるということになります。

インスタンス化していない 　インスタンス化している

Lesson 06 モデルの作成

Step 04 その他の簡単なパーツの作成

プリミティブを組み合わせて、3種類の構造物を作成し、配置します。それぞれのオブジェクトの設定がわからない場合は、サンプルシーンを参考にしてください。

塔の前の東屋を作成する

プリミティブ：BOX、ピラミッド
オブジェクト名：[GEO_house～]
グループ名：[GRP_house]

街灯×2を作成する

プリミティブ：円柱、球（半球）
オブジェクト名：[GEO_lump～]
グループ名：[GRP_lump]

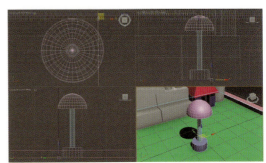

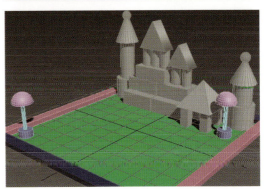

アーチを作成する

プリミティブ：チューブ
設定：半径1＝60cm、半径2＝42cm、
高さ＝6cm、側面＝32、
スライスオン（開始90、終了270）

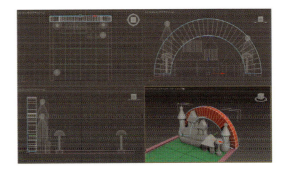

Step 05　拡張プリミティブでのパーツ作成

拡張プリミティブを使って、やや複雑な2種類の構造物を作成し、バリエーションを出します。

手前の柱×2を作成する

```
プリミティブ：円錐
拡張プリミティブ：面取り円柱、ヘドラ（星2）
オブジェクト名：[GEO_gate～]
グループ名：[GRP_gate]
```

左側パティオを作成する

```
プリミティブ：土台・階段=ボックス、屋根=円柱
拡張プリミティブ：建物=C-Ext、
模様=リングウェーブ
オブジェクト名：[GEO_patio～]
グループ名：[GRP_patio]
```

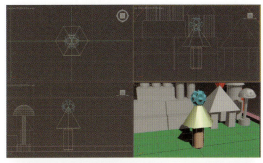
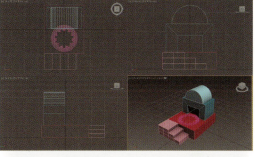
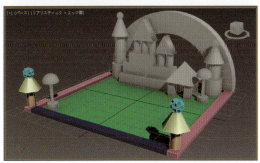
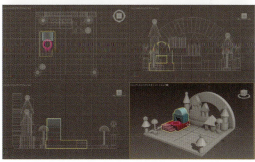

Step 06　シェイプを使ったパーツ作成

文字シェイプを使って看板を作成します。

看板文字を作成する

```
シェイプ：文字
オブジェクト名：[GEO_sign-text]
```

フロントビューから作成して、テキストを入力しましょう。ここでは"BLOCKS CASTLE"とします。

Lesson 06 モデルの作成

フロントビューから看板の枠を作成しましょう。

> シェイプ：ライン
> オブジェクト名：[GEO_sign-frame]
> グループ名：[GRP_sign]

[修正]タブの[レンダリング]ロールアウト内に図のようにチェックを入れます。看板と文字をグループ化します。
ここまでで作成したシーンを別名で保存しておきましょう。

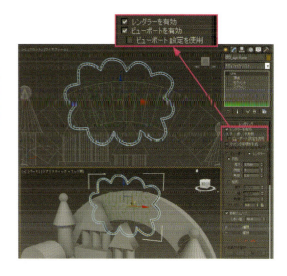

Step 07 メリーゴーラウンドの作成

次に作成するパーツは今までの工程よりも複雑なので、別のシーンで作成します。Step06までのシーンファイルを保存したことを確認してから、アプリケーションボタン→[新規]タブを選択し、[新しいシーンを作成する]をクリックします。シーンファイルの名前は、「playland_parts_merry_00.max」としておきます（これまでと同様に、保存するときは01、02…と数字を増やしていきます）。

メリーゴーラウンドを作成する

1 メリーゴーラウンドの土台を作成します。

> プリミティブ：円柱
> 設定：半径26cm、高さ3cm、側面48
> オブジェクト名：[GEO_merry-base]

位置を原点にします。

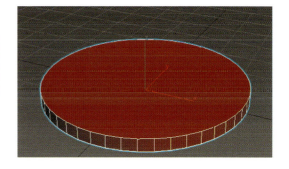

2 メリーゴーラウンド中央の台を作成します。

> プリミティブ：円柱
> 設定：半径6cm、高さ5cm、側面18
> オブジェクト名：[GEO_merry-center]
> 親オブジェクト：[GEO_merry-base]

土台の中央にのるように位置を合わせます❶。
[GEO_merry-base]を親にして、階層リンクを設定します❷。
階層リンクに関してはLesson5-5 (P.76)を参照してください。

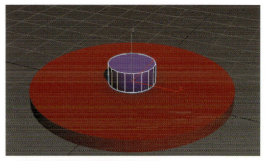

6-1 プリミティブを組み合わせてモデルを作成する

3 メリーゴーラウンド上のリングを作成します。

プリミティブ：チューブ
設定：半径1=20cm、半径2=19cm、高さ3cm、側面48
オブジェクト名：[GEO_merry-ring]
親オブジェクト：[GEO_merry-base]

土台の中央に[位置合わせ]し、高さは[移動]ツールで「18cm」にします。階層リンクを図のように設定します。

4 メリーゴーラウンドの支柱を作成します。

プリミティブ：円柱
設定：半径0.4cm、高さ15cm、側面6
オブジェクト名：[GEO_merry-pole]
親オブジェクト：[GEO_merry-ring]

リングから下に伸びているように位置を調整します。階層リンクを図のように設定します。

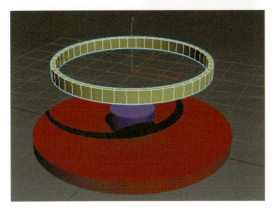

5 メリーゴーラウンドの馬を作成します。

プリミティブ：ボックス

ボックスを自由に組み合わせて馬の形にします。

オブジェクト名：[GEO_merry-horse～]
グループ名：[GRP_merry-horse-center]

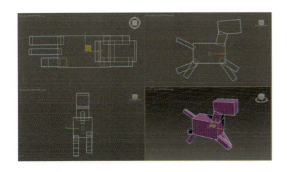

6 中央の台の上に1頭配置します。
[GRP_merry-horse-center]を中央の台の上に移動させます。

親オブジェクト：[GEO_merry-center]

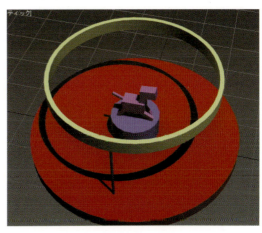

Lesson 06 モデルの作成

7 馬と支柱のセットを作成します。

オブジェクト名：[GEO_merry-horse]

支柱が馬の背中にくるように馬の位置を調整します。

親オブジェクト：[GEO_merry-pole]

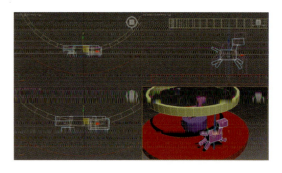

8 馬と支柱を上のリングに合わせて複製して配置していきます。[GEO_merry-pole]を回転させ、ポールと馬が一緒に動くことを確認します。
馬と支柱を選択→[選択して回転]ツールに変更します。参照座標系を[選択]にして、参照オブジェクトの[GEO_merry-ring]❶をクリックします。選択中心を[変換座標の中心を使用]❷に変更します。

9 角度スナップをオンにして、トップビューで[Shift]キーを押しながら、馬と支柱を45度❶回転させます❷。[クローンオプション]ダイアログでは、インスタンスをオンに❸、コピーの数[7]とし❹、[OK]ボタンをクリックします❺。

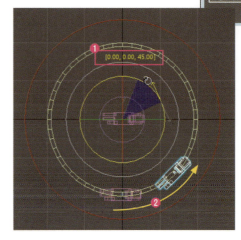

10 ここで親子関係を確認します。[GEO_merry-base]を移動すると、すべてのパーツが移動するかを確認します。また、[GEO_merry-ring]を回転させると、すべての支柱と馬が回転するかを確認します。問題がなければ、シーンファイルを保存します。

CHECK! **馬の高さや角度をランダムに調整**

オブジェクトの角度をあえてバラバラにすることによって、表現に面白味が生まれます。

6-1 プリミティブを組み合わせてモデルを作成する

Step 08　城のシーンにメリーゴーラウンドを読み込む

1　Step06で保存した遊園地のシーンファイルを開き、アプリケーションボタン❶→［読み込み］❷→［合成］❸でメリーゴーラウンドのファイルを選択します。

2　［合成］パネルが表示されるので［すべて］をクリック→［OK］ボタンを押します。これで、オブジェクトを別シーンに読み込むことができました。

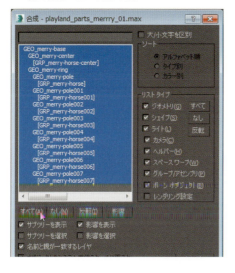

3　［GEO_merry-base］を移動して、配置を調整します。

4　［GEO_merry-base］を移動して、配置を調整します。その他のオブジェクトのフリーズを解除して、すべてが色付きで表示されていれば完成です。

作成したデータを、シーンファイルに保存します。保存名は「playland_castle_01.max」とします。

6-2 カメラオブジェクトの作成

カメラとは、特定の視点からシーンを表示するためのオブジェクトです。カメラのパラメータを設定することで、さまざまな調整をすることができます。カメラの特性を切り替えたり、簡単にレンズの焦点距離を設定したり、パースのないレンズを設定することもできます。また、操作をするうえで便利な補助機能を使用することもできます。

3ds Maxにおけるカメラの考え方

3ds Maxにおけるカメラは現実のカメラをシミュレートするものです。現実のカメラのように空間の制限を受けることがなく、壁の向こう側から壁を透かしてオブジェクトをとらえたり、地中から上を見上げたりという、現実では不可能な場所にカメラを配置することもできます。また、現実では物理的に製造できない超広角レンズやまったくパースのないカメラなどを使用することができます。

カメラの種類と機能

［フリーカメラ］

3ds Maxでもっとも使用するカメラです。カメラを向けた方向に映り込むものを表示することができます。フリーカメラを作成すると、カメラのアイコンとそこから伸びる視野を表す線が表示されます。移動、回転ともに自由にコントロールできます。フリーカメラの設定を変更することで、移動や回転の方法を、後述する［ターゲットカメラ］と同じ状態にすることができます。

［ターゲットカメラ］

ターゲットカメラは、カメラの種類ではなく、フリーカメラ、フィジカル（物理）カメラの動かし方に関するオプションです。ターゲットカメラは、カメラが向く方向をカメラ自身の回転ではなく、ターゲットと呼ばれる小さな箱のオブジェクトでコントロールします。標準カメラ、フィジカルカメラのどちらも、後からターゲットカメラに切り替えることができます。ターゲットカメラを作成すると、カメラとターゲット（小さな箱）を表す2つの部分から成るアイコンが表示されます。なにか特定のものを注視しながら回り込んだり、移動したりする場合に有効です。

［フィジカル（物理）カメラ］

3ds Max 2016から追加された新しいカメラです。このカメラでは、シャッタスピード、絞り、被写界深度、露出やその他のオプションを使って、標準のカメラでは実現できなかった現実世界のカメラ設定をシミュレートすることができます。特にフォトリアリスティックなイメージを作成する場合に有効です。

6-2 カメラオブジェクトの作成

[フリーカメラ]の作成

Lesson06 ▶ 6-2 ▶ 06-2_sample_01.max

[フリーカメラ]を作成する

1. サンプルシーンを開きます。コマンドパネル→[作成]タブ❶→[カメラ]を選択し❷、リストから[標準]を選択❸→[フリー]ボタンをクリックします❹。

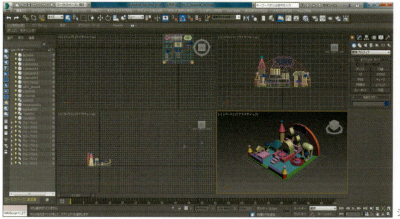

カメラオブジェクトのコマンドパネル

シーンファイルが開かれた状態

2. フロントビューでクリックして、フリーカメラを作成します。作成したら、マウス右クリックで作成状態を解除します。

3. カメラを移動させて、図のような位置に置きます。

カメラからの見た目のビューを表示する

1. 右下のビューの[ビューポートPOV]を右クリックし、プルダウンメニューから[カメラ]❶→[Camera001]を選択します❷。

2. 図のようにカメラから見た視点が表示されます。

095

Lesson 06 モデルの作成

[ターゲットカメラ] の作成

パースビューの見た目から [ターゲットカメラ] を作成する

1 右下のビューを [パース] に変更します❶。パースビューを回転させ、斜めからの見た目に変更します。パースビューがアクティブになっているか確認して、メニュー→ [ビュー] ❷→ [ビューから標準カメラを作成] ❸を選択します。

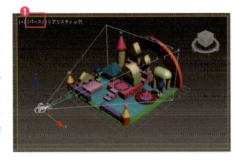 

2 ターゲットカメラが作成され、パースビューが「Camera002」に自動的に変更されます。

CHECK! フリーカメラとターゲットカメラの移動と回転

フリーカメラの場合、カメラを移動したり回転すると、操作したとおりにコントロールすることができます。
ターゲットカメラの場合、「Camera002」を選択して移動すると、移動とともにカメラが回転し、一点を注視しているような操作方法になります。

3 カメラが注視する点を変更するには、「Camera002」を選択し、右クリックで表示されるクアッドメニューから、[カメラターゲットを選択] します。

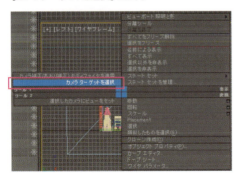

4 選択したカメラターゲットとは、ターゲットカメラの中心から伸びた線❶の先端にある箱状のオブジェクト❷のことです。ターゲットを移動すると、カメラの位置はそのままで向いている方向だけが変わります。
これで2つのカメラがシーン上に作成されました。その他のカメラも基本的には同じ手順で作成できます。

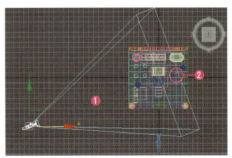

COLUMN

[ビューから標準カメラを作成] の注意点

ビューからカメラを作成する場合、パースビューからのみ作ることができます。また、その場合、必ずターゲットカメラが作成されます。

3ds Maxのカメラパラメータの内容と使い方

[パラメータ]ロールアウトでは、レンズの調整、カメラタイプの変更、ガイド線などの表示などを設定することができます。

❶ [レンズ]

3ds Maxではカメラレンズの焦点距離を設定することができます。焦点距離の短い(数字が小さい)レンズほど画角が広くなり、写る範囲が広がります。焦点距離の長いレンズほど画角が狭くなり、被写体が大きくなります。現実のカメラでは、標準レンズは35〜50mmです。焦点距離が50mm未満のレンズを広角レンズと呼び、焦点距離が50mmを超えるレンズを望遠レンズと呼びます。

❷ [正投影]

チェックをいれると、現実にはありえないパース変化のないカメラが作成できます。平行なものはカメラの見た目でも平行になります。レンズの焦点距離を限りなく大きくしたものに近い画面になります。カメラの位置に関係なく、レンズの焦点距離で、対象物の見た目の大きさをコントロールします。特殊なカメラなので、通常はオフにしておいたほうがよいでしょう。

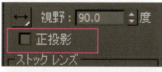

❸ [ストックレンズ]

素早く焦点距離に数字を入力するためのプリセットです。

❹ [タイプ]

[フリーカメラ]と[ターゲットカメラ]を切り替えるための項目です。自由に切り替えることができます。

❺ [円錐を表示]

カメラが選択されていないときにもカメラの撮影範囲を表示しておくためのオプションです。

❻ [水平線を表示]

水平線のガイドを表示するオプションです。

❼ [環境範囲]

[表示]にチェックを入れて近接範囲、遠方範囲の数値を設定すると、環境効果の及ぶ範囲を決めることができます。

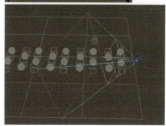

❽ [クリッピング平面]

[手動グリップ]にチェックを入れるとカメラからの距離を、近接クリップと遠方クリップの二値を設定することで、その間のものだけをレンダリングすることができます。クリップに分断されるオブジェクトはその一部がレンダリングされません。

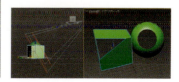

Lesson 06 モデルの作成

❾ [マルチパス効果]

[使用可能]にチェックを入れると[被写界深度]や[モーションブラー]など画面に奥行きや動きを与える効果を設定することができます。

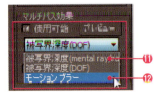

❿ ターゲットまでの距離

カメラとターゲットの間の距離を調整できます。ターゲットをカメラの向いている方向に伸ばすことができます。

⓫ [被写界深度]

ピントが合っている部分とぼけている部分を作り出す設定です。物の立体感を強調したり、見せたい部分を強調したりすることができます。

手前がくっきり、奥がぼけている画面を作成できます

⓬ [モーションブラー]

現実のカメラで、シャッタースピードに対して被写体が早く動いたときなどに起こる「被写体ぶれ」を簡易的に再現します。モーションブラーは、動きに合わせて半透明な分身のような残像で表現されます。[モーションブラーパラメータ]の設定で調整することができます。

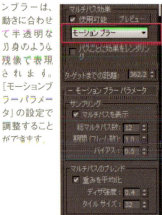

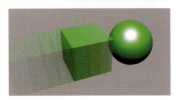

モーションブラーは分身のような残像を設定できます。

COLUMN

焦点距離による見え方の変化

全体が入るように設定したもの。焦点距離18mm、50mm、200mmの見え方の変化

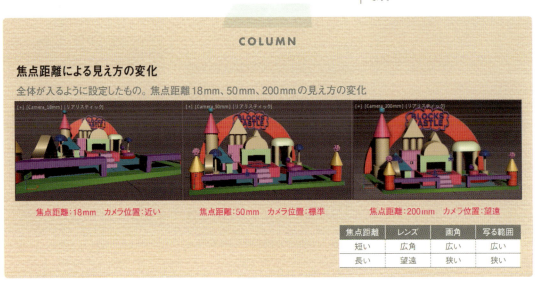

焦点距離：18mm　カメラ位置：近い　　　焦点距離：50mm　カメラ位置：標準　　　焦点距離：200mm　カメラ位置：望遠

焦点距離	レンズ	画角	写る範囲
短い	広角	広い	広い
長い	望遠	狭い	狭い

6-3 カメラワーク

6-3 カメラワーク

カメラの配置やレンズの焦点距離を調整してさまざまなシーンを作りあげます。同じ対象物でも、設定次第で印象が変わって見えることを覚えましょう。

[標準カメラ] の作成

Lesson06 ▶ 6-3 ▶ 06-3_sample_01.max

Lesson6-2でフリーカメラを作成した要領で、標準カメラを作成します。

[標準カメラ] を作成する

1. 混在してしまうとわかりにくいので、サンプルシーンを開き直します。自分で作成したデータを使用する場合は、Lesson6-1（P.93）で作成した「Playland_castle_01.max」を開きます。コマンドパネル→［作成］タブ→［カメラ］［フリー］を選択し❶、フロントビューでカメラを作成します❷。カメラを選択し、［修正］タブでカメラの名前を「Camera_50mm」❸と変更します。レンズの焦点距離を「50.0mm」❹に変更します。

2. カメラビューにセーフエリアを表示し、撮影範囲を確認します。全体が収まるように位置を調整します❺。

[望遠カメラ] の作成・設定

カメラを作成し、望遠カメラに設定する

1. コマンドパネル→［作成］タブ→［カメラ］→［フリー］を選択し、フロントビューでカメラを作成します❶。カメラを選択し、［修正］タブでカメラの名前を「Camera_200mm」と変更します。右下のビューポートの表示を「Camera_200mm」に変更します❷。最初はやや小さく画面に入るようにカメラ位置を調整します❸。

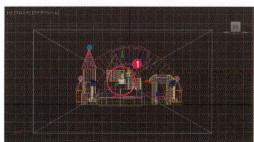

099

Lesson 06 モデルの作成

2. [パラメータ]ロールアウト内で、[ストックレンズ]の[200.0mm]をクリックします❶。対象物の中心を向いたままカメラの高度を下げたいので、カメラのタイプを[ターゲットカメラ]に変更します❷。[ターゲットカメラ]に変更されました。[水平線を表示]のチェックをオンにします❸。

3. カメラの[パラメータ]ロールアウトで、ターゲットまでの距離を調整します。レフトビューからみてモデルの真ん中あたりまで伸ばします。

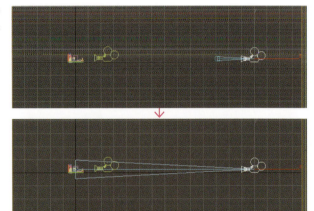

4. レフトやトップビューで、カメラの位置を調整し、斜め上から狙います。こういった高い位置から見下ろす視点を「鳥瞰」や「俯瞰」といいます。ターゲットカメラを移動すると、ターゲットを中心に回り込むように移動することができます。少し回り込みたいとき、ターゲットカメラは最適な手段です。

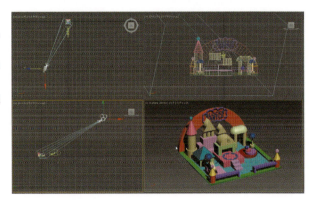

5. レンズの焦点距離を変えずに対象物に寄ったり引いたりしたいときには、まず[移動]ツールに変更します。次に、メインツールバーの[参照座標系]を[ローカル]に変更します❶。すると、移動のギズモの軸が、カメラの向いている角度に沿った表示になります❷。

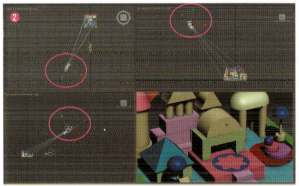

100

6-3 カメラワーク

6 この状態でカメラの向きと同じ軸のギズモを選択して移動すれば、対象に向かって真っすぐに近づいたり離れたりすることができます。

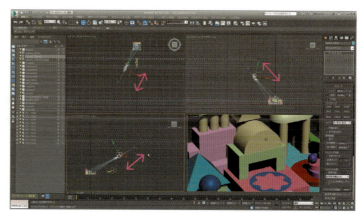

［広角カメラ］の作成・設定

広角カメラを作成する

1 右下ビューをパースに変更します。ビューの見た目を図のように変更します。

2 メニュー→［ビュー］→［ビューから標準カメラを作成］を選択します。カメラの名前を「Camera_15mm」に変更し、レンズの焦点距離はストックレンズの［15mm］をクリックします。

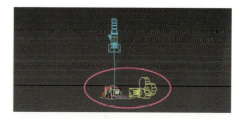

3 ［移動］ツールに変更し、メインツールバーの［参照座標系］を［ローカル］に変更します。対象物の近くにカメラを移動し、カメラの位置を低いところまで移動させます。こういった低いカメラ位置から、見上げるような角度の視点を「アオリ」と呼びます。カメラを地面に近づけてアオリで狙うことで、大きなものをさらに巨大に見せることができます。

見上げるような角度の視点を「アオリ」といいます。

COLUMN

カメラビューでカメラの位置を調整する

カメラビューの画面を見ながら、カメラ位置の調整をします。［選択して移動］ツールは使用せず、カメラビューのオブジェクトがない部分でマウスのホイールをクリックしたままドラッグすると、アイコンが手のマーク🖐になり、カメラの位置を調整することができます。カメラの位置の微調整に役立つ機能ですが、誤ってうっかりカメラを動かしてしまうことがあるので注意しましょう。ターゲットカメラの場合は、ターゲットごと移動したような動きになります。

ここまでの工程が完了したら、シーンを別名で保存しておきましょう。

Lesson 06 モデルの作成

6-4 レンダリングと静止画出力

ここまで作ってきたシーンを静止画としてレンダリングし、1枚の画像として保存する方法を学びます。レンダリングを実行する方法はいくつかありますが、今回は「F9レンダリング」と呼ばれる静止画をレンダリングするための機能を解説します。

F9レンダリング

 Lesson06 ▶ 6-4 ▶ 06-4_sample_01.max

キーボードの F9 キーを押すことでシーンを静止画の状態で確認することができます。これを「F9レンダリング」と呼び、静止画をレンダリングして保存する目的以外にも、さまざまな工程の作業中に現在のシーンの状態を確認するために行います。パラメータを調整してF9レンダリング、という工程を繰り返して、イメージに合った設定を作り出していきます。

F9レンダリングするビューを選択する

1 サンプルシーンを開きます。自分で作成したデータを使用する場合は、Lesson6-3での最後に保存したシーンを開きます。右下ビューをアクティブにし [Camera_50mm] カメラの見た目に変更します。

2 F9 を押すと [レンダリング] ウィンドウが表示され❶、レンダリングが始まります。レンダリングが終了すると [レンダリングフレームウィンドウ] が表示されます❷。

[レンダリング]ウィンドウはレンダリングしている間だけ表示される

[レンダリングフレームウィンドウ] にはレンダリングした画像が表示される

右下のビューを [Camera_50mm] カメラに変更したもの

COLUMN

レンダリング結果がアクティブビューと異なる場合

レンダリング結果がアクティブビューと異なる場合は、[レンダリングフレームウィンドウ] のビューポートがカメラビューの設定かを確認して、右上のレンダリングボタンで再度レンダリングすると、たいていの場合は正しい結果でレンダリングされます。

6-4 レンダリングと静止画出力

F9 レンダリング結果を再表示する

1. 右上の ❌ ボタン❶で[レンダリングフレームウィンドウ]を閉じることができます。

2. ウィンドウを閉じてしまっても、メインツールバーのアイコン❷をクリックすることで、再度表示することができます。また、新しくレンダリングをすると、前のレンダリング結果は消えてしまいます。

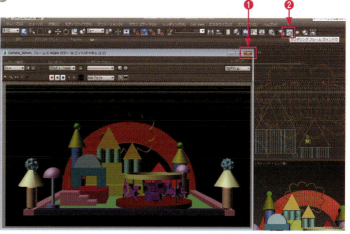

背景の色を変更する

1. 背景色を変更するにはメニュー→[レンダリング]❶→[環境]を選択します❷。

2. [環境と効果]ダイアログで[環境]タブ→[バックグラウンド]→[カラー]のボックス❸をクリックすると、色を変更することができます。好きな色に変更してみましょう。再度 F9 キーを押し、レンダリングします。

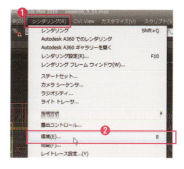

レンダリング結果を静止画に保存する

1. 背景色の調整が終わったら、[レンダリングフレームウィンドウ]の[イメージを保存]ボタンをクリックします。

2. このファイルは確認用で、この後の工程では使用しないので、保存場所は自由に指定してかまいません。ファイルの種類:PNGファイル(*.png)❶、ファイルの名前を「playland_test」❷として、[保存]ボタンをクリックします❸。

Lesson 06 モデルの作成

3 [PNG環境設定]ダイアログが開くので、[カラー]をRGB24ビット❶、[アルファチャンネル]❷と[インタレース]❸のチェックをオフにして、[OK]ボタンをクリックします❹。これで、3Dで作ったオブジェクトをレンダリングして、保存することができるようになりました。シーンファイルを保存しておきましょう。

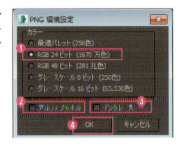

COLUMN

ライトがない場合のレンダリング方法

3ds Maxではシーン内にライトが存在しないと、自動的に仮想のライトを2灯配置した状態でレンダリングされます。

Exercise — 練習問題

Lesson06 ▶ Exercise ▶ 06-1_exercise_01.max

Q 映像の完成度を上げるためには、調整前と調整後のレンダリング画像の細かな変化を見比べながら、調整を繰り返す必要が出てきます。画面上にレンダリング結果を複数表示して、画像を見比べてみましょう。

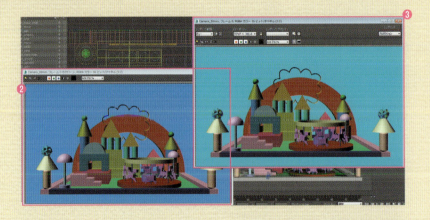

A ●[レンダリングフレームウィンドウ]の[レンダリングフレームウィンドウをクローン]ボタン❶をクリックすると[レンダリングウィンドウ]のクローンが複製されます❷。

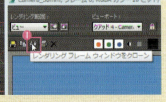

●背景色を変更して再度レンダリングします。先ほどのクローンはそのまま表示された状態で[レンダリングフレームウィンドウ]には、最新のレンダリング結果が表示されます❸。

●これで2つのレンダリング結果を見比べることができるようになりました。細かい変更を加える場合は、比較することでどの程度変化したのか把握できるようになります。

モデリングの基礎

An easy-to-understand guide to 3ds Max

Lesson 07

プリミティブを使用すると、あらかじめ決まった形状のオブジェクトは作成できますが、それだけでは詳細なモデリングはできません。この章では一般的にモデリングと呼ばれる工程である、頂点、エッジ、ポリゴンを編集して自由な形を作ることについて学びます。キャラクターや背景のオブジェクトを自由に作成することができるようになります。

Lesson 07 モデリングの基礎

7-1 プリミティブから編集可能ポリゴンへの変換

ジオメトリを構成する頂点・エッジ・ポリゴンの3つの要素と、作成したプリミティブを意図した形状に編集するための方法を解説します。

ジオメトリとは

ジオメトリは頂点・エッジ・ポリゴンの3つの要素によって構成されるオブジェクトです。ジオメトリを編集することで、プリミティブオブジェクトでは作成できない自由な形状や不定型な形状を作成することができます。

ジオメトリを構成する要素

ジオメトリを構成する3つの要素を見ていきましょう。

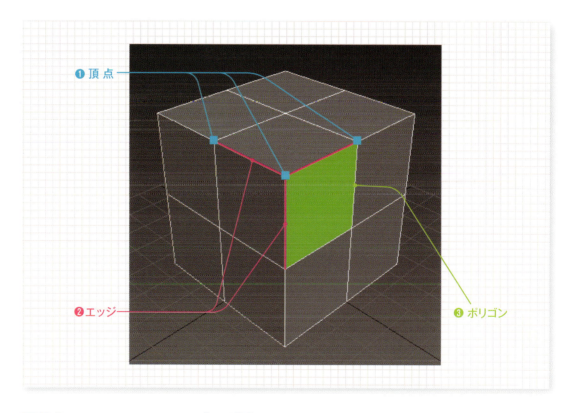

[頂点] ❶
もっとも基本になる点のことです。この頂点を基にしてエッジやポリゴンが定義されます。

[エッジ] ❷
2つの頂点をつなぎ、ポリゴンの辺を構成する線のことです。

[ポリゴン] ❸
3つ以上の頂点とエッジによって構成された面のことです。

編集可能ポリゴンとは

編集可能ポリゴンとは、先述した［頂点］［エッジ］［ポリゴン］の3つの要素を直接編集して、意図した形状に変えられる状態のことです。プリミティブオブジェクトは決まった形状を調整すること（大きさやポリゴンの分割数など）しかできませんが、この状態ではプリミティブで行った数値による調整ができなくなる代わりに、頂点やポリゴンを調整して形状を自由に編集することができるようになります。より詳しい説明はLesson7-2で行います。

プリミティブから編集可能ポリゴンへの変換

変換するには、2通りの方法があります。
プリミティブを使用してボックスを作成します。

プリミティブ：ボックス
設定：長さ50cm、幅50cm、高さ50cm
各セグメント2

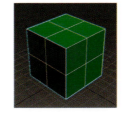

［修正］タブで［編集可能ポリゴン］に変換する

オブジェクトを選択し、［修正］タブからモディファイヤリスト内❶で右クリックし、［編集可能ポリゴン］を選択します❷。

 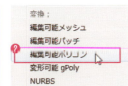

ビュー上から［編集可能ポリゴンに変換］を行う

オブジェクトを選択して右クリック、クアッドメニュー→［変換］❶→［編集可能ポリゴンへ変換］❷を選択します。

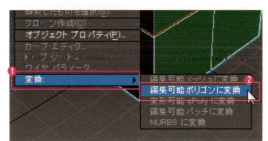

CHECK! 編集可能ポリゴンの見分け方

編集可能ポリゴンへ変換されたかどうかは、［修正］タブのモディファイヤスタック内が［編集可能ポリゴン］になっているかどうかで判別できます。

COLUMN ［頂点］［エッジ］［ポリゴン］の関係

2つの頂点を繋ぐとエッジになり、エッジを組み合わせることでポリゴンになります。各要素は階層的な関係性を持っていると考えてよいでしょう。

Lesson 07 モデリングの基礎

7-2 5つのサブオブジェクトレベル

ポリゴンを編集する際に覚えておくべき概念が「サブオブジェクトレベル」です。サブオブジェクトレベルは、ジオメトリオブジェクトをどのような状態で編集するかを選択する機能です。頂点、ポリゴン、エッジに加え、縁取り、要素という概念を理解しましょう。

5つの概念

サブオブジェクトの特長

編集可能ポリゴンは、サブオブジェクトと呼ばれる5つの要素によって構成されています。編集可能ポリゴンを、思いどおりに扱えるようになるために、以下の特長を知っておく必要があります。

[頂点]
最も基本になる点のことです。頂点をもとにしてエッジ、ポリゴンが定義されます。移動などをさせると、その頂点によって構成されたサブオブジェクトも影響を受けます。

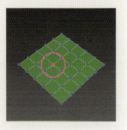

[ポリゴン]
3つ以上の頂点とエッジによって構成された面のことです。レンダリングをする際はこの要素がレンダリングされることになります。

[エッジ]
2つの頂点を接続し、ポリゴンの辺を構成する線のことです。

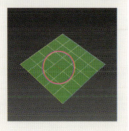

[要素]
複数のポリゴンによって構成され、ひと繋がりになった部分のことです。

[縁取り]
オブジェクトの穴の開いた（ポリゴンのない）部分のエッジのことです。サブオブジェクトとしてエッジと区別されていますが、要素としてはまったく同一のものです。
エッジは2つのポリゴンで共有されていますが、一方のポリゴンがない状態を「縁取り」と呼びます。

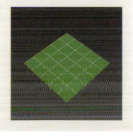

108

Step 01 サブオブジェクトへのアクセス

オブジェクトの形状を調整するために、サブオブジェクトへアクセスするには、2通りの方法があります。

コマンドパネルからアクセスする

オブジェクトを選択しコマンドパネルの[修正]タブ→[選択]ロールアウト→直下にあるボタンをクリックすることでサブオブジェクトへアクセスできます。各ボタンでアクセスできるサブオブジェクトは左から頂点❶・エッジ❷・縁取り❸・ポリゴン❹・要素❺となっています。

5つのサブオブジェクトはアイコンで表示されています。

モディファイヤスタックからアクセスする

オブジェクトを選択しコマンドパネルの[修正]タブ→モディファイヤスタック内→[編集可能ポリゴン]と書かれた部分の横にある[－]マークをクリック❶→ツリー展開後、各要素名をクリックします。
これらの操作で各サブオブジェクトレベルへアクセスします。❷では[頂点]サブオブジェクトが青く表示されていますが、これは[頂点]サブオブジェクトへアクセスし、編集できる状態を表しています。

 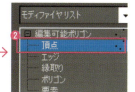

> **CHECK!** サブオブジェクトアクセス時の注意点
>
> 各サブオブジェクトレベルへアクセスしている間は、他オブジェクトを選択することができません。他のオブジェクトを選択する場合は、アクセスを解除してから行います。アクセス解除はモディファイヤスタック内でアクセスしている要素名をクリックするか、[選択]ロールアウト内のボタンをクリックすることで解除されます。

Step 02 サブオブジェクトの選択

各要素にアクセスできたら、選択してみましょう。

[頂点]を選択する

Lesson07 ▶ 7-2 ▶ 07-2_sample_01.max

1 サンプルシーンを開きます。オブジェクトを選択しコマンドパネルの[修正]タブ→[選択]ロールアウト→直下の[頂点]ボタンをクリックします❶。ボタンをクリックすると頂点が青いドットで表示されます❷。

2 青く表示された頂点をクリックすると、表示が赤く変わります。この赤くなった状態が[頂点]が選択されている状態で、移動や回転などが可能になります。

Lesson 07　モデリングの基礎

［エッジ］を選択する

1 ［修正］タブ→［選択］ロールアウト→直下の［エッジ］ボタンをクリックします。ボタンをクリックすると、頂点の表示が消え、何も選択されていない状態になります。

2 エッジ部分をクリックすると、クリックしたエッジの表示が赤く変わり、選択されます。この状態が［エッジ］が選択されている状態で、移動や回転などが可能になります。

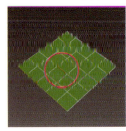

［縁取り］を選択する

1 ［修正］タブ→［選択］ロールアウト→直下の［縁取り］ボタンをクリックします。ボタンをクリックすると、選択したエッジの表示が消え、何も選択されていない状態になります。

2 共有されていないエッジ（エッジ片側にポリゴンがない）部分をクリックすると、そのエッジからぐるりとつながっているエッジが赤く変わり、選択されます。縁取り以外のエッジをクリックしても、選択はできません。

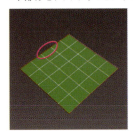

［ポリゴン］を選択する

1 ［修正］タブ→［選択］ロールアウト→直下の［ポリゴン］ボタンをクリックします。ボタンをクリックすると、選択した縁取りの表示が消え、何も選択されていない状態になります。

2 オブジェクトの面部分をクリックすると表示が赤く変わり選択されます。エッジによって区切られた面が選択されます。

Lesson07 ▶ 7-2 ▶ 07-2_sample_02.max

［要素］を選択する

1 サンプルシーンを開きます。［修正］タブ→［選択］ロールアウト→直下の［要素］ボタンをクリックします。

2 下図の面をクリックすると、ポリゴンが繋がっている部分が赤く表示され、選択されます。要素として分かれている部分は選択されません。

このように繋がっているように見えても要素が分かれている場合があります。

7-2 5つのサブオブジェクトレベル

Step 03　サブオブジェクト選択解除と選択範囲の変更・調整

Lesson07 ▶ 7-2 ▶ 07-2_sample_01.max

サブオブジェクト選択を解除する

1. サンプルシーンを開きます。[修正]タブ→[選択]ロールアウト内の、アクティブになっている[サブオブジェクト]ボタン❶をクリックします。

2. サブオブジェクトへのアクセスを解除します❷。

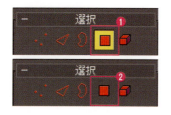

マウスで囲って範囲選択する

1. オブジェクトの選択時にマウスをドラッグすると点線の囲いが現れ、範囲選択することができます❶。

2. 範囲内に入ったサブオブジェクトが選択されます❷。

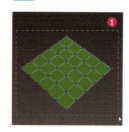

[追加選択]
Ctrl キーを押しながら、クリック、範囲選択することで、追加して選択することができます。

[一部選択解除]
Alt キーを押しながら、クリック、範囲選択することで、部分的な選択解除が可能です。

[全選択・選択反転]
Ctrl キー＋ A キーで全選択、Ctrl キー＋ I キーで選択部分の反転ができます。

[選択解除]
選択を解除したい場合は、何もないところでクリックします。

[グロー選択]と[シュリンク選択]

[グロー選択]は現在選択している範囲を拡大します。一部を選択して、その周りを広げて選択することができます。

[シュリンク選択]は選択範囲を縮小します。現在選択している部分を狭めていくことができます。

1. [修正]タブ→[選択]ロールアウト→直下の[ポリゴン]ボタンをクリックし、オブジェクトの図のポリゴンを選択します。

2. [修正]タブ→[選択]ロールアウト→[グロー選択]ボタンをクリックします❶。図のように選択範囲が拡大されます❷。

3. [修正]タブ→[選択]ロールアウト→[シュリンク選択]ボタンをクリックします。
図のように選択範囲が縮小されます。

シュリンク選択の限界　CHECK!

[シュリンク選択]ボタンをクリックしていくと、最終的に選択が解除されます。範囲をそれ以上縮小できない場合は選択が解除されます。

[リング選択]

連続する平行なエッジを選択します。この選択方法は[エッジ]サブオブジェクト選択時のみ使用できます。

1 [修正]タブ→[選択]ロールアウト→直下の[エッジ]ボタンをクリックし、オブジェクトの図のエッジを選択します。

2 [修正]タブ→[選択]ロールアウト→[リング選択]ボタンをクリックします❶。図のように選択したエッジに平行に並んだエッジがすべて選択されます❷。

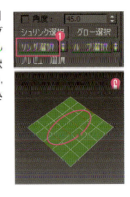

[ループ]選択

[ループ]選択は選択したエッジに沿うように伸びるエッジをすべて選択します。この選択方法は[エッジ]サブオブジェクト選択時のみ使用できます。

1 [修正]タブ→[選択]ロールアウト→直下の[エッジ]ボタンをクリックし、オブジェクトの図のエッジを選択します。

2 [修正]タブ→[選択]ロールアウト→[ループ選択]ボタンをクリックします❶。図のように選択したエッジに沿うように伸びるエッジがすべて選択されます❷。

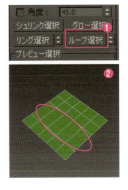

選択状態を他のレベルに継承する

[Ctrl]キー+[選択]ロールアウト内の[サブオブジェクト]ボタンをクリックすることで、あるサブオブジェクトレベルでの選択状態を、それが構成する他のサブオブジェクトに継承することができます。[頂点]を選択して[ポリゴン]に継承すると、頂点を含んだポリゴンすべてを選択することができます。

1 [修正]タブ→[選択]ロールアウト→直下の[頂点]ボタンをクリックし、オブジェクトの図の頂点を選択します❶。追加選択でもう1頂点を選択します❷。

2 [Ctrl]キー+[選択]ロールアウト内の[エッジ]ボタンをクリックします。選択されていた頂点につながっているエッジがすべて選択された状態になります。

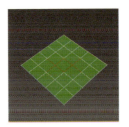

3 [Ctrl]キー+[選択]ロールアウト内の[ポリゴン]ボタンをクリックします。選択されていたエッジに隣接しているポリゴンがすべて選択された状態になります。

7-2　5つのサブオブジェクトレベル

[ソフト選択]を使用する

Lesson07 ▶ 7-2 ▶ 07-2_sample_03.max

[ソフト選択]を使用することで、選択した頂点やポリゴンに加えて、その周りの要素を、距離が離れるほど影響が弱くなる用に選択できます。

1 サンプルシーンを開きます。オブジェクトを選択し、サブオブジェクトレベルを[頂点]に変更し、図の頂点を選択します。

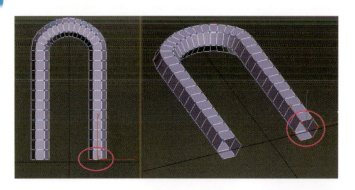

2 [ソフト選択]ロールアウトの[ソフト選択を使用]のチェックを入れます❶。頂点とエッジに色が付きます❷。選択されている頂点は赤く、選択したものから離れれば離れるほど青くなります。エッジが白い部分は選択の影響をまったく影響をうけません。[フォールオフ]影響範囲の値を❸のように設定します。

3 [エッジの距離]のチェックを入れると、形状のつながりを計算して選択されます。[エッジの距離]の値は図のように設定します。

4 [ピンチ]は選択範囲内での影響力をコントロールします。[ピンチ]の[値]は図のように設定します。

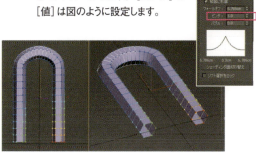

5 [バブル]は選択範囲内での影響力をコントロールします。[バブル]の値は図のように設定します。

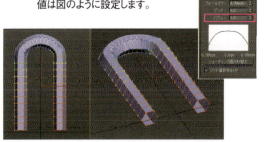

6 [選択して移動]ツールを使って頂点を移動させると、図のようにソフト選択の影響が弱くなるほど、移動の影響も少なくなります。

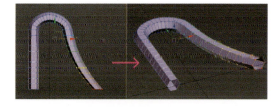

7-3 ポリゴン編集とよく使う機能

モデリングを行うということは、ポリゴンを編集して望み通りの形を作ることです。
ここでは、ポリゴン編集時に使用するツールと、それと合わせて使用する機能を解説します。
基本的な操作をマスターし、思った通りの形を作れるようになりましょう。

ポリゴン編集とは

ポリゴン編集とは、頂点、エッジ、ポリゴン、要素の選択を使用して、ジオメトリの形状を編集することです。ここでは、ポリゴン編集時に使用するツールと、あわせて使用する機能をマスターし、ポリゴン編集の基本操作に慣れておきましょう。

サブオブジェクトを作成する

Lesson07 ▶ 7-3 ▶ 07-3_sample_01.max

頂点やエッジなどのサブオブジェクトを作成するには、各サブオブジェクトレベルボタンを押してから、[ジオメトリを編集]ロールアウト→[作成]で行います。

[頂点]サブオブジェクト編集時の作成

空間上に頂点を作成します。どこにでも自由に頂点を作成することができます。

1. サンプルシーンを開きます。オブジェクトを選択し、[修正]タブ→[選択]ロールアウト→直下の[頂点]ボタン❶をクリックし、[頂点]サブオブジェクトレベルにアクセスします。[ジオメトリを編集]ロールアウト→[作成]ボタン❷をクリックします。

2. ビューポート上を左クリックすると、クリックした箇所に頂点が作成されていきます。3つほど頂点を作成します。

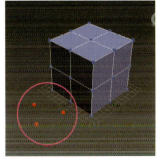

[エッジ]サブオブジェクト編集時の作成

同一ポリゴン上の2頂点を繋ぐエッジを作成します。ポリゴンが存在しないと、エッジを作成することはできません。

1. サンプルシーンを開きます。オブジェクトを選択し、[修正]タブ→[選択]ロールアウト→直下の[エッジ]ボタン❶をクリックし、[エッジ]サブオブジェクトレベルにアクセスします。[ジオメトリを編集]ロールアウト→[作成]ボタン❷をクリックします。

2. 最初にエッジを作成したい2頂点の内の片方をクリックします❶。クリックした頂点からマウスポインタに向かって点線が張られます。この状態でもう片方の頂点をクリックすると❷、エッジが作成されます❸。

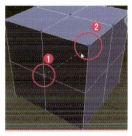 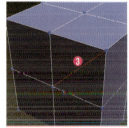

［ポリゴン］サブオブジェクト編集時の作成

何もないところをクリックして頂点を作成し、ポリゴンを作成できます。既存の頂点をクリックして作成することも可能です。

1. 再度サンプルシーンを開きます。オブジェクトを選択し、［修正］タブ→［選択］ロールアウト→直下の［ポリゴン］❶ボタンをクリックし、［ポリゴン］サブオブジェクトレベルにアクセスします。［ジオメトリを編集］ロールアウト→［作成］ボタン❷をクリックします。

2. 何もない空間で図の順番❶❷❸で左クリックして頂点を作成します。最初に選択した頂点❶を再度クリックし、閉じた形状にすることでポリゴンが作成されます❹。
3頂点以上クリックした後、マウス右クリックでも同様に作成できます。

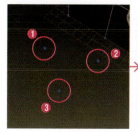 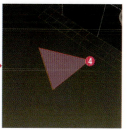

> **COLUMN　サブオブジェクトのクローン**
>
> [Shift]キーを押しながら移動させることで、サブオブジェクトもクローンを作成することができます。

サブオブジェクトを削除する

Lesson07 ▶ 7-3 ▶ 07-3_sample_01.max

既存のサブオブジェクトを削除するには、削除したい部分を選択して[Delete]キーを押すか、[BackSpace]キーを押します。

［頂点］サブオブジェクト編集時の削除

1. 再度サンプルシーンを開きます。オブジェクトを選択し、［修正］タブ→［選択］ロールアウト→直下の［頂点］ボタンをクリックし、［頂点］サブオブジェクトから図の頂点を選択します。

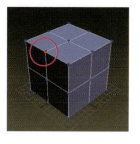

2. 頂点を選択した状態で[Delete]キーを押します。[Delete]キーでの削除は、選択した頂点と、その頂点によって構成されるサブオブジェクトも含めて削除されます。

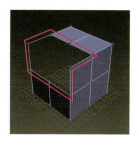

3. 再度サンプルシーンを開き、頂点を削除する前の状態に戻します。図の頂点を選択し、❶[BackSpace]キーを押します。[BackSpace]キーでの削除は、ポリゴンは維持したまま、選択した頂点とその頂点で構成されるエッジが削除されます❷。

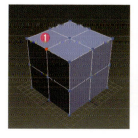 

[エッジ] サブオブジェクト編集時の削除

📥 Lesson07 ▶ 7-3 ▶ 07-3_sample_01.max

1 サンプルシーンを開きます。オブジェクトを選択し、[修正] タブ → [選択] ロールアウト→直下の [エッジ] ボタン❶をクリックし、[エッジ] サブオブジェクトレベルにアクセスします。図のエッジ❷を Ctrl キーを押しながらクリックして複数選択します。

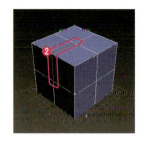

2 エッジを選択した状態で Delete キーを押します。Delete キーでの削除は、選択したエッジと、そのエッジによって構成されるポリゴンサブオブジェクトも含めて削除されます。

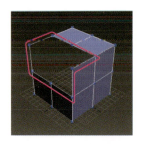

3 サンプルシーンを開き直して、エッジを削除する前の状態に戻します。図のようにエッジを選択し❶、BackSpace キーを押します。選択エッジを削除してもポリゴン形成条件である「閉じられた3つ以上のエッジが存在する」場合は、選択したエッジのみが削除されて頂点は残ります❷。

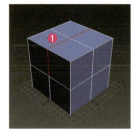 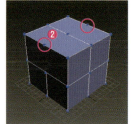

4 図のようにエッジを選択し❶、BackSpace キーを押します。選択したエッジを削除するとポリゴン形成条件を満たせない場合は、頂点も一緒に削除されます❷。

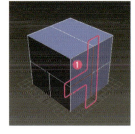 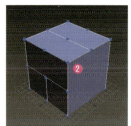

CHECK! 頂点を含めた削除

削除時に Ctrl + BackSpace キーを押すと、どのような選択状態でも、頂点ごと削除することができます。

ポリゴンサブオブジェクト編集時の削除

1 サンプルシーンを開きます。オブジェクトを選択し、[修正] タブ→[選択] ロールアウト→直下の [ポリゴン] ボタンをクリックし、[ポリゴン] サブオブジェクトレベルにアクセスします。図のポリゴンを Ctrl キーを押しながらクリックして、複数選択します。

2 ポリゴンを選択した状態で Delete キーを押します。ポリゴンサブオブジェクトは Delete キーでのみ削除が可能です。削除するポリゴンを構成するサブオブジェクトも含めて削除されます。

［接続］でエッジを作成する

Lesson07 ▶ 7-3 ▶ 07-3_sample_01.max

［接続］を使用すると、エッジのない部分にエッジを作成することができます。

［頂点］サブオブジェクト編集時の接続

1 サンプルシーンを開きます。オブジェクトを選択し、［修正］タブ→［選択］ロールアウト→直下の［頂点］ボタンをクリックし、［頂点］サブオブジェクトレベルにアクセスします。図の2つの頂点を選択します。

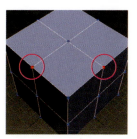

2 ［修正］タブ→［頂点を編集］ロールアウト→［接続］ボタンをクリックします❶。選択した2頂点を繋ぐようにエッジが作成されます❷。2頂点が同一ポリゴン上にあり、間にエッジがない場合にのみこの方法でエッジを作成できます。

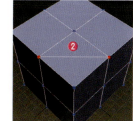

［エッジ］サブオブジェクト編集時の接続

1 オブジェクトを選択し、［修正］タブ→［選択］ロールアウト→直下の［エッジ］ボタンをクリックし、［エッジ］サブオブジェクトレベルにアクセスします。図を参考に平行に並び、隣り合ったエッジを複数選択します。

2 ［修正］タブ→［エッジを編集］ロールアウト→［接続］ボタンをクリックします。選択した2つ以上のエッジを垂直に交わるように繋ぐ新しいエッジが作成されます。

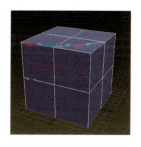

キャディインターフェイス

［接続］などの編集機能ボタンの右に［設定］アイコンがある場合、機能結果を見ながら詳細設定を行うことができます。編集機能ごとにインターフェイスの項目は変化します。ここで解説するのは、［接続］キャディインターフェイスの項目です。

❶［セグメント］
作成するエッジの数を変更します。

❷［ピンチ］
エッジ間の距離を変更します。

❸［スライド］
エッジの位置を変更します。

❹［OK］
現在の選択に設定を適用して、キャディを閉じます。

❺［適用と続行］
現在の選択に設定を適用します。キャディは閉じず、設定は保持されます。そのまま選択を変更すると連続して設定を適用していくことができます。

❻［キャンセル］
現在の選択に設定を適用せずに、キャディを閉じます。適用と続行を使用した結果は取り消されません。

[連結]で頂点・エッジをまとめる

2つ以上の頂点、あるいはエッジを1つにします。頂点を連結することで、必要のない頂点をまとめることができます。

[頂点] サブオブジェクト編集時の連結

1 サンプルシーンを開きます。オブジェクトを選択し、[修正] タブ→[選択] ロールアウト→直下の[頂点] ボタンをクリックし、[頂点] サブオブジェクトレベルにアクセスします。エッジで繋がっている隣り合った2つの頂点を選択します。

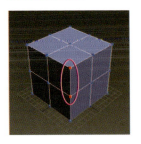

2 [修正] タブ→[頂点を編集] ロールアウト→[連結] をクリックします❶。選択した頂点が集約され、1つになります❷。
頂点が連結できない場合は、以下のCHECK!を参照してください。

CHECK! 頂点が連結できない場合

連結されない場合は、まず選択した頂点がエッジで繋がっているか確認してください。エッジで繋がっていない頂点は連結されません。繋がっていた場合は[連結] ボタン隣の[設定] ボタンをクリックし、キャディを開きます。右図のしきい値を上げていくと連結されるようになります。頂点間の距離がこのしきい値の範囲にある場合に連結されます。

[エッジ] サブオブジェクト編集時の連結

1 サンプルシーンを開きます。オブジェクトを選択し、[修正] タブ→[選択] ロールアウト→直下の[エッジ] ボタンをクリックし、[エッジ] サブオブジェクトレベルにアクセスします。片側にしかポリゴンがない状態の、共有されていないエッジを2つ選択します。

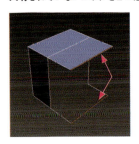

2 [修正] タブ→[エッジを編集] ロールアウト→[連結] ボタンをクリックします❶。選択したエッジが集約され、1エッジになります❷。連結しない場合は、上記check「頂点が連結できない場合」を確認し、[連結] ボタン右のアイコンをクリックし、しきい値を調整します。

2つエッジが連結され、オブジェクトの形状が変化しました。

7-3 ポリゴン編集とよく使う機能

［キャップ］でポリゴンを作成する　Lesson07 ▶ 7-3 ▶ 07-3_sample_03.max

選択した縁取り部分に対して、蓋をするようにポリゴンを作成します。縁取り編集時のみ選択可能な項目です。

［縁取り］を選択してキャップを行う

1　サンプルシーンを開きます。オブジェクトを選択し、［修正］タブ→［選択］ロールアウト→直下の［縁取り］ボタンをクリックし、［エッジ］サブオブジェクトレベルにアクセスします。ポリゴンがない縁取りエッジを選択します。

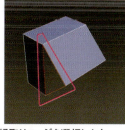

2　［修正］タブ・［縁取りを編集］ロールアウト→［キャップ］ボタンをクリックします❶。選択した縁取りエッジに蓋をするようにポリゴンが作成されます❷。

［アタッチ］・［デタッチ］をする

［アタッチ］　Lesson07 ▶ 7-3 ▶ 07-3_sample_04.max

選択しているオブジェクトに指定したオブジェクトを集約し、1つのオブジェクトにします。

1　サンプルシーンを開きます。
「Box001」を選択し、［修正］タブ→［ジオメトリを編集］ロールアウト→［アタッチ］ボタンをクリックします。サブオブジェクトを選択しない状態でも使用できます。また、どのサブオブジェクトを選択しても、使用できます。

2　［アタッチ］ボタンをクリック後、「Box002」❶「Box003」❷を選択すると、現在編集している「Box001」に集約され、1つのオブジェクトになります❸。

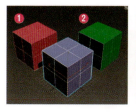

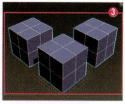

CHECK！　アタッチリスト

［アタッチ］ボタン右のアイコンをクリックすると、リスト形式でオブジェクトを選択することができます。一度に多くのオブジェクトをアタッチする際に便利です。

［デタッチ］　Lesson07 ▶ 7-3 ▶ 07-3_sample_01.max

選択しているサブオブジェクトを別要素に分離したり、別オブジェクトに分離します。

1　サンプルシーンを開きます。
オブジェクトを選択し、［修正］タブ→［選択］ロールアウト→直下の［ポリゴン］ボタンをクリックし、［ポリゴン］サブオブジェクトレベルにアクセスします。図のように分離したいポリゴンを選択します。

Lesson 07 モデリングの基礎

2 [ジオメトリを編集] ロールアウト→ [デタッチ] ボタンをクリックします❶。[デタッチ] ダイアログが表示されます。❷の設定に合わせて [OK] ボタンをクリックすると❸、別オブジェクトにデタッチされます。

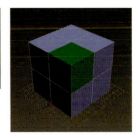

※図はわかりやすいように、色を変更しています。デタッチ後は、デタッチ元のオブジェクトと同じ色になります。

[デタッチ] ダイアログ

[要素にデタッチ]
チェックを入れると要素サブオブジェクトとしてデタッチされます。

[クローンとしてデタッチ]
チェックを入れると選択部分のクローンを作成し、そのクローンに対してデタッチ処理を行うようになります。

> **CHECK!** 頂点・エッジサブオブジェクト編集時のデタッチ
>
> 頂点、エッジでデタッチを実行すると、選択した頂点、エッジで構成されるポリゴンでデタッチ処理が行われます。P.112「選択状態を他のレベルに継承する」で選択できたポリゴンが、デタッチされます。

[スムージンググループ]を設定する

Lesson07 ▶ 7-3 ▶ 07-3_sample_05.max

スムージング処理のグループを変更します。同じスムージンググループのポリゴンの境目はスムージングがかからず、角が立ち、鋭角な見た目になります。

[スムージンググループ] を変更する

1 サンプルシーンを開きます。
オブジェクトを選択し、[修正] タブ→ [選択] ロールアウト→直下の [ポリゴン] ボタンをクリックし、[ポリゴン] サブオブジェクトレベルにアクセスします。図を参考にポリゴンを選択します。

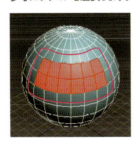

2 [ポリゴン:スムージング グループ] ロールアウトでは、[1] ボタンが青くなっており❶、選択したポリゴンがスムージンググループ [1] に設定されていることを示しています。
[1] ボタンをクリックすると、グループが解除されます。ボタンが青くなっていなければ、グループ設定がされていないことになり、図のようにカクカクした面になります❷。

ビジュアルスタイルの [エッジ面] をはずすとわかりやすいです。

3 ❷で [2] ボタンをクリックすると、選択したポリゴンがスムージンググループ [2] に設定されます。選択していない部分とスムージンググループが分かれたため、グループの境目部分に角が立つようになりました。この数字によってグループは管理され、同じ数字が設定されたポリゴン同士で見た目が滑らかになるようスムージング処理が行われます。

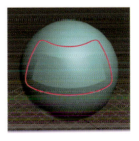

[頂点を挿入]する

各サブオブジェクトに対して頂点を作成します。頂点以外のサブオブジェクト編集時に使用できます。自由な位置に頂点を作成することができます。

[エッジ]サブオブジェクト編集時の[頂点を挿入]

 Lesson07 ▶ 7-3 ▶ 07-3_sample_01.max

1. サンプルシーンを開きます。
オブジェクトを選択し、[エッジ]サブオブジェクトレベルにアクセスし、[エッジを編集]ロールアウト→[頂点を挿入]ボタンをクリックします。

2. エッジ部分をクリックすると❶、頂点が作成されます❷。[頂点を挿入]を終了する場合は、[頂点を挿入]ボタンを再度クリックするか、アクティブビュー上で右クリックします。

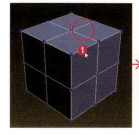 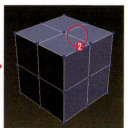

[縁取り]サブオブジェクト編集時の[頂点を挿入]

Lesson07 ▶ 7-3 ▶ 07-3_sample_06.max

1. サンプルシーンを開きます。
オブジェクトを選択し、[縁取り]サブオブジェクトレベルにアクセスし、[縁取りを編集]ロールアウト→[頂点を挿入]ボタンをクリックします。

2. 縁取り部分をクリックすると❶、頂点が作成されます❷。[縁取り]サブオブジェクトレベルでは縁取り部分にのみ、頂点を挿入することができます。[頂点を挿入]を終了する場合は、[頂点を挿入]ボタンを再度クリックするか、アクティブビュー上で右クリックします。

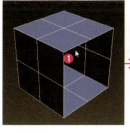 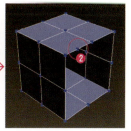

[ポリゴン]サブオブジェクト編集時の[頂点を挿入]

Lesson07 ▶ 7-3 ▶ 07-3_sample_01.max

1. サンプルシーンを開きます。
オブジェクトを選択し、[ポリゴン]サブオブジェクトレベルにアクセスし、[ポリゴンを編集]ロールアウト→[頂点を挿入]ボタンをクリックします。

2. ポリゴン部分をクリックすると❶、頂点が作成されます❷。ポリゴンの中に頂点単体では存在できないので、自動で頂点を繋ぐようにエッジが作成されます。[頂点を挿入]を終了する場合は、[頂点を挿入]ボタンを再度クリックするか、アクティブビュー上で右クリックします。

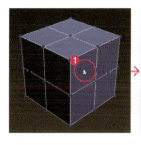 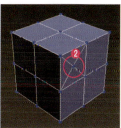

Lesson 07 モデリングの基礎

[要素] サブオブジェクト編集時の [頂点を挿入]

1. オブジェクトを選択し [要素] サブオブジェクトレベルにアクセスし、[要素を編集] ロールアウト→ [頂点を挿入] ボタンをクリックします。

2. ポリゴン部分をクリックすると❶、頂点が作成されます❷。ポリゴンの中に頂点単体では存在できないので、自動で頂点を繋ぐようにエッジが作成されます。[頂点を挿入] を終了する場合は、[頂点を挿入] ボタンを再度クリックするか、アクティブビュー上で右クリックします。

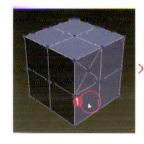 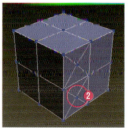

[ターゲット連結] する

選択した頂点を任意の頂点と連結します。まとめたい頂点を決めて、その位置にその他の頂点をまとめることができます。

[ターゲット連結] を使用して頂点をまとめる

1. オブジェクトを選択し、[頂点] サブオブジェクトレベルにアクセスし、[頂点を編集] ロールアウト→ [ターゲット連結] ボタンをクリックします。

2. 連結したい頂点をクリックします❶。マウスポインタとクリックした頂点を繋ぐ点線が現れます。この状態で連結先の頂点をクリックすると❷、連結されます❸。[連結] と同じく、頂点同士がエッジで繋がっている必要があります。[ターゲット連結] を終了する場合は、[ターゲット連結] ボタンを再度クリックするか、アクティブビュー上で右クリックします。

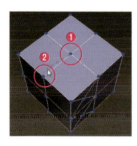 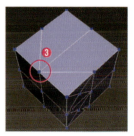

[面取り] する

頂点・エッジを [面取り] します。頂点・エッジ編集時にこの項目が使用できます。面取りは角を丸める用途に使用します。

[頂点] サブオブジェクト編集時の [面取り]

Lesson07 ▶ 7-3 ▶ 07-3_sample_01.max

1. サンプルシーンを開きます。
オブジェクトを選択し [頂点] サブオブジェクトレベルにアクセスし、[頂点を編集] ロールアウト→ [面取り] ボタンをクリックします。

2 面取りをしたい頂点❶をドラッグすると、頂点がエッジに沿うように分かれていき、ポリゴンが作成されます❷。[面取り]を終了する場合は、[面取り]ボタンを再度クリックするか、アクティブビュー上で右クリックします。

3 他の頂点を選択します❶。[頂点を編集]ロールアウト→[面取り]ボタン右のアイコンをクリックし、キャディインターフェイスを開きます❷。

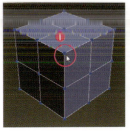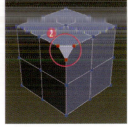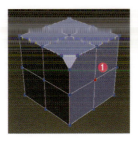

4 [頂点面取りの量]で面取り時の幅を調整します❶。調整を確定するために、❷の[OK]をクリックします。頂点がエッジに沿うように分かれていき、ポリゴンが作成されます❸。キャディの[面取りを開く]にチェックを入れると❹、面取りされた部分のポリゴンは削除されます❺。

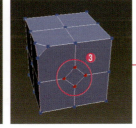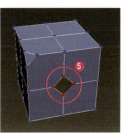

[エッジ]サブオブジェクト編集時の接続

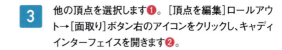 Lesson07 ▶ 7-3 ▶ 07-3_sample_01.max

1 サンプルシーンを開きます。
オブジェクトを選択し[エッジ]サブオブジェクトレベルにアクセスし、[エッジを編集]ロールアウト→[面取り]をクリックします。

2 エッジ❶をドラッグすると、エッジが面取りされます❷。[面取り]を終了する場合は、[面取り]ボタンを再度クリックするか、アクティブビュー上で右クリックします。

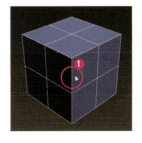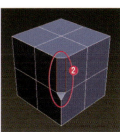

3 他のエッジを選択します❶。[エッジを編集]ロールアウト→[面取り]ボタン右のアイコン❷をクリックし、キャディインターフェイスを開きます。

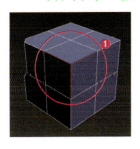

Lesson 07　モデリングの基礎

4 ［標準面取り］ ▲ と［四角形面取り］ ■ の2パターン選ぶことができます。［四角形面取り］❶を選択します。［エッジ面取りの量］で面取り時の幅を調整します❷。［エッジセグメントの接続］で設定した数値分、面取りで作成されたポリゴンを分割します❸。［エッジテンション］❹で角を丸めます。「0.0」で面取り前の形状と同じになり、「1.0」で面取り形状になります。このパラメータは［四角形面取り］で使用可能になり、面取りするエッジが角部分の場合にのみ効果が現れます。調整を確定するために、［OK］をクリックします❺。

面取りで角が丸まった状態

［ブリッジ］する

選択したエッジに対して橋を架けるようにポリゴンを作成します。エッジ編集・縁取り編集時に使用できます。

エッジサブオブジェクト編集時のブリッジ

Lesson07 ▶ 7-3 ▶ 07-3_sample_06.max

1 サンプルシーンを開きます。
オブジェクトを選択し、［エッジ］サブオブジェクトレベルにアクセスし、［エッジを編集］ロールアウト→［ブリッジ］をクリックします。

2 ブリッジしたいエッジをクリックします❶。マウスポインタとクリックしたエッジを繋ぐ点線が現れます。この状態でブリッジ先のエッジをクリックすると❷、選択したエッジに橋をかけるように、ポリゴンが作成されます❸。［ブリッジ］を終了する場合は、［ブリッジ］ボタンを再度クリックするか、アクティブビュー上で右クリックします。

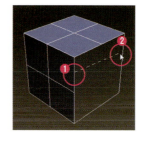

3 他のブリッジしたい共有されていないエッジを複数選択します❶。［エッジを編集］ロールアウト→［ブリッジ］ボタン右のアイコンをクリックし、キャディインターフェイスを開きます❷。

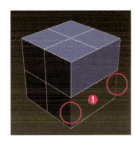

4 ［セグメント］で設定した数値分、ブリッジで作成されたポリゴンが分割されます。「3」を指定します❶。調整を確定するために、［OK］をクリックします❷。

> **CHECK!** ［ブリッジ］が使用可能なエッジ
> ［ブリッジ］可能なエッジは、片側にしかポリゴンがない状態の共有されていないエッジに限ります。

縁取り編集時のブリッジ

 Lesson07 ▶ 7-3 ▶ 07-3_sample_07.max

1 サンプルシーンを開きます。
オブジェクトを選択し、[縁取り] サブオブジェクトレベルにアクセスし、[縁取りを編集] ロールアウト→ [ブリッジ] をクリックします。

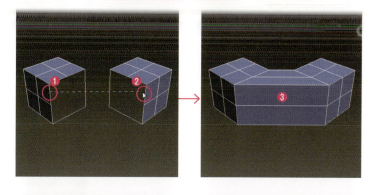

2 ブリッジしたい縁取りをクリックします❶。マウスポインタとクリックした縁取りを繋ぐ点線が現れます。この状態でブリッジ先の縁取りをクリックすると❷、選択した縁取りに橋をかけるように、ポリゴンが作成されます❸。[ブリッジ] を終了する場合は、[ブリッジ] ボタンを再度クリックするか、アクティブビュー上で右クリックします。ブリッジしたい縁取りを指定する際にクリックするエッジと、ブリッジ先を指定する際にクリックするエッジをずらすと❹、捻じったようにブリッジすることができます❺。

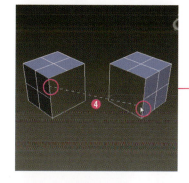 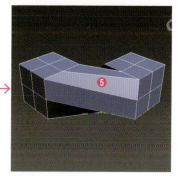

3 再度サンプルシーンを開き、縁取りを複数選択します❶。[縁取りを編集] ロールアウト→ [縁取り] ボタン右のアイコンをクリックし、キャディインターフェイスを開きます❷。

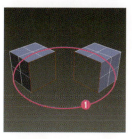 

4 [セグメント] で設定した数値分、ブリッジで作成されたポリゴンが分割されます❶。[ツイスト1] [ツイスト2] の値を変更することで、ブリッジするエッジを変更して、捻じったようにブリッジすることができます❷。調整を確定するために、[OK] をクリックします❸。

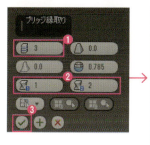 

Lesson 07 モデリングの基礎

[押し出し]する

選択したポリゴンに対して、面が向いている方向へ押し出します。[グループ][ローカル法線][ポリゴン別]の3パターンあります。一部を押し出して出っ張りを作ることができます。

ポリゴンを押し出す

1. サンプルシーンを開きます。オブジェクトを選択し、[ポリゴン]サブオブジェクトレベルにアクセスし、[ポリゴンを編集]ロールアウト→[押し出し]ボタンをクリックします。

2. ①のポリゴンをドラッグすると、ポリゴンが押し出されます②。[押し出し]を終了する場合は、[押し出し]ボタンを再度クリックするか、アクティブビュー上で右クリックします。

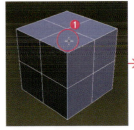
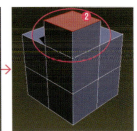

3. 図のポリゴンを選択します①。[ポリゴンを編集]ロールアウト→[押し出し]ボタン右のアイコンをクリックし②、キャディインターフェイスを開きます。

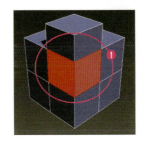

4. [グループ]①を指定することで、押し出す向きを設定できます。

[グループ] 複数選択したポリゴンの面が向いている方向の平均の向きへ押し出します。

[ローカル法線] 選択したポリゴンの面が向いている方向へ押し出します。

[ポリゴン別] 選択したポリゴンの面が向いている方向へ押し出します。[ローカル法線]と似ていますが、こちらはそれぞれのポリゴンが独立して[押し出し]されます。[高さ]で押し出し量を調整します②。調整を確定するために、[OK]をクリックします③。

7-3　ポリゴン編集とよく使う機能

[ベベル] をする

選択したポリゴンを、面が向いている方向へ押し出した後、サイズを変えることができます。

ポリゴンをベベルさせる

1　サンプルシーンを開きます。
オブジェクトを選択し、[ポリゴン] サブオブジェクトレベルにアクセスし、[ポリゴンを編集] ロールアウト→[ベベル] ボタンをクリックします。

2　❶のポリゴンをクリックし、ポリゴンが「押し出し」されます❶。マウス左ボタンを離し、マウスを動かすと、押し出したポリゴンのサイズを調整することができます。[ベベル] を終了する場合は、[ベベル] ボタンを再度クリックするか、アクティブビュー上で右クリックします。

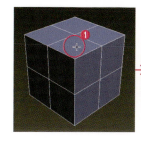

3　他のポリゴンを選択します❶。[ポリゴンを編集] ロールアウト→[ベベル] ボタン右のアイコンをクリックし、キャディインターフェイスを開きます❷。

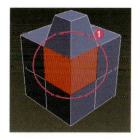

4　[グループ] ❶を指定することで、押し出す向きを設定できます。挙動に関しては[押し出し]と同じです。[高さ] ❷で押し出し量を調整します。[アウトライン] ❸で押し出したポリゴンのサイズを調整します。調整を確定するために、[OK]をクリックします❹。

[インセット] する

選択したポリゴンの内側にスケーリングした新たなポリゴンを作成します。ポリゴンを増やしたいときなどに使用します。

ポリゴンをインセットする

1　サンプルシーンを開きます。
オブジェクトを選択し、[ポリゴン] サブオブジェクトレベルにアクセスし、[ポリゴンを編集] ロールアウト→[インセット] ボタンをクリックします。

2　❶のポリゴンをドラッグすると、ポリゴンがインセットされます❷。[インセット] を終了する場合は、[インセット] ボタンを再度クリックするか、アクティブビュー上で右クリックします。

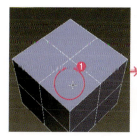
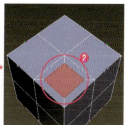

Lesson 07 モデリングの基礎

3 他のポリゴンを選択します❶。[ポリゴンを編集] ロールアウト→ [ベベル] ボタン右のアイコンをクリックし、キャディインターフェイスを開きます❷。

4 複数のポリゴンを選択してインセットした際、[グループ] を指定することで、まとめてインセットするか、個別にインセットするか指定することができます。今回は [グループ] を [ポリゴン別] ❶にしてインセットします。[量] ❷でインセット量を調整します。調整を確定するために、[OK] をクリックします❸。

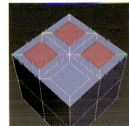

[集約] する

選択したサブオブジェクトを選択部分の中心に向かって1つの頂点に集約します。すべてのサブオブジェクト編集時に使用できます。

[頂点] サブオブジェクト編集時の [面取り]

Lesson07 ▶ 7-3 ▶ 07-3_sample_01.max

1 サンプルシーンを開きます。
オブジェクトを選択し、[頂点] サブオブジェクトレベルにアクセスし、集約したい頂点を選択します。

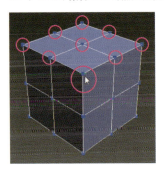

2 [ジオメトリを編集] ロールアウト→ [集約] ボタンをクリックします❶。選択部分の平均位置に向かって頂点が集約され、1頂点になります❷。

※ここでは、[頂点] の手順を紹介しましたが、他のサブオブジェクト編集時でも同じ操作です。

COLUMN

構造によって集約されないジオメトリ

❶のオブジェクトの真ん中の頂点をすべて集約すると、❷のようなオブジェクトができるように思えます。しかし、3ds Maxでは閉じた要素同士の頂点は共有できないため、❸のような形状になります。

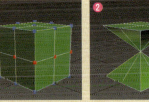

［エッジ］サブオブジェクト編集時の［集約］

 Lesson07 ▶ 7-3 ▶ 07-3_sample_01.max

1. サンプルシーンを開きます。
   オブジェクトを選択し、［エッジ］サブオブジェクトレベルにアクセスし、集約したいエッジを選択します。

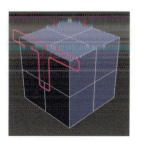

2. ［ジオメトリを編集］ロールアウト→［集約］ボタンをクリックします❶。選択したエッジ同士が繋がっている場合は、平均位置に向かってエッジが集約されます❷。

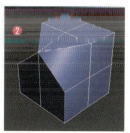

3. サンプルシーンを開き直して、エッジを選択します❶。［ジオメトリを編集］ロールアウト→［集約］ボタンをクリックします。選択したエッジが繋がっていない場合は、個別に集約されます❷。

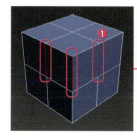
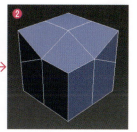

［スライス平面］を使用して編集する

スライス平面というものに沿ってエッジを作成します。すべてのサブオブジェクト編集時に使用できます。

［頂点］・［エッジ］・［縁取り］サブオブジェクト編集時の［スライス平面］

 Lesson07 ▶ 7-3 ▶ 07-3_sample_01.max

1. サンプルシーンを開きます。
   オブジェクトを選択し、［頂点］サブオブジェクトレベルにアクセスし、［ジオメトリを編集］ロールアウト→［スライス平面］ボタンをクリックします❶。黄色の四角形（スライス平面）が現れ、それに沿ってエッジが作成されていきます。このスライス平面を［選択して移動］ツールや［選択して回転］ツールで編集して、作成するエッジの位置を決めていきます❷。

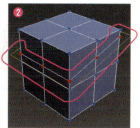

2. 位置決めが終わったら、［ジオメトリを編集］ロールアウト→［スライス］ボタン❶をクリックすることでエッジが作成されます。
   ［スライス平面］ボタン横の［分割］にチェックを入れると❷、エッジを作成した部分で要素を分けることができ、文字通りスライスされた状態になります❸。
   ［スライス平面］ボタンをもう1度押すと、モードを抜けることができます。

[ポリゴン]・[要素] サブオブジェクト編集時の [スライス平面]

1 サンプルシーンを開きます。
オブジェクトを選択し、[ポリゴン] サブオブジェクトレベルにアクセスし、スライスしたいポリゴンを選択します。

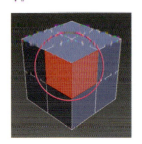

Lesson07 ▶ 7-3 ▶ 07-3_sample_01.max

2 [ジオメトリを編集] ロールアウト→ [スライス平面] ボタンをクリックします❶。スライス平面が現れるので、[選択して移動]、[選択して回転] ツールで作成するエッジの位置を決めます❷。

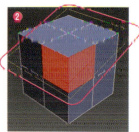

3 位置決めが終わったら [ジオメトリを編集] ロールアウト→ [スライス] ボタンをクリックすることでエッジが作成されます❶。ポリゴン・要素編集時には、選択した部分にのみスライスが適用されます❷。

[カット] する

スライス平面とは異なり、好きな場所にエッジを作成することが可能です。すべてのサブオブジェクト編集時に使用できます。

[頂点] サブオブジェクトでカットする

1 サンプルシーンを開きます。オブジェクトを選択し、[頂点] サブオブジェクトレベルにアクセスし、[ジオメトリを編集] ロールアウト→ [カット] ボタンをクリックします。

Lesson07 ▶ 7-3 ▶ 07-3_sample_01.max

2 カットしたい箇所の始点をクリックし❶、終点をクリックすることで❷、エッジが作成されます。必ずしも頂点やエッジをクリックする必要はなく、ポリゴンの中央をクリックしても、エッジを作成することができます。[カット] を終了する場合は、アクティブビュー上で右クリックします。

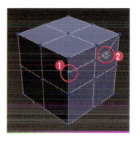

[平面化] する

選択したポリゴンの面が向いている方向の平均の向きへポリゴンを平均化します。すべてのサブオブジェクト編集時に使用できますが、ポリゴン以外では結果を想像しにくいので、ポリゴンでの使用をおすすめします。

[ポリゴン] サブオブジェクトで平面化する

📁 Lesson07 ▶ 7-3 ▶ 07-3_sample_01.max

1 サンプルシーンを開きます。
オブジェクトを選択し、[ポリゴン] サブオブジェクトレベルにアクセスし、平面化したいポリゴンを選択します。

2 [ジオメトリを編集] ロールアウト→ [平面化] ボタンをクリックします❶。選択したポリゴンの面が向いている方向の平均の向きへ、ポリゴンの向きや位置などが平均化されます❷。

[平面化(X・Y・Z)] する

選択部分の平均位置に向かって1軸限定で平均化します。すべてのサブオブジェクト編集時に使用できます。キャラクターなどを作成する場合に、顔を半分だけ作成して、反対側をコピーする場合などに、中央に頂点の位置を揃えたりするのに使用します。

[頂点] サブオブジェクトY軸を平面化する

📁 Lesson07 ▶ 7-3 ▶ 07-3_sample_01.max

1 サンプルシーンを開きます。
オブジェクトを選択し、[頂点] サブオブジェクトレベルにアクセスし、平面化したい頂点を選択します。

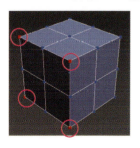

2 [ジオメトリを編集] ロールアウト→ [X] [Y] [Z] のいずれかをクリックすると、1軸限定で平均化されます。ここでは [Y] ❶をクリックします。選択した頂点が、Y軸方向に平均化されます❷。軸の向きは、オブジェクトのローカル座標によって決められます。

この他にもまだまだツールがありますので、効果を知るためにいろいろと試してみるとよいでしょう。

7-4 法線を編集する

3ds Max 上に作られた頂点やポリゴンには、それぞれ向いている方向があり、その方向のことを「法線」と呼びます。法線の種類や、頂点やポリゴンの法線を編集する方法を解説します。

法線とは

法線とは、頂点、ポリゴンの向きを定義するものです。

面法線

下図のポリゴンの中心点から伸びている青い線が「面法線」です。面法線が伸びている側がポリゴンの表となります。モデルの裏面はレンダリングされないので、面法線の向きはとても重要です。面法線は視覚的に確認することはできないので、下図はイメージ図です。

頂点法線

下のイメージ図にある、頂点から伸びる青い線が「頂点法線」です。ポリゴンとポリゴンの間のエッジのスムージングを定義する法線を示します。頂点法線を編集することでジオメトリのスムージングを調整することができます。

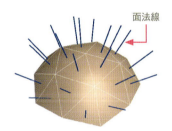
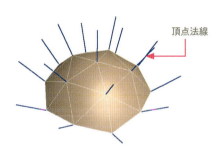

Step 01 面法線の向きを確認する

 Lesson07 ▶ 7-4 ▶ 07-4_sample_01.max

ポリゴンの面法線をレンダリングして確認する

1 サンプルシーンを開きます。ビューポート上では図のように表示されています❶。パースビューをアクティブビューポートにして、F9キーでレンダリングしてみましょう。レンダリング結果は、ビューポート表示と異なり、一部のポリゴンが表示されていません❷。レンダリングしたときに表示されない部分は「ポリゴン面が裏を向いている」状態です。この状態では球の一部のポリゴンの面法線の向きが反転してしまっています。

ビューポートの表示　　　　レンダリング結果

2 オブジェクトを選択し、クアッドメニュー→[オブジェクトプロパティ]をクリックします❶。[表示プロパティ]内の[背面非表示]にチェックを入れます❷。この項目にチェックを入れることで、ビュー上でもポリゴン面の表側しか見えない設定になります。これで、裏を向いているポリゴンが見た目で確認できるようになり、ビューポート上でもレンダリング結果と同じ状態になりました❸。

Step 02 面法線の向きを編集する

ポリゴン編集やモディファイヤを使用して法線を編集していきます。　Lesson07 ▶ 7-4 ▶ 07-4_sample_02.max

一部のポリゴンの面法線を編集する

サンプルシーンを開きます。裏を向いたポリゴンを選択します❶。ポリゴンを[編集]ロールアウト→[反転]ボタンをクリックします❷。裏を向いていたポリゴンが反転され、見えるようになりました❸。

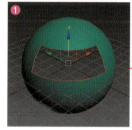
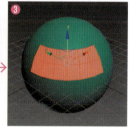

見えていないポリゴンを選択した状態　　選択部分の法線を[反転]した状態

すべてのポリゴンの面法線をまとめて編集する

再度、サンプルシーンを開きます。モディファイヤリストから[法線]を選択します。

❶[法線を統一]

複雑な機能を使用したモデリング時(本書では取り上げていませんがブール演算やレイズといった機能等)に面の向きが揃わない結果になるときがあります。生成されたオブジェクトにモディファイヤを適用し、この項目にチェックを入れることで向きを統一させることができます。

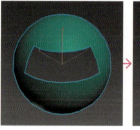

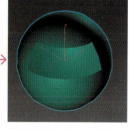

[法線を反転]前の状態　　[法線を反転]ですべての法線を反転した図

❷[法線を反転]

チェックを入れると、オブジェクト全体に対して面の向きを逆転させます。図のようにすべてのポリゴンが反転します。

CHECK! 法線の反転

法線の反転は、サブオブジェクトレベルが要素の場合でも行うことができます。サブオブジェクトレベルが[頂点]、[エッジ]、[縁取り]の場合は、反転することはできません。

オブジェクト作成時の手順によっては、丸ごとポリゴンが反転している場合があります。ポリゴンの向きは常に確認するようにしましょう。

7-5 モデルをディテールアップする

Lesson6でプリミティブを組み合わせて作成したモデルをディテールアップします。さまざまな手法を組み合わせて編集することで、プリミティブでは作ることができなかった複雑な形状が作成できるようになります。

モデルのディテールアップ

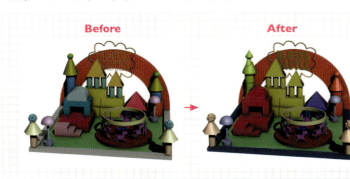

Lesson6でプリミティブを組み合わせて作成した積み木の遊園地のモデルをポリゴン編集を使用してディテールアップします。

Lesson07 ▶ 7-5 ▶ 07-5_sample_01.max

Step 01 複数オブジェクトを1つにまとめる

アタッチを使って複数オブジェクトを1つにまとめる

サンプルシーンを開きます。自分で作成したデータを使用する場合は、Lesson6-4で作成した遊園地のシーンを開きます。作業の準備のために、シーン上のカメラとカメラターゲットを非表示にします。右下のカメラビューをパースビューに切り替え、Altキー+Wキーで、1画面表示にします。

1 城の[グループ化]を解除するために[GRP_tower]を選択し、分離ツールでこのグループオブジェクトだけを表示させます。メニュー→[ツール]→[分離ツール]もしくは、画面下の[分離ツールの切り替え]ボタンをクリックします。[GRP_tower]だけを表示できたら、メニュー→[グループ]→[グループ解除]で、グループ化を解除します。

2 いちばん根元のオブジェクトを選択して❶、オブジェクト名を[GEO_tower]とします❷。画面上で右クリック→クアッドメニュー→[変換]→[編集可能ポリゴンへ変換]を選択します❸。

COLUMN
グループ化の注意点
グループ化は簡単にものをまとめるときには便利ですが、アニメーションの工程でトラブルも起きやすいので、最終的なデータでグループ化はあまり使用しません。

7-5 モデルをディテールアップする

3 [修正]タブ→[編集可能ポリゴン]→[選択]ロールアウト内のサブオブジェクト[ポリゴン]を選択します❶。[ジオメトリを編集]ロールアウトで[アタッチ]ボタンをクリックします❷。ビュー上で下の仏塔がけのオブジェクトをクリックしてアタッチします。アタッチされるとオブジェクトカラーが「GEO_tower」と同じ色になります。

4 サブオブジェクト[ポリゴン]を再度クリックして、選択状態をオフにします。サブオブジェクト編集状態が解除され、他のオブジェクトを選択することができるようになります。分離ツールを解除します。

> **CHECK!** ポリゴン編集の機能の解除
>
> 選択した機能(この場合はアタッチ)を解除する場合は、画面を右クリックし、ボタンがハイライトされていない状態にすることを忘れないようにしましょう。

Step 02 複数のパーツを一度にアタッチ

城のオブジェクトをまとめてアタッチします。パーツがたくさんあるときは、1つずつクリックするより効率的です。

複数のパーツを一度にアタッチする

1 [GRP_castle]を選択し、分離ツールで「GRP_castle」だけを表示させます。Step01の❶と同じ手順でグループ化を解除します。

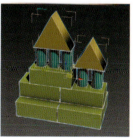

2 いちばん下の段のブロックのどれかを選択し、オブジェクト名を[GEO_castle]とします。右クリック→クアッドメニュー→[変換]→[編集可能ポリゴンへ変換]を選択します。

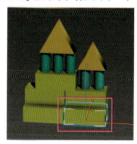

3 [修正]タブ→[編集可能ポリゴン]→サブオブジェクト[ポリゴン]を選択します。[ジオメトリを編集]ロールアウトで[アタッチ]ボタン右のアイコンをクリックします。

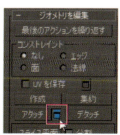

4 [アタッチリスト]ダイアログが表示されます。ここには、現在ビューで表示されているすべてのオブジェクトが表示されています。すべてを選択し❶、アタッチします。これで、一度に複数のパーツをアタッチすることができます❷。

 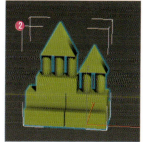

135

Lesson 07 モデリングの基礎

5 同じ手順で、メリーゴーラウンド以外のすべてのグループオブジェクトをそれぞれ1オブジェクトに変換します。アタッチをする際のベースになるオブジェクトは、いちばん地面に近いオブジェクトを選択します。

6 [GEO_fence]の4つはグループ化されていないので❶、個別に選択し❷、[アタッチ]で1オブジェクトにまとめます。名前を[GEO_fence]とします❸。

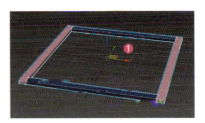

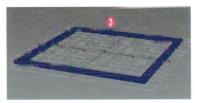

7 分離ツールで1頭の馬のグループだけを表示します❶。**1**〜**4**の[GRP_castle]と同じ手順で❷、胴体に複数のパーツを一度にアタッチします❸。すべての馬をそれぞれひとつのオブジェクトにまとめます❹。

COLUMN

グループ化されたオブジェクトの見分け方

ワークスペースシーンエクスプローラを[階層別にソート]に変更して、右図のように複数のオブジェクトが選択されていれば、グループ化されていると確認できます。

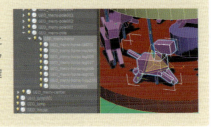

Step 03　塔の先端の球を変形させる

エッジ、ピンチを使用して先端の球を尖らせます。エッジ選択とソフト選択のピンチを組み合わせて、形状の一部を引き伸ばす編集を行います。

136

7-5 モデルをディテールアップする

屋根先端の球のエッジを選択する

1 オブジェクトカラーが赤いと選択がわかりにくいので、赤以外の色に変更しておきます❶。分離ツールで［GEO tower］オブジェクトだけを表示させます。［修正］タブ→［編集可能ポリゴン］→［選択］ロールアウトでサブオブジェクト選択を［エッジ］❷にします。

2 屋根の先端の球体の真ん中より少し下のエッジを選択します。

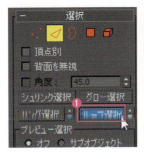

3 ［ループ選択］ボタンをクリックして❶、ぐるりと1周のエッジを選択します❷。

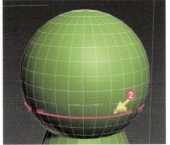

エッジを中心に滑らかに膨らませる

1 ソフト選択を図のように設定します。

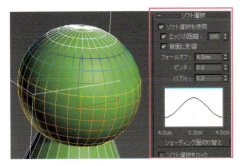

2 ［選択して均等にスケール］ツールで横に広がるように高さ以外をスケールします。

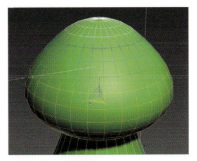

137

Lesson 07 モデリングの基礎

球の先端の頂点を選択する

1. [選択]ロールアウト内でサブオブジェクト選択を「頂点」にします❶。球の頂点を選択します❷。

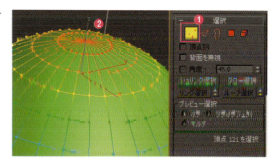

2. [ソフト選択]ロールアウト内[ピンチ]を「1.0」に変更します❶。上に移動させると❷、図のようにとがった形に引っ張り上げることができます❸。

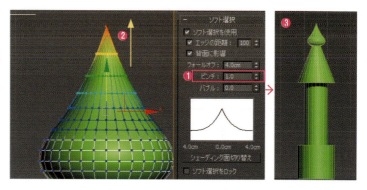

CHECK! [ソフト選択を使用]をオフに

ソフト選択の使用後は必ず[ソフト選択を使用]のチェックをオフにしておきましょう。

COLUMN グラフからわかる図形

ピンチとバブルの数値を変更すると、数値の下にあるグラフの形状が変わります。選択部分を動かしたときに、どのように変形するかはこのグラフの形でわかります。

Step 04 塔の柱に凹凸を加える

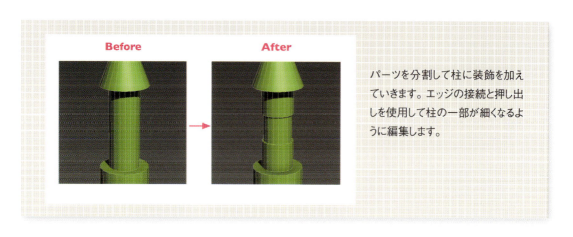

パーツを分割して柱に装飾を加えていきます。エッジの接続と押し出しを使用して柱の一部が細くなるように編集します。

柱の一部のポリゴンだけを表示する

1. [選択]ロールアウト内でサブオブジェクト選択を[要素]にします❶。柱のいちばん細い部分を選択します❷。円柱が選択されます。

2. [ジオメトリを編集]ロールアウト下部にある[選択以外を非表示]ボタンをクリックします❶。選択部分以外のポリゴンは表示されなくなります❷。

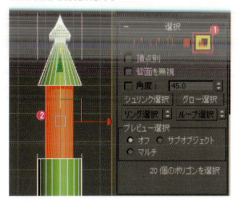

> **CHECK!** 一時的にポリゴンや頂点を非表示にする
>
> [ジオメトリを編集]ロールアウト下部にある[選択を表示][選択以外を非表示]を使用すると、ポリゴンや頂点を一時的に非表示にすることができます。編集時に邪魔な部分を非表示にすることでポリゴンや頂点の選択や加工が容易になります。ただし、非表示にしたポリゴンや頂点はなくなったわけではなく、存在はしています。非表示にしたことを忘れてしまいがちなので、この機能を使用した後は、必ず[すべてを表示]を押して、再度表示させるクセをつけましょう。

エッジを[接続]して縦の分割を増やす

1. [選択]ロールアウト内でサブオブジェクト選択を[エッジ]❶にします。縦のエッジを選択❷→[リング選択]❸で縦のエッジをぐるりと1周選択します。

2. [エッジを編集]ロールアウト内で[接続]ボタン右のアイコンをクリックします❶。キャディインターフェイスが表示されるので、分割数を「2」にして❷接続を適用するために[OK]をクリックします❸。

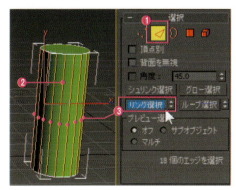

柱の真ん中をへこませる

1 ［選択］ロールアウト内でサブオブジェクト選択を［ポリゴン］❶にして、柱の中段のポリゴンを選択します❷。Shiftキーを押したまま隣のポリゴン❸をクリックすると、隣合ったポリゴンをぐるりと1周選択することができます❹。

> **CHECK!** ポリゴン選択時の［リング選択］［ループ選択］
>
> ポリゴン選択時は［リング選択］［ループ選択］は使用できませんが、Shiftキーを押したまま、隣のポリゴンをクリックすることで同じように選択できます。

2 ［ポリゴンを編集］ロールアウトで、［押し出し］ボタン右のアイコンをクリックします。

3 ❶の設定を［ローカル法線］に変更して、中央が少し細くなるように❷の値を調整し、［OK］をクリックし、押し出します❸。

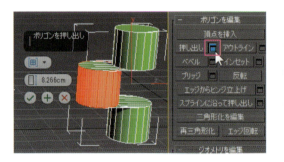

4 ［ジオメトリを編集］ロールアウト下部にある［すべて表示］ボタンをクリックし❶、オブジェクトに含まれるすべてのポリゴンを表示します❷。

> **CHECK!** マイナス方向に押し出す
>
> 「押し出し」というと太くしたり拡げたりするイメージを持ちますが、マイナスに押し出すことで、細くしたりへこませたりできます。

7-5 モデルをディテールアップする

Step 05 塔の屋根に丸みを加える

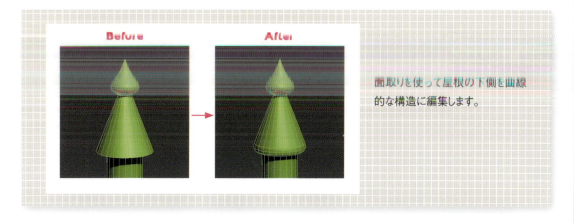

面取りを使って屋根の下側を曲線的な構造に編集します。

屋根部分以外を非表示にする

サブオブジェクト選択を[要素]❶にして、屋根を選択します。[選択以外を非表示]❷にして屋根だけを表示させます❸。

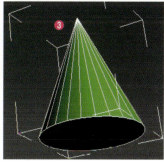

屋根の下面のエッジを選択する

1 [選択]ロールアウト内でサブオブジェクト選択を[ポリゴン]にして❶、屋根の底面のポリゴンを選択します❷。

2 ポリゴンの選択状態をエッジの選択状態に変換するため、Ctrlキーを押しながらサブオブジェクト選択[エッジ]をクリックします❶。これで、先ほど選択していたポリゴンに含まれたエッジがすべて選択されます❷。

141

Lesson 07 モデリングの基礎

COLUMN

モデリングスピードを上げるには

1つのポリゴンのふちのエッジは[ループ選択]ができないため、サブオブジェクト選択状態の変換で選択しました。1つずつエッジをクリックしてぐるりと選択することもできますが、時間がかかります。ある方法で選択ができない場合、他のさまざまな手法も駆使して、いかに効率よく選択するかがモデリングスピードを上げるための秘訣といえるかもしれません。

エッジを曲線的に[面取り]する

1 [ポリゴンを編集]ロールアウトで、[面取り]ボタン右のアイコンをクリックします。

2 設定を図のように変更して❶、角を丸めて面取りされるように設定します❷。[OK]をクリックします❸。

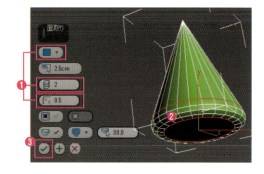

Step 06 塔の屋根を斜めにカットする

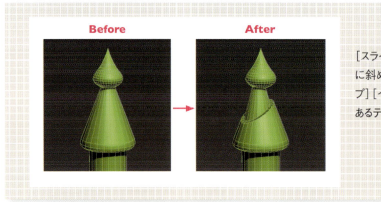

[スライス平面]を使って塔の屋根に斜めの切れこみを入れ、[キャップ][インセット]を使用して凹凸のあるデザインに変えていきます。

［スライス平面］を使用して屋根を斜めにカットする

1 ［選択］ロールアウト内でサブオブジェクト選択を［ポリゴン］にして、Ctrlキー＋Aキーでポリゴンをすべて選択します❶。［ポリゴンを編集］ロールアウトで、［スライス平面］ボタンをクリックすると❷、切断い平面が表示され❸、スライスされる予定の部分にエッジが表示されています❹。

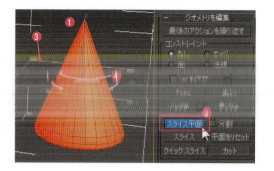

2 斜めに切り込みが入るように［選択して回転］ツールで平面を回転させ❶、［スライス］ボタンをクリックすると❷、見た目上の変化はありませんが、オブジェクトに切れ目が入ります❸。

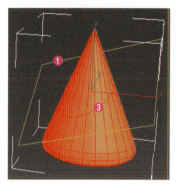

3 ［スライス平面］ボタンをオフにしても切れ目が表示されていたら、スライス完了です。

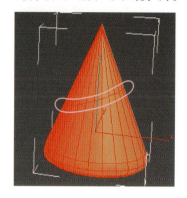

カットした上部を削除してキャップで蓋をする

1 カットした上部のポリゴンを選択し、Deleteキーで削除します。

削除する

2 ［選択］ロールアウト内でサブオブジェクト選択を［縁取り］にして❶、切断面を選択します❷。

3 ［縁取りを編集］ロールアウトで、［キャップ］ボタンをクリックして❶、断面に蓋をします❷。

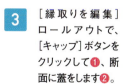

Lesson 07　モデリングの基礎

[インセット]で内側にポリゴンを作成する

1 [選択]ロールアウト内でサブオブジェクト選択を[ポリゴン]にします。蓋のポリゴンを選択して❶、[ポリゴンを編集]ロールアウトで[インセット]ボタン右のアイコンをクリックします❷。

2 設定を「1.0cm」とし❶、[適用と続行]ボタンをクリックします❷。同じ設定のまま、[OK]をクリックします❸。これで2回のインセットを行ったことになります。

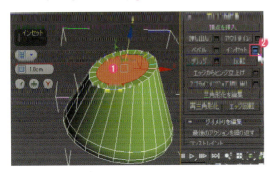

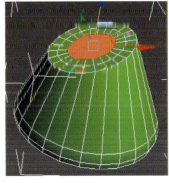

> **CHECK!** 同じ機能の反復
>
> キャディインターフェイスの[適用と続行]([+])をクリックすることで、同じ機能を繰り返して適用することができます([適用と続行]・P.117参照)。

屋根の先端を伸ばして非表示のポリゴンを再表示する

1 インセットで作られたポリゴンを選択した状態で、[ジオメトリを編集]ロールアウトで[集約]ボタンをクリックします❶。選択していた面が中心に集約され、頂点に変換されます❷。

2 [選択]ロールアウト内でサブオブジェクト選択を[頂点]❶にして、真ん中の頂点を選択し、[選択して移動]ツールで上に移動します❷。角が生えたようになります。

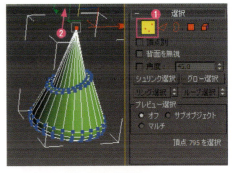

3 [選択]ロールアウト内でサブオブジェクト選択を[ポリゴン]にして、[ジオメトリを編集]ロールアウト下部にある[すべて表示]ボタン❶をクリックし、オブジェクトに含まれるすべてのポリゴンを表示します❷。

7-5 モデルをディテールアップする

Step 07 スムージンググループの設定

スムージングを確認する

1　[選択]ロールアウト内でサブオブジェクト編集を[ポリゴン]にします。[ポリゴン・スムージンググループ]ロールアウト❶の[スムーズグループによる選択]ボタンをクリックします❷。

2　[スムーズグループによる選択]ウィンドウが表示されます。このオブジェクトのすべてのポリゴンに設定されているスムージンググループの一覧が表示されています。この場合は1、2、3が設定されています。

左からスムージンググループ[1]、[2]、[3]

3　屋根をカットした部分には何も設定されていないことがわかります。何もされていない部分はポリゴンの面同士が滑らかにつながっていません。

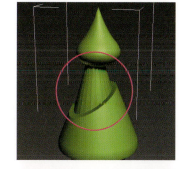

4　カットして作成した上の部分を選択します❶。[リング選択]が使用できないので、ポリゴンを1つずつ丁寧に選択します。[ポリゴン・スムージンググループ]ロールアウトでスムージンググループを「1」に設定します❷。縦縞のようになっていた部分が滑らかになりました❸。

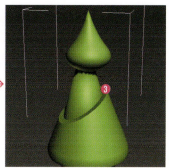

完成したデータは保存しておきます。

Lesson 07 モデリングの基礎

Exercise ― 練習問題

スプラインで作成した雲の形のシェイプから、厚みのある立体的な形を作成しましょう。

❶ コマンドパネル→[作成]タブ→スプライン→ラインで、雲の形を作成しましょう。

❷ スプラインで作成したオブジェクトを編集可能ポリゴンに変換します。面が塗りの状態になりました。

❸ [選択]ロールアウト内の[縁取り]で、雲のふちのエッジを選択します。

❹ フロントビューで、Shiftキーを押しながら上に移動します。すると、エッジがコピーされその間をつなぐ面が作成されます。

❺ オブジェクトを選択した状態で右クリック→オブジェクトプロパティを表示します。表示プロパティの[背面非表示]のチェックをオンにします。ポリゴンの法線が向いていない面が表示になります。外側を向いている面が非表示になりました。

❻ 法線が外側を向く状態にするため、サブオブジェクトを[ポリゴン]にしてポリゴンをすべて選択します。[要素を編集]ロールアウトの[反転]をクリックします。法線が反転しポリゴンが外側を向きました。

❼ [縁取りを編集]で上面の穴のふちを選択し、[キャップ]ボタンをクリックし、蓋をします。

❽ [面取り]ボタン右のアイコンをクリックし、数値を図のように設定します。

❾ 雲のシェイプを厚みのある立体的な形になりました。

モデリングの応用

An easy-to-understand guide to 3ds Max

Lesson 08

ジオメトリオブジェクトにモディファイヤと呼ばれる機能を使って、ポリゴンや頂点単位でなく、オブジェクト単位で変形させます。モディファイヤの特徴を理解し、有効に使用することで、複雑なオブジェクトを簡単に作成したり、作業時間を短縮することができます。また、サブディビジョンサーフェス機能を使用して、オブジェクトを滑らかに整える方法を解説します。

Lesson 08　モデリングの応用

モディファイヤと
モディファイヤスタックについて

「モディファイヤ」という機能を使用して編集可能ポリゴン以外の
手法によるオブジェクトの変形、調整方法を解説します。
モディファイヤは複数組み合わせて使うことができます。

モディファイヤとは

モディファイヤとは、わかりやすく言うとオブジェクトにかけるエフェクトや追加効果のようなものです。モディファイヤを使用すると、オブジェクトのもとの形状やパラメータを保持しつつ、調整、変更を加えることができます。

Step 01　モディファイヤをオブジェクトに適用する

モディファイヤをオブジェクトに適用する際は、いくつか気をつけるべきことがあります。ポイントを押さえていきましょう。

Lesson08 ▶ 8-1 ▶ 08-1_sample_01.max

モディファイヤを割り当てる

オブジェクトにモディファイヤを割り当てる手順を確認していきます。

1 サンプルシーンを開きます。[Box001]オブジェクトを選択し、[修正]タブ❶→[モディファイヤリスト]❷を選択します。モディファイヤリストには、さまざまなモディファイヤが表示されています❸。その中から[ベンド]モディファイヤを選択します❹。

2 モディファイヤが適用されると、スタック内に「Bend」が追加されます。

148

3　割り当て後は[修正]タブでパラメータの調整をします。

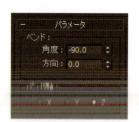 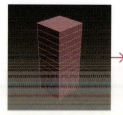 

モディファイヤスタックとは

[修正]タブの[モディファイヤ]リスト直下の領域のことです。オブジェクトに適用しているモディファイヤを下から順に積み上げる形式(スタック形式)でここに表示されます。

スタックリスト

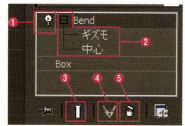

❶ モディファイヤの有効/無効切り替えボタン
明るい状態で有効、暗い状態で無効になります。

❷ サブオブジェクトレベルツリー
そのモディファイヤで編集できるサブオブジェクトレベルを表示します。+を押すと展開されます。サブオブジェクト名をクリックすることで編集モードになります。

❸ 最終結果を表示ボタン
オンにするとスタック内の現在の位置に関係なくすべてのモディファイヤが適用された状態を表示します。オフにすると一番下から現在選択中のモディファイヤまでの結果を表示します。

❹ 個別のモディファイヤとして割り当てボタン
選択したインスタンス化されたモディファイヤをそのオブジェクト固有のモディファイヤに変更します。

❺ スタックからモディファイヤを除去ボタン
選択したモディファイヤを削除します。

Step 02　モディファイヤスタックの順序設定

3ds Maxは、スタックに表示されているモディファイヤを下から順に適用していくため、モディファイヤの順番が非常に重要です。

最終結果はモディファイヤの順序で変化する

たとえばオブジェクトを尖らせる[テーパ]モディファイヤと湾曲させる[ベンド]モディファイヤの2つをスタックに追加する際、
・[テーパ]の後に[ベンド]を適用　　・[ベンド]の後に[テーパ]を適用
このように順番が違えば、結果が変わります。適用する順番を変更する場合は、スタック内のモディファイヤをドラッグして入れ替えます。

モディファイヤを入れ替えて結果を確認する

Lesson08 ▶ 8-1 ▶ 08-1_sample_02.max

1　サンプルシーンを開きます。[Box001]オブジェクトを選択し、[修正]タブのモディファイヤリストから[テーパ]モディファイヤを選択し、適用します。

2　次に[ベンド]モディファイヤを選択し、適用します。[テーパ]❶のあとに[ベンド]❷が適用されました。

 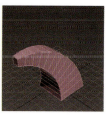

Lesson 08　モデリングの応用

3 [テーパ]モディファイヤをモディファイヤスタックパネル上で選択し❶、[ベンド]の上にドラッグします❷。ボディファイヤの順番が入れ替わり❸、最終的な形状も変化しました❹。

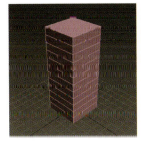   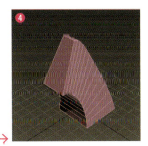

選択した一部のサブオブジェクトだけにモディファイヤを適用する

Lesson08 ▶ 8-1 ▶ 08-1_sample_03.max

通常、モディファイヤを適用するとオブジェクト全体に対して、その効果が適用されます。一部のモディファイヤはそれより下にあるモディファイヤで選択したサブオブジェクトに対してのみ効果を適用させることができます。

1 サンプルシーンを開きます。[Box001]オブジェクトの[Box]モディファイヤを[編集可能ポリゴン]に変換し、図❶のように頂点を選択します。
サブオブジェクト編集状態のまま、モディファイヤを適用することで選択部分にのみ効果を限定することができます❷。

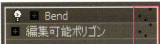

 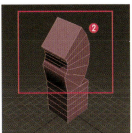

2 サブオブジェクトの選択を解除すると❶、選択時に適用された変形状態に沿って、オブジェクト全体が変形します❷。

CHECK! 選択状態を示すアイコン

サブオブジェクトの選択状態を参照していると、モディファイヤ名の後ろにそれを示すアイコンが表示されます。選択したサブオブジェクトによってアイコンは変化し、選択状態を参照していない場合は何も表示されません。
この選択状態を解除して、ほかのモディファイヤを適用したい場合は、サブオブジェクトが選択可能なモディファイヤ（[ポリゴンを編集][ポリゴンを選択]）を適用し、サブオブジェクト選択を解除します。

COLUMN モディファイヤのインスタンス

インスタンスされたオブジェクトにモディファイヤを適用した場合、モディファイヤもインスタンスされ、他のインスタンス先のオブジェクトにもモディファイヤが適用されます。インスタンスに関してはLesson5-3：クローンの作成を参照してください。

モディファイヤを使った編集

編集可能ポリゴン以外の方法でジオメトリを編集することができる、モディファイヤという機能について学びます。代表的なモディファイヤである「FFD（変形）」、「スキュー（傾き）」、「ストレッチ（伸縮）」、「ツイスト（ひねり）」、「テーパ（先細り）」、「ノイズ（ランダム変形）」、「ベンド（湾曲）」について解説します。

Step 01　FFDモディファイヤを設定する

FFDモディファイヤを使用すると、オブジェクトを格子用のグリッドに合わせた形状に変形することができます。FFDにはいくつか種類がありますが、コントロールポイントの数などの違い以外、できることは基本的に同じです。

[FFD] モディファイヤを割り当てる

Lesson08 ▶ 8-2 ▶ 08-2_sample_01.max

標準プリミティブの円柱を作成します。

> プリミティブ：円柱
> 設定：半径20cm、高さ100cm　高さセグメント10、キャップセグメント3、側面セグメント24

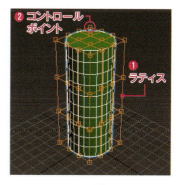

円柱を選択し、[モディファイヤリスト] から [FFD 4x4x4] モディファイヤを割り当てます。モディファイヤを割り当てると、選択したジオメトリが「ラティス ①」と呼ばれるオレンジ色の格子で囲まれます。この格子の頂点を「コントロールポイント ②」と呼びます。コントロールポイントを操作して、ラティスの形を変えるとその形に沿ってジオメトリが変形します。

> **CHECK!**　5種類のFFDモディファイヤの違い
>
> 格子の分割数によって [2x2x2][3x3x3][4x4x4] の3種類と、格子の分割数を自由に設定できる [FFD（ボックス）][FFD（円柱）] の2種類があります。

[コントロールポイント] の初期位置を調整する

[ボリュームを設定] のサブオブジェクトレベルでは、コントロールポイントの初期位置を設定できます。ラティス初期形状は、ボックスですが、複雑な形状では変形させにくい場合があるため、なるべくジオメトリの形状にフィットさせておくと調整がしやすくなります。この段階では、ジオメトリ自体は変形しません。

1 モディファイヤスタックで [ボリュームを設定] を選択します。

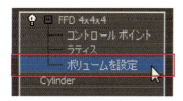

2 [アクティブビュー] を [トップビュー] に変更し、ラティスの角のポイントをマウスドラッグで範囲選択します ①。Ctrl キーを押しながらマウスでドラッグして、範囲選択を追加し、4カ所の角のポイント ② を選択します。

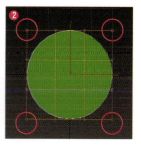

Lesson 08 モデリングの応用

[3] ［選択して均等にスケール］ツールで円柱の形状に沿うように縮小します。

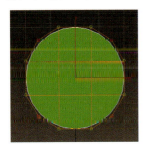

CHECK! パースビュー以外でのクリック選択

範囲選択ではなく、クリックで選択すると一番手前にあるコントロールポイントのみ選択され、重なった奥のポイントは選択されないので注意してください。

Step 02 ジオメトリを変形させる

［コントロールポイント］のサブオブジェクトレベルでは、コントロールポイントを［選択して移動］・［選択して回転］・［選択して均等にスケール］で調整し、ラティス形状を変化させることで、ジオメトリを変形することができます。

［コントロールポイント］を調整してジオメトリを変形する

[1] ［コントロールポイント］のサブオブジェクトレベルを選択し❶、ビュー上で❷のコントロールポイントを選択します。

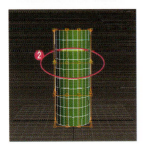

[2] ［選択して均等にスケール］ツールでスケールを「300％」に拡大します。中央より少し上部が太い形状になりました。

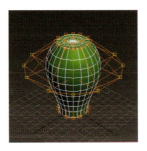

[3] ［選択して移動］ツールでZ軸方向へ「60cm」移動します。上部にくぼみができました。

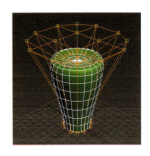

[4] 横から見た図❶を参考にコントロールポイントを操作して、❷のような形を作ってみましょう。

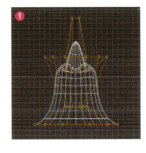
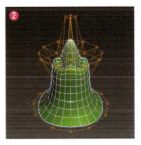

CHECK! FFDの変形精度

ラティスの分割数が高いほど、精度の高い変形をさせることができます。左は［FFD 3x3x3］❶、右は［FFD（ボックス）］❷で分割数を高くしたものです。

Step 03 さまざまなモディファイヤを使用する

ボックスのプリミティブにさまざまなモディファイヤを適用して、特徴を少しみていきましょう。
サンプル、もしくは新規シーンを起動し、新規に、メートル単位で、標準プリミティブのボックスを作成します。

> プリミティブ：ボックス
> 設定：長さ20cm、幅20cm、高さ100cm
> 長さ・幅セグメント2、高さセグメント10

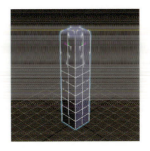

［スキュー］を使用する

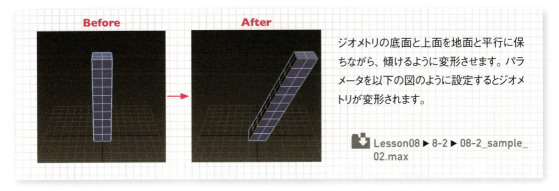

ジオメトリの底面と上面を地面と平行に保ちながら、傾けるように変形させます。パラメータを以下の図のように設定するとジオメトリが変形されます。

📥 Lesson08 ▶ 8-2 ▶ 08-2_sample_02.max

1 ボックスオブジェクトに［スキュー］モディファイヤを適用します。

2 ［パラメータ］ロールアウトで、図のように設定すると、上面と底面を平行に保ったまま傾く形状になります。

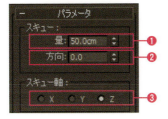

❶ 量
歪みの度合いを設定します。

❷ 方向
歪みの方向を角度で設定します。値が正のときは時計回り、負のときは反時計回りに変化します。

❸ スキュー軸
どの軸に沿って効果を適用するか設定します。軸の方向はローカル座標によって決められます。

COLUMN

リミットで［効果を制限］する

モディファイヤの効果範囲を制限することができます。［パラメータ］ロールアウト内リミットの［効果を制限］❶にチェックを入れ、［上限］を「50cm」にします❷。上限より上方に位置したジオメトリに対しては効果は現れません。効果を制限は、スキューでしか解説していませんが、それ以外のモディファイヤでも有効です。

Lesson 08 モデリングの応用

[ストレッチ]を使用する

ジオメトリを1軸方向に引き伸ばし、他2軸方向に対して押し潰し変形をします。体積を保ったような変形をさせることができます。

Lesson08 ▶ 8-2 ▶ 08-2_sample_03.max

1. サンプルシーンを開きます。または、新規シーンを作成し、Step02の手順でボックスオブジェクトを作成します。ボックスオブジェクトに[ストレッチ]モディファイヤを適用します。

2. [パラメータ]ロールアウトで、図のように設定すると、ジオメトリの体積を保ったような変形をさせることができます。

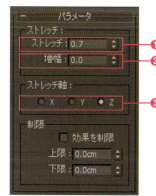

❶ストレッチ

引き伸ばす幅を設定します。「1.0」で200%スケールされます。値が負のときは引き伸ばし軸と押し潰し軸が反転します。

❷増幅

押し潰しの量を設定します。

❸ストレッチ軸

どの軸に沿って効果を適用するか設定します。軸の方向はローカル座標によって決められます。

[ツイスト]を使用する

ジオメトリに対して布を絞ったかのように、ねじれる変形を加えます。ロープなどを作成したいときに便利です。

Lesson08 ▶ 8-2 ▶ 08-2_sample_04.max

1. サンプルシーンを開きます。または、新規シーンを作成し、Step02の手順でボックスオブジェクトを作成します。ボックスオブジェクトに[ツイスト]モディファイヤを適用します。

2. [パラメータ]ロールアウトで、図のように設定すると、ジオメトリをねじったような変形をさせることができます。

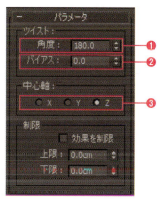

❶角度

ねじれ度合いを角度で設定します。値が正のときは時計回り、負のときは反時計回りにツイストします。

❷バイアス

効果範囲を圧縮します。値が正のときは基点から離れた位置で圧縮し、負のときは基点付近で圧縮します。

❸中心軸

どの軸に沿って効果を適用するか設定します。軸の方向はローカル座標によって決められます。

8-2　モディファイヤを使った編集

［テーパ］を使用する

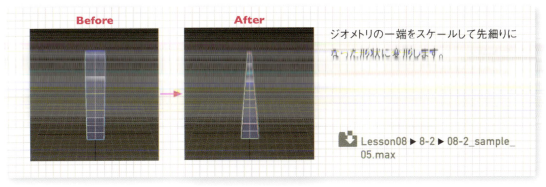

ジオメトリの一端をスケールして先細りになった形状に変形します。

Lesson08 ▶ 8-2 ▶ 08-2_sample_05.max

1. サンプルシーンを開きます。または、新規シーンを作成し、Step02の手順でボックスオブジェクトを作成します。ボックスオブジェクトに［テーパ］モディファイヤを適用します。

2. ［パラメータ］ロールアウトで、図のように設定すると、ジオメトリの一端を先細りさせることができます。

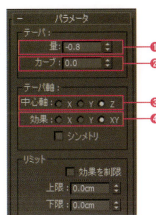

❶ 量
終端のスケール量を設定します。「1.0」で200%スケール、「-1.0」で0%スケールになります。

❷ カーブ
側面を湾曲させます。値が正のときは外側に曲がり、負のときは内側に曲がります。

❸ 中心軸
どの軸に沿って効果を適用するか設定します。軸の方向はローカル座標によって決められます。

❹ 効果
中心軸を基準にして、効果方向を設定します。

［ベンド］を使用する

ジオメトリを湾曲した形状に変形します。扇形や、アーチ状、パイプなどを作成するときに使用します。

Lesson08 ▶ 8-2 ▶ 08-2_sample_06.max

1. サンプルシーンを開きます。または、新規シーンを作成し、Step02の手順でボックスオブジェクトを作成します。ボックスオブジェクトに［ベンド］モディファイヤを適用します。

2. ［パラメータ］ロールアウトで、図のように設定すると、ジオメトリを湾曲させることができます。

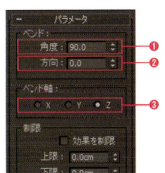

❶ 角度
曲げ度合いを角度で設定します。

❷ 方向
曲げる方向を角度で設定します。値が正のときは時計回り、負のときは反時計回りに変化します。

❸ ベンド軸
どの軸に沿って効果を適用するか設定します。軸の方向はローカル座標によって決められます。

Lesson 08　モデリングの応用

[ノイズ]を使用する

ジオメトリにランダムに乱れた変形を加えます。凹凸のある地面や、水面を作成するときに使用します。

Lesson08 ▶ 8-2 ▶ 08-2_sample_07.max

1. サンプルシーンを開きます。または、新規シーンを作成し、Step02の手順でボックスオブジェクトを作成します。ボックスオブジェクトに[ノイズ]モディファイヤを適用します。

2. [パラメータ]ロールアウトで、図のように設定すると、ジオメトリにランダムな変形をさせることができます。

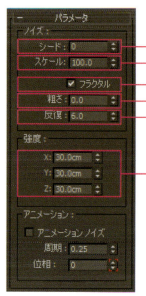

❶ シード
ノイズのランダム性を変化させます。

❷ スケール
ノイズ効果のサイズを設定します。ノイズの強度ではなく振幅の幅を変更します。値が大きくなるとノイズは滑らかになり、小さいとギザギザになります。

❸ フラクタル
ノイズに対してフラクタルと呼ばれる幾何学の概念を適用します。フラクタルによって作成された図形は一部を拡大して抜き出すと、図形全体と似た形になるという特徴を持っています。

❹ 粗さ
フラクタル効果の強度を設定します。値が小さいと滑らかになります。

❺ 反復
反復回数の値では、ノイズ模様の複雑さを設定します。値が大きくなるにつれ、複雑なノイズ模様になります。

❻ 強度
3つの軸それぞれの方向に対してノイズの強度を個別に設定します。初期値の「0.0」ではノイズ効果は発生しません。

COLUMN

[ノイズ]の効果的な使い方

ノイズはモデリングではあまり使用せず、主にアニメーションで使用します。はためく旗や波立つ海などのアニメーションに有用です。

COLUMN

変形モディファイヤのサブオブジェクト

モディファイヤにはそれぞれ[ギズモ][中心]というサブオブジェクトレベルがあります。

・[ギズモ]サブオブジェクト

FFD時のようなオレンジのボックスを操作してモディファイヤの効果を変えることができます。たとえば、ボックスに割り当てた[ツイスト]モディファイヤをX軸方向へ移動させると、右図のようにギズモの変形を延長した形状に変化します。

・[中心]サブオブジェクト

モディファイヤ効果の始点となる中心を調整することができます。たとえば、[テーパ]モディファイヤの下方にある中心位置を移動でジオメトリの中間へ移動させると、右図のように効果の始点位置が変わったことでモディファイヤの影響の仕方も変化します。

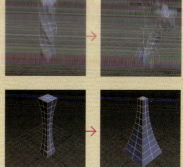

モディファイヤを組み合わせたモデリング

モディファイヤを組み合わせて、複雑な形状を作成する

モディファイヤ同士を組み合わせることで、複雑なモデリングを少ない手数で行うことができます。最終的な形状をイメージしながら、複数のモディファイヤを効果的に組み合わせて使用していくことは、作業時間の大幅な短縮に繋がるため、積極的に利用していきましょう。

1 新規シーンを作成し、[星]シェイプを作成します❶。

> 半径1:50.0cm 半径2:38.0cm
> ポイント数:6 歪み:-12.0

2 [修正]タブで、モディファイヤリストから[編集可能ポリゴン]モディファイヤを選択して割り当て、シェイプをポリゴン化させます❷。

3 モディファイヤリストから[シェル]モディファイヤを選択して割り当て、柱状にします❸。

> 内部量:0.0cm 外部量:100.0cm
> セグメント数:10

4 モディファイヤリストから[テーパ]モディファイヤを割り当て先細りにし、中間はカーブを描くようにパラメータを調整します❹。

> 量:-1.0 カーブ:1.5
> 中心軸:Z 効果:XY

5 [ツイスト]モディファイヤを割り当てます❺。

> 角度:90.0 バイアス:0.0
> 中心軸:Z

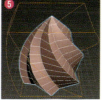

ケーキのホイップクリームのような形状ができました。編集可能ポリゴンで同じ形状を作成しようとすると回転・スケールを駆使し、より多くの手数を踏まなければなりません。また、ひねり具合などを調整することも難しいですが、この場合は調整が容易です。

8-3 サブディビジョンサーフェス

サブディビジョンサーフェスを適用すると、角ばった部分にやすりをかけたように
オブジェクトを滑らかにすることができます。3ds Max では少ないポリゴン数でモデリン
グした後、最終調整としてこの機能を使用してオブジェクトを滑らかに整える、といった
方法がよく使われます。有機的なモデリングをする際には必須ともいえる機能です。

サブディビジョンサーフェスとは  Lesson08 ▶ 8-3 ▶ 08-3_sample_01.max

3ds Maxではサブディビジョンサーフェスを行うモディファイヤが4つ用意されています。[ターボスムーズ][メッシュスムー
ズ][HSDS][OpenSubdiv]です。ここでは、使用頻度の高い[ターボスムーズ][メッシュスムーズ]の2つを解説します。
サンプルシーンを開きます。または、プリミティブを使用してボックスを作成します。

プリミティブ：ボックス
設定：長さ50cm、幅50cm、高さ50cm　長さ・幅・高さセグメント1
[編集可能ポリゴン]に変換します。

[ターボスムーズ]の設定

計算が早いサブディビジョンサーフェスを行うモディファイヤです。計算が早いかわりに、「一部を選択してモディファイヤ
を適用できない」、「スムージング方法が[NURBS]のみ」、といったように機能が制限されています。

[反復]

ボックスオブジェクトに[ターボスムーズ]モディファイヤを適用します。[パラメータ]ロールアウトを開き、ポリゴンの[反復]
を「2」として、形状の変化を確認します。その後、[反復]を「3」とします。値が高いほどオブジェクトはより滑らかになります。

  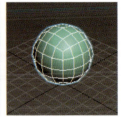 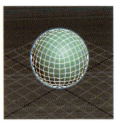

　　　　　　　　　　　　　反復：0　　　　　　反復：2　　　　　　反復：3

> **CHECK! 反復の値とハードウェアへの負荷**
>
> 値を高くするほど、負荷は高くなっていきます。値を「1」上げると、ポリゴン
> 数が約4倍になります。必要以上に高くすると、計算時間がとても長くなって
> しまうので注意しましょう。「1～3」の幅で設定するのが一般的です。

[レンダリング反復]

ビュー上では再分割数を少なく、レンダリング時に細かく分割するといった設定をすることができます。チェックを入れると、設定した値でレンダリング時にポリゴンを再分割します。[反復]の値はビューポート上で表示する際の分割数になります。

[Isoラインを表示]

[Isoラインを表示]をオンにすると、ジオメトリのポリゴンのエッジのみが表示されます。これは表示を簡略化する設定で、データ自体はオフのときと同じ分割のままです。
オフにすると、分割したポリゴンすべてのエッジが表示されます。

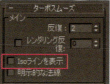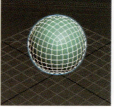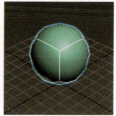

[スムーズ結果]

[サーフェースパラメータ]ロールアウト内のチェックをオンにすると、スムージンググループの設定で、スムージングがかからないように設定されていても、すべての面が滑らかに処理されます。オフにすると設定されたスムージンググループどおりに処理されます。

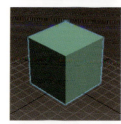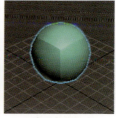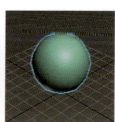

[分割:マテリアル]

マテリアルID毎にサブディビジョン処理を行います。チェックをオンにするとマテリアルIDの境界には折り目がついたり角が立つようになったりします。

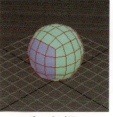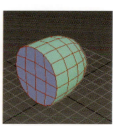

[分割:スムージンググループ]

スムージンググループ毎にサブディビジョン処理を行います。スムージンググループの境界には折り目がついたり角が立つようになったりします。

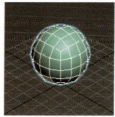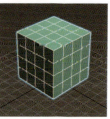

Lesson 08　モデリングの応用

［メッシュスムーズ］の設定

Lesson08 ▶ 8-3 ▶ 08-3_sample_01.max

サンプルシーンを開きます。または、新規シーンを作成し、P.158の設定でボックスオブジェクトを作成します。
ボックスオブジェクトに［メッシュスムーズ］モディファイヤを適用します。詳細な設定が可能なサブディビジョンサーフェスを行うモディファイヤです。オブジェクト全体はもちろん、一部を選択してモディファイヤを適用することができます。

［サブディビジョンの方法］

面を再分割する際の計算方法を設定します。

❶［NURMS］

［NURMS］曲線を利用したサブディビジョンを行います。エッジに折り目をつけたり、頂点に重みと呼ばれるパラメータを付加して尖らせたりといった制御ができます。

❷［四角形出力］

四角形を組み合わせてサブディビジョンを行います。この計算方法では三角面が生成されません。

❸［従来型］

三角形、または四角形を組み合わせてコーナーを面取りしたサブディビジョンを行います。

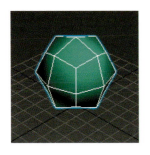
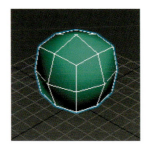

［メッシュ全体に適用］

チェックがオン❶の場合は、下位のモディファイヤなどでサブオブジェクトが選択された状態であってもオブジェクト全体に対して効果が適用されます❷。
チェックをオフにすると、下位のモディファイヤなどで選択されたサブオブジェクトに対して効果が適用されます❸。選択されたサブオブジェクトに隣接する面は反復の値に応じて、自動的に補完されます。

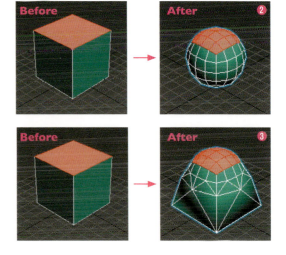

160

8-3　サブディビジョンサーフェス

［サブディビジョンの量］

❶［反復］

ポリゴンの再分割数を設定します。値が高いほどオブジェクトはより滑らかになります。

❷［滑らかさ］

コーナーを滑らかにする際の面分割度合いを設定します。滑らかさの値によって面の分割数が決まります。
値が「0.0」のときは、面が生成されないのでサブディビジョンを行う前と同じ形状になります。

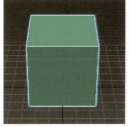
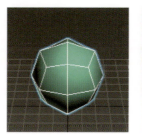
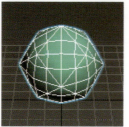
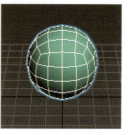

滑らかさ：「0.0」　　滑らかさ：「0.51」　　滑らかさ：「0.85」　　滑らかさ：「1.0」

❸［レンダリング値：反復］

ビュー上では再分割数を少なく、レンダリング時に細かく分割するといった設定をすることができます。チェックを入れると、設定した値でレンダリング時にポリゴンを再分割します。上の［反復］の値はビューポート上で表示する際の分割数になります。

❹［レンダリング値：滑らかさ］

チェックを入れると、設定した値でレンダリング時の面分割度合いを決めます。

［ローカルコントロール］ロールアウト

［コントロールレベル］パラメータで設定した値に応じて再分割された状態のサブオブジェクトレベルにアクセスし、サブディビジョン時の形状の調整をすることができます。

Lesson 08　モデリングの応用

Exercise―練習問題

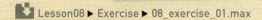
Lesson08 ▶ Exercise ▶ 08_exercise_01.max

サブディビジョンサーフェスをコントロールします。
ターボスムーズモディファイヤを使用して、
角部分の丸みの大きさが異なる、2つのボックスを作成しましょう。

Before　　　　　　　　　　　　　　**After**

❶ボックスを作成し、編集可能ポリゴンに変換します。
❷[接続]の設定をセグメント「2」にし、図のようにポリゴンを分割します。分割後、[ターボスムーズ]モディファイヤを割り当てます。

Before　　　　　　　　　　　　　　**After**

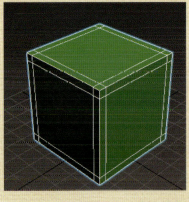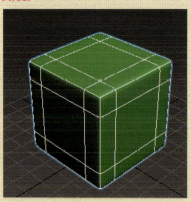

❶続いてもう1つボックスを作成し、編集可能ポリゴンに変換します。
❷[接続]の設定をセグメント「2」、ピンチ「80」にし、図のようにポリゴンを分割します。分割後、[ターボスムーズ]モディファイヤを割り当てます。

●サブディビジョンで面を滑らかにする際に大きく曲げたい場合は、頂点と頂点の間を広く取ってモデリングします。逆に頂点間の幅を狭くモデリングすることで小さく曲げることができます。
このように、サブディビジョンで面を滑らかにする際は頂点間の距離によって、面の曲率が決定されるため、ポリゴンの分割を工夫して曲面の状態を制御していきます。

キャラクターモデリング

An easy-to-understand guide to 3ds Max

Lesson 09

正面と横向きのキャラクター画像をもとに、3Dキャラクターをモデリングする技術を習得します。はじめにモデリングするための環境を整え、大まかなバランスをとるように簡単な形でキャラクターを形作ります。そこから各パーツを詳細にモデリングして、設定のイメージのキャラクターに近づけていきます。

Lesson 09　キャラクターモデリング

9-1 キャラクターモデリングをはじめる

真正面、真横の2つの方向から描かれた設定画や写真を下敷きにして、モデリングをする方法を習得します。オブジェクトをいろんな角度から見て、どんな立体構造になっているのかを理解することが重要です。

Step 01　下絵を準備する　　Lesson09 ▶ 9-1 ▶ 09-1_sample_01.max

キャラクターの画像を確認する

1. モデリングするキャラクターの設定画像（3dsMax_Lesson ▶ map内 の「chara_front.png」、「chara_side.png」）を、Windows標準の画像ビューワーで開きます。画像を開いたら、どんなキャラクターなのか確認しておきます。

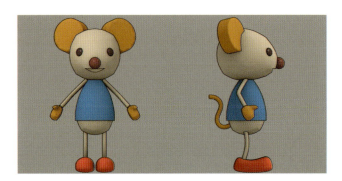

2. Windows上で各画像を右クリック→［プロパティ］❶→［詳細］タブを開き、画像の幅と高さ❷を確認しておきます。

3. このシーンにはあらかじめガイドとなる画像を張り込んだ平面プリミティブが2つ用意されています。全長10cm程度のキャラクターを作成するため、板のサイズは高さ＝10cm、幅＝10cmとしています。

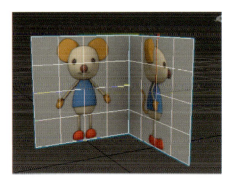

9-1 キャラクターモデリングをはじめる

CHECK! オリジナルの画像を使用してモデリングする場合の注意点

・なるべく正面と横の画像のサイズを合わせる
・画像と各パーツの位置を合わせておく
・用意した画像の幅と高さのピクセル数をメモしておく

オリジナル画像の縦横比に合わせて、平面プリミティブの長さか幅のどちらかを調整しましょう。幅1000 高さ750ピクセルの画像だった場合、長さ＝10cm、幅＝7.5cmに変更します。2枚の画像の角を位置合わせなどで合わせます。貼られている画像の置き換えはLesson9-3を参照してください。

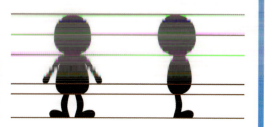

下絵の板を画像を表示したままフリーズする

1 下絵のガイドオブジェクトを動かないようにフリーズすると、固定はされますが、画像が表示されずにグレーの状態で表示されてしまいます。
オブジェクトを選択→右クリック→［オブジェクトプロパティ］❶で表示プロパティ内の［フリーズをグレーで表示］❷のチェックを外します。

 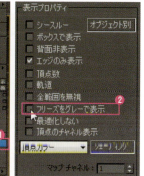

2 この状態でオブジェクトをフリーズをすると、ガイドの画像を見せたまま固定して動かなくすることができます。
正面と横のオブジェクトをどちらもフリーズします。
フリーズするとクリックで選択ができなくなりますが、見た目には変化がありません。

Lesson 09 キャラクターモデリング

Step 02 ビューポートを2画面表示にする

ビューポート設定

1. ビューポートラベルの左上の [+] を右クリック ①→ [ビューポート設定] を選択し ②、ビューポート設定を開きます。[レイアウト] タブを選択し、左右に2画面が並んでいるアイコンをクリックして ③、[OK] ボタンをクリックします。

2. 左画面＝フロントビュー、右画面＝パースビューに変更します。どちらのビューポートもビューポートラベルの [シェーディングスタイル] で、シェーディング＋エッジ面を表示するように設定します。

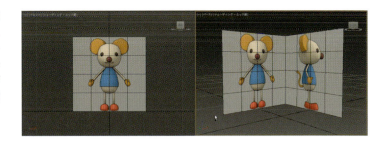

ビューポートを最大化する

右側のビューポート（パースビュー）をアクティブにした状態で、画面右下部の [ビューポート最大化切り替え] ボタンをクリックします。
再度、同じボタンをクリックすると元に戻すことができます。必要に応じて、切り替えて作業していきましょう。

シーンファイルを [別名で保存] します。
保存先は「3dsMax_Lesson ▶ Lesson09 ▶ 9-1」を指定し、保存ファイル名は「09-1_work_01.max」とします。

CHECK! ビューポート最大化切り替えのショートカット
[Alt] キー＋[W] キーを押しても同じ結果になります。

COLUMN

モデリング時に便利なショートカット

- ビュー切り替え
  [Alt]＋[W] ＝ ビューポート最大化／元に戻す
  [P] ＝ パースビューに切り替え
  [F] ＝ フロントビューに切り替え
  [L] ＝ レフトビューに切り替え
  [T] ＝ トップビューに切り替え
  [Z] ＝ 選択オブジェクト（非選択の場合は全オブジェクト）を画面にフィット

- 表示スタイル
  [F3] ＝ 面の表示／非表示
  [F4] ＝ エッジ面の表示／非表示

- オブジェクトの分離表示
  オブジェクトを選択して [Alt]＋[Q] ＝ 分離（選択したオブジェクトのみ表示）
  分離解除＝画面下部の分離ツールの切り替えアイコン

9-2 簡単なパーツでバランスをとる

下絵に合わせてプリミティブなどのパーツを使い、大まかにバランスを取っていきます。はじめから詳細なパーツを作るよりも、まずバランスを取ってモデリングをしたほうが、効率よくモデリングを進めることができます。

Step 01 パーツの作成

Lesson09 ▶ 9-2 ▶ 09-2_sample_01.max

下絵に合わせて簡単な形状を組み合わせ、体のパーツを作成していきます。

おしりを作成する

1. サンプルシーンを開きます。パースビューでボックスを作成します。セグメントはすべて「1」にします。
ガイドの絵が見えないので、オブジェクトを半透明の状態にします。オブジェクト選択→右クリック→[オブジェクトプロパティ]❶、表示プロパティ内[シースルー]❷にチェックを入れます。

2. 図のようにボックスがグレーに変わり、後ろ側が透けるようになります。

3. 左側のビューをレフトに切り替えます❶。
ボックスの位置を移動して、おしりの一番下側とボックスの下側を合わせます❷。ボックスの位置と大きさを調整します。
おしり全体を囲い込むような大きさのボックスを作成するようなイメージで作りましょう。

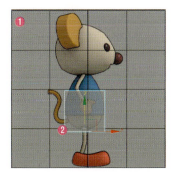

4 [修正]タブ→モディファイヤリスト→[ターボスムーズ]を適用し、[ターボスムーズ]ロールアウト内[反復]を「2」にします。

5 [ターボスムーズ]をかけるとひと回り小さくなるので、[修正]タブの[最終結果を表示]をオンにして、最終的な形状を見ながら、BOXモディファイヤの数値を修正します。

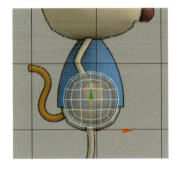

6 3と同様の手順でビューをフロントに切り替えて、ボックスの位置と大きさを調整します。オブジェクト名を「GEO_ch_hip」とします。フロント、レフトビューに切り替えて、おしりパーツの位置を調整します。調整が終わったらオブジェクトをフリーズします。

上半身を作成する

1 パースビューで円錐プリミティブで上半身を作成します。[オブジェクトプロパティ]→[シースルー]にチェックを入れます。細かい曲線は気にせずに大まかなバランスをフロント、レフトビューを切り替えながら、合わせます。

2 オブジェクト名を「GEO_ch_body」とします。オブジェクトをフリーズします。

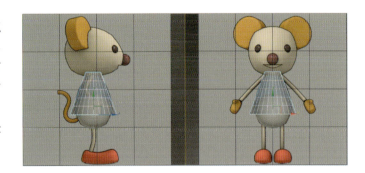

頭を作成する

1 おしりのパーツと同じ手順で、頭を作成します。[オブジェクトプロパティ]→[シースルー]にチェックを入れます。パースビューでボックスを作成します。セグメントはすべて「1」にします。ターボスムーズを適用し、反復「2」にして、フロント、レフトビューを切り替えながら、位置と大きさを合わせます。

2 オブジェクト名を「GEO_ch_head」とします。オブジェクトをフリーズします。

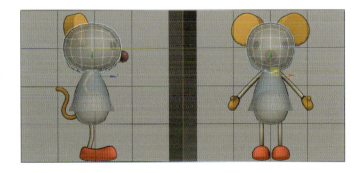

9-2　簡単なパーツでバランスをとる

鼻を作成する

1　［作成］タブで球を作成し、下絵の鼻の位置に配置します。

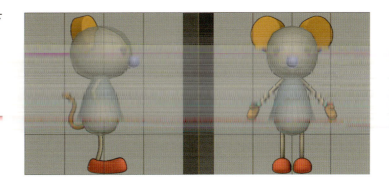

2　オブジェクト名を「GEO_ch_nose」とします。

目を作成する

1　顔のオブジェクトに沿わせて目を作成するため、顔のフリーズを解除します。
目は球で作成しますが、その際にオートグリッドを使用します❶。

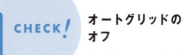

CHECK!　オートグリッドのオフ

オートグリッドは、使用後はチェックを外しておきましょう。

2　レフトビューから目の中心あたりで作成すると❷、顔のポリゴンに沿った向きに球が作成されます❸。
オブジェクト名を「GEO_ch_eye」とします。
オートグリッドをオフにします。

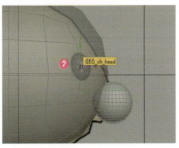
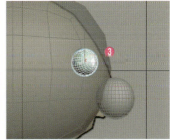

3　目の厚みを薄くするために、メインツールバー→［選択して不均等にスケール］、参照座標系を［ローカル］、変換中心を［基点中心を使用］に設定します❶。
図のようにZ軸を縮めて、目を薄くします❷。

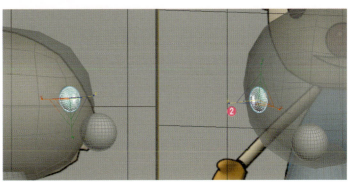

横から見た図　　　前から見た図

ミラーで反対側の目を作成する

1. 「GEO_ch_eye」オブジェクトを選択します。
参照座標系を［ワールド］とし❶、変換中心を［変換座標の中心を使用］❷に変更します。これで、ここから先の作業の中心点は、ワールドの中心＝原点になります。
メインツールバー→［ミラー］ツールを選択し、変換、ミラー軸：X、選択のクローン：インスタンス、に設定して❸、［OK］ボタンをクリックします❹。

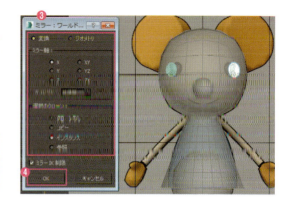

2. 反対側の目が作成できたら、参照座標系は［ビュー］に戻しておきます。

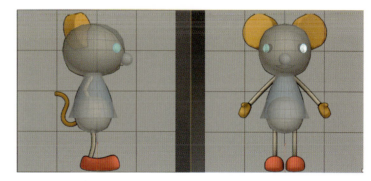

耳を作成する

1. パースビューでプリミティブを使用し、円柱を作成します。オブジェクトの移動・回転などを使って位置や角度を下絵に合わせます。

2. オブジェクト名を「GEO_ch_ear」とします。

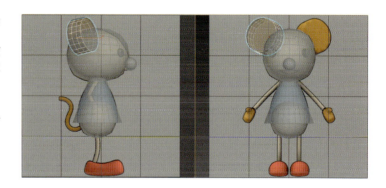

他の部位を作成する

1. レフトビューから、コマンドパネル→［作成］タブ→［シェイプ］→［ライン］で足の形のスプラインを作成します。スプラインの作成と調整はLesson4-3を参照してください。

2. オブジェクト名を［GEO_ch_leg］とします。

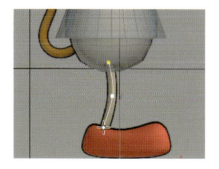

9-2 簡単なパーツでバランスをとる

3　[GEO_ch_leg]を選択し、[修正]タブで、以下のように設定します❶。スプラインにポリゴンを肉付けして足を作成することができます❷。

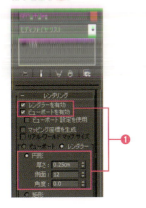

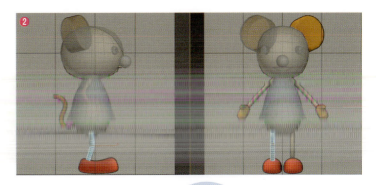

CHECK! 表示切り替え

調整がしにくい場合は、[修正]タブでの[ビューポート有効]のチェックを外すとラインだけを見ることができます。

4　足オブジェクトと同じように腕も作成します。
コマンドパネル→[修正]タブ→[選択]ロールアウトから[頂点]ボタンを押して、腕の形を調整します。

5　オブジェクト名を「GEO_ch_arm」とします。

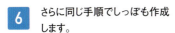
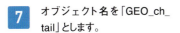
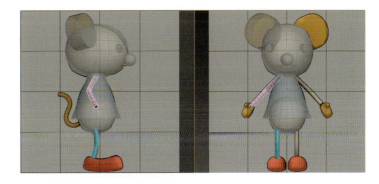

6　さらに同じ手順でしっぽも作成します。

7　オブジェクト名を「GEO_ch_tail」とします。

8　靴を作成します。
パースビューでボックスを作成し、セグメントはすべて「1」にします。ターボスムーズを適用し、反復を「2」にして、位置と大きさを合わせます。

9　オブジェクト名を「GEO_ch_shoe」とします。

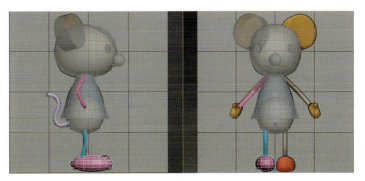

171

Lesson 09 キャラクターモデリング

10 手を作成します。
パースビューでボックスを作成し、セグメントはすべて「1」にします。ターボスムーズを適用し、反復を「1」にして、位置と大きさを合わせます。

11 オブジェクト名を「GEO_ch_hand」とします。

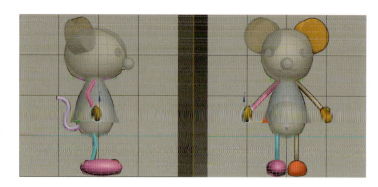

左側をまとめてミラーコピーする

1 目以外は右側のみを作成したため、左側がないパーツをすべて選択し、参照座標系を[ワールド]とし❶、変換中心を[変換座標の中心を使用]に変更します❷。

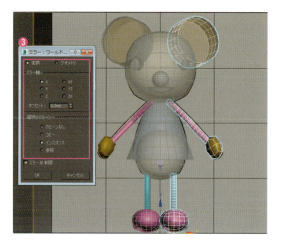

2 メインツールバー→[ミラー]ツールを選択し、反対側を複製します❸。反対側の目が作成できたら、参照座標系は[ビュー]に戻しておきます。

Step 02 データを整える

完成した各パーツのフリーズを解除し、色を整えます。

シースルーを解除する

ガイドモデル以外のオブジェクトのフリーズを解除し、シーンエクスプローラーですべて選択→右クリック→[オブジェクトプロパティ]→[シースルー]をオフにします。

色を下絵に合わせる

Lesson4-2、P.51の手順でオブジェクトカラーを下絵の色に合わせます。これで、バランス取りが終了しました。
シーンファイルを[別名で保存]します。

保存先は「3dsMax_Lesson▶Lesson09▶9-2」を指定し、保存ファイル名は「09-2_sample_10_work_01.max」とします。

9-3　各パーツを詳細にモデリングする

各パーツを詳細にモデリングする

Lesson9-2で全体のバランスを取るためのモデリングをしました。ここからは、各パーツをディテールアップして、キャラクターらしい形にしていきます。特に目鼻口は、頭のパーツから立体的に作り出していく練習をします。

Step 01　設定画像を置き換える

　　Lesson09 ▶ 9-3 ▶ 09-3_sample_01.max

下絵を詳細な画像に置き換える

1 サンプルシーンを開きます。自分で作成したデータを使用する場合は、Lesson9-2で保存したシーンを開きます。
アプリケーションボタン→［参照］→［アセットトラッキング］❶を開きます。［アセットトラッキング］パネルの［更新］ボタン❷をクリックし、最新の状態を取得します。

 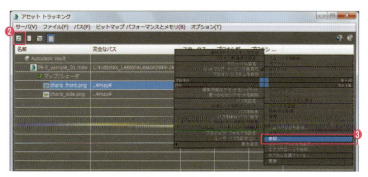

2 「chara_front.png」の画像をクリックして選択します。右クリック→クアッドメニュー→［参照］を選択します❸。

3 詳細を書き足した画像「chara_front_detail.png」を選択して、開きます。同じく「chara_side.png」画像も「chara_side_detail.png」に置き換えます。
これで、より詳細な設定画に置き換わりました。この画像をもとにパーツをディテールアップしていきます。

後ろの画像が変更されました。

CHECK! 画像の置き換え

この方法で、シーン上に読み込まれている同じ名前の画像をすべて置き換えることができます。

Step 02　FFDで靴の形状を整える

準備

1. 右靴、右足、おしり、上半身以外のキャラクタオブジェクトをワークスペース/シーンエクスプローラで非表示にします。靴以外のオブジェクトをフリーズします。靴オブジェクトをシースルー表示にします。

2. 靴のオブジェクトにモディファイヤ[FFD3x3x3]を適用します。靴のまわりに右図のようなオレンジ色の格子が表示されます。

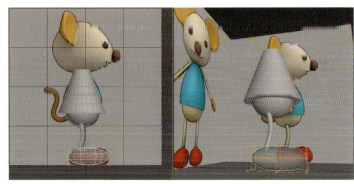

横から見た図　　　　　斜めから見た図

FDDのコントロールポイントを調整する

右図のようにFFDのオレンジ色の格子の頂点のコントロールポイント❶を移動させて❷、靴の形状を整えます。
左の靴はミラーコピーで作成したため、インスタンスされているので、右の靴と同じ形状になっているはずです❸。
完成したら、非表示のオブジェクトを再度表示します。

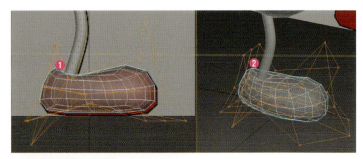

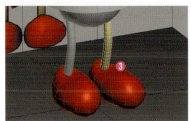

Step 03　上半身の丸みをつける

編集可能ポリゴンへ変換する

上半身以外のパーツをすべて選択→右クリック→[オブジェクトプロパティ]→[シースルー]と[フリーズ]のチェックをオンにします。
上半身のオブジェクトを選択→右クリック→[オブジェクトプロパティ]→[シースルー]のチェックをオンにします。
coneプリミティブの数値を調整して、オブジェクトの中に下絵の上半身の絵がすっぽり収まるように太めに設定します。coneパラメータは、「高さセグメント＝6、キャップセグメント＝1、側面＝12」とします。
上半身のオブジェクトの[修正]タブ→[coneモディファイヤ]を右クリック→[変換]→[修正可能ポリゴンに変換]に変更します。

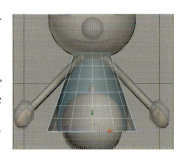

9-3 各パーツを詳細にモデリングする

［ソフト選択］を使用して丸みをつける

1. 頂点サブオブジェクトを選択し、洋服の裾横1列の頂点を選択します❶。
［ソフト選択の使用］にチェックを入れ、設定を図のようにします❷。

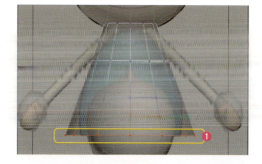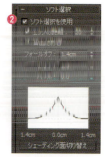

2. この状態で水平方向に80％程度に縮小し、裾をすぼめます❶。

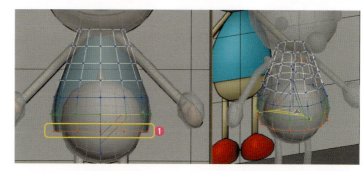

3. 同様に首元もすぼめます❷。

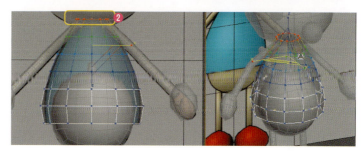

Step 04 尻尾の先端の丸みを作成する

オブジェクトの一部分を分離させて修正する

1. しっぽオブジェクトを選択し、［修正］タブ→［Line］→［レンダリング］で［レンダリング］と［補間］ロールアウトを図のように設定します❶。しっぽのみを選択し、分離ツール（Altキー＋Qキー）でしっぽオブジェクトのみを孤立化させます❷。

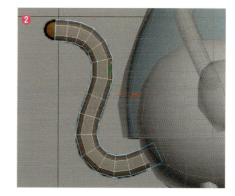

175

Lesson 09 キャラクターモデリング

2 オブジェクトを選択し、右クリック→クアッドメニュー→[変換]→[編集可能ポリゴンに変換]を選択します。先端の3つのポリゴンを選択し、[Delete]キーで削除します。

3 [縁取り]ボタンをクリックして、削除した部分を選択❶→[キャップ]で再度ポリゴンを作成します❷。

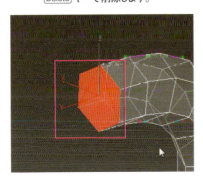
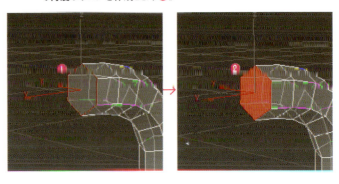

4 [ベベル]を図のように3度繰り返し、先端の丸い形状を作成します。完成したら分離ツールをオフにします。

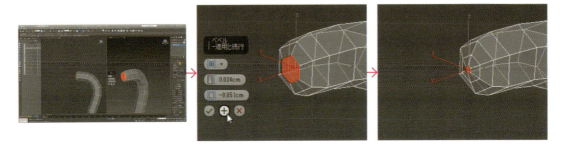

Step 05　手の形状を作成する

親指を作成する

1 ガイドと右手と右腕以外のオブジェクトを非表示にします。手のオブジェクトを選択→[修正]タブ→リストの上で右クリック→[すべてを集約]を選択します。
　[編集可能メッシュ]を、ビューポート上で右クリック→[編集可能ポリゴン]に変換します。

2 親指の位置にあたるポリゴンを、[押し出し]で飛び出させて形状を編集します。

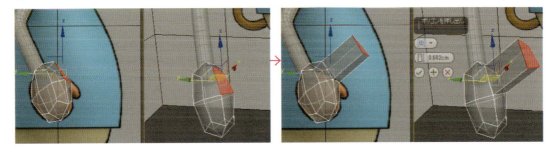

9-3 各パーツを詳細にモデリングする

3 ［押し出し］を2回行い、図のような親指の形状に調整します。滑らかさが足りないので、モディファイヤでターボスムーズを適用し、反復を「2」とします。

Step 06 頭部を作成する

形状を編集する

1 頭とガイド以外のオブジェクトをフリーズしておきます。
頭オブジェクトの［ターボスムーズ］を適用し、反復を「2」とし、モディファイヤリストですべてを集約します。
編集可能ポリゴンに変換し、頭のオブジェクトにモディファイヤ［FFD3x3x3］を適用します。頭のまわりに図のようにオレンジ色の格子が表示されます。

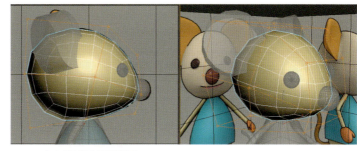

オレンジの格子が表示される

2 上図のように形状をガイドに合わせます。形を整えたら、モディファイヤの［FFD3x3x3］を右クリック→［全てを集約］を選択して、モディファイヤを整理します。

顔の半分を削除して、断面を整える

1 顔のオブジェクトを選択し、［選択して移動］ツールを選択し、参照座標系を［ビュー］に変更→画面下の数値入力パネルで、Xの値を「0cm」とします。

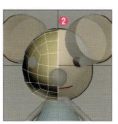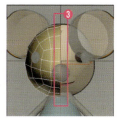

2 正面から見て左側のポリゴンを反転コピーして全体を作成するため、顔の右側のポリゴンを選択します❶。選択したポリゴンは、Deleteキーで削除します❷。サブオブジェクトを［縁取り］に変更します。オブジェクトをクリックして、断面を選択します❸。

3 断面をX=「0」の位置にそろえるため、平面化の横の［X］ボタン❶をクリックします（このボタンは、選択しているポリゴンやエッジに含まれるすべての頂点を、選択頂点の中央位置に揃えます）。
この段階では、Xの値を揃えただけで、X=「0」の位置にはないので、下図の部分❷で右クリックして、「0.000cm」にします。

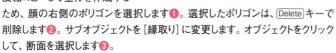
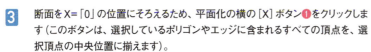

Lesson 09 キャラクターモデリング

シンメトリモディファイヤを使用して、顔の反対側へコピーする

モディファイヤリストから[シンメトリ]を適用し、因のように設定して、反対側を作成します。

この先の工程では、片面だけ作成して、それをシンメトリで反転コピーすることで、顔を作成していきます。

Step 07 頭から鼻を作り出す

形状を編集する

1. 仮に作成した鼻のオブジェクトは、ワークシーンエクスプローラの電球アイコンをクリックして非表示にします。

2. 頭のオブジェクトを選択し、シンメトリの下のモディファイヤ[編集可能ポリゴン]で、鼻の先端の頂点を選択し❶、[面取り]ボタン右のアイコンを右クリックします❷。

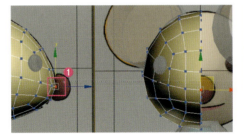

3. もともとあったポリゴンの中にひし形のポリゴンが作成されます。[OK]を押して変形を確定させます。

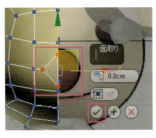

4. 編集サブオブジェクトを[エッジ]に切り替え、[ジオメトリを編集]→[カット]ボタンをクリックし❶、図のようにポリゴンをカットします❷。
カットしたら右クリックして、一旦カットの作業を終了します。
下側も同じようにカットします❸。

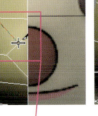

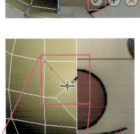

5. 下側のカットも終了したら、4の[カット]ボタン❶を再度クリックし解除します。
頂点を移動させて、シンメトリにしたときに丸くなるように調整します。

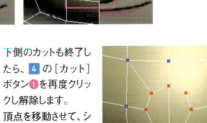

178

9-3 各パーツを詳細にモデリングする

6 編集サブオブジェクトを[ポリゴン]に切り替え、鼻の先端のポリゴンを選択します。[ポリゴンを編集]ロールアウト→[ベベル]ボタンの右アイコン❶をクリックし、横から見て図❷のように設定します。

7 [ベベル]を図のようにパラメータ数値を繰り返し、鼻の丸い形状を作成していきます。

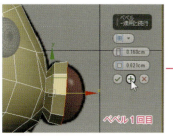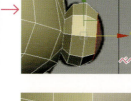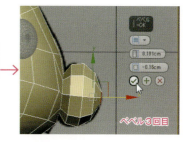

ベベル1回目 → ベベル2回目 → ベベル3回目

8 最後に作成したポリゴンは、[ジオメトリを編集]→[集約]を選択し、面を1頂点に集約します。

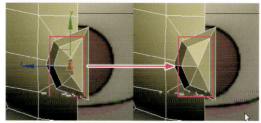

9 この段階で、サブオブジェクトの編集を解除して、[シンメトリ]をオンにすると、鼻の先端が割れてしまいます❶。
必要のない断面のポリゴンを選択し❷、Deleteキーで削除します。顔の反面の処理をしたときのように、縁取り選択し、平面化の横の[X]ボタン❸をクリックし、X位置を「0.000cm」にします❹。

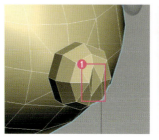

10 [シンメトリ]をオンにすると、丸い鼻の完成です。

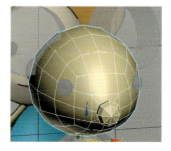

Step 08 滑らかな曲面のオブジェクトにする

ターボスムーズを適用する

1. 頭のオブジェクトのシンメトリの上に、モディファイヤリストから[ターボスムーズ]を適用します。反復＝「1」①、[Isoラインを表示]にチェックを入れます②。
ここにチェックを入れると、もともとあったエッジだけを簡易的に表示します。

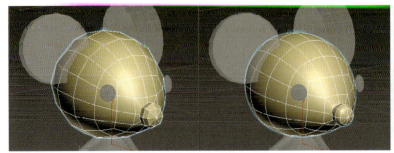

ターボスムーズなし　　　ターボスムーズあり　Isoラインを表示オン

2. [ターボスムーズ]を使用すると、もともとの形状の頂点を曲線でつないで丸めるため、使用する前より少しモデルが小さくなります。

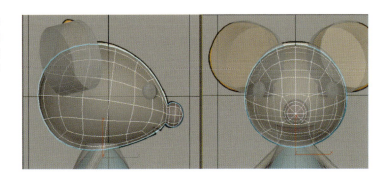

CHECK! 結果を見ながらポリゴン編集する

一番下の編集可能ポリゴンを選択して、[最終結果を表示]をオンにすると、最終結果を表示しながら、頂点やポリゴンの編集が可能です。

形状を調整する

ガイドに合わせて、シースルー表示などを使って、全体的な形状を調整します。横方向からだけでなく、正面、パース画面で、違和感がないように細かく調整します。

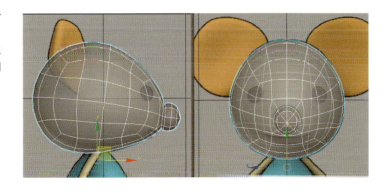

9-3 各パーツを詳細にモデリングする

Step 09　頭オブジェクトから目を作る

ベベルを使って面を作成する

1 目の仮オブジェクトを非表示にします。
頭の「ターボスムーズ」モディファイヤを非表示にします。[編集可能ポリゴン]と[シンメトリ]の間に、[ポリゴンを編集]モディファイヤを追加します。最終結果を表示もオフにしておきます。
[ポリゴン編集]モディファイヤで、編集サブオブジェクトを[頂点]に切り替え、目の中心になる頂点を選択します。

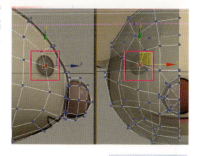

2 [頂点を編集]の[面取り]ボタン右のアイコンを右クリックし①のように設定し、目のベースとなる面を作成します。②

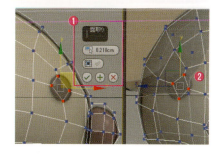

COLUMN

モディファイヤ内のサブオブジェクト選択状態による影響

モディファイヤ名の右側に[頂点][エッジ][ポリゴン]を表すアイコンが表示されている場合、選択された一部のサブオブジェクトに対してモディファイヤを適用することになります。
この図の場合では、最下部の[編集可能ポリゴン]で一部の[ポリゴン]が選択されています。次段の[ポリゴンを編集]モディファイヤでは一部の[エッジ]が選択されている状態です。
この状態で、最下部の[編集可能ポリゴン]で選択状態を変更すると、最終的な形状が大きく変わってしまうことがあります。モディファイヤのサブオブジェクトの選択状態には気をつけましょう。

---

3 編集サブオブジェクトを[エッジ]に切り替え、図のように4か所カットします。

4 編集サブオブジェクトを[頂点]に切り替え、[ジオメトリを編集]ロールアウトで、コンストレイントから[面]を選択します。目の面はななめの角度になっており、平面として編集するのが難しいのですが、コンストレイント[面]を使用すると、頂点が今ある面上でしか移動できなくなります。

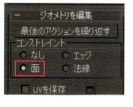

5 この状態で頂点を円形になるように移動して整えます。
使用し終わったら、コンストレイントを[なし]に戻しておきましょう。

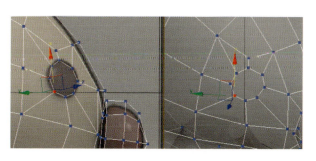

Lesson 09　キャラクターモデリング

6 編集サブオブジェクトを[ポリゴン]に切り替え、目のポリゴンを選択します。[ポリゴンを編集]の[ベベル]ボタン右のアイコンをクリックし、図のようにベベルを4回繰り返し、目の出っ張りを作成します❶❷❸。
最後のポリゴンは集約して1つの頂点にまとめます❹。

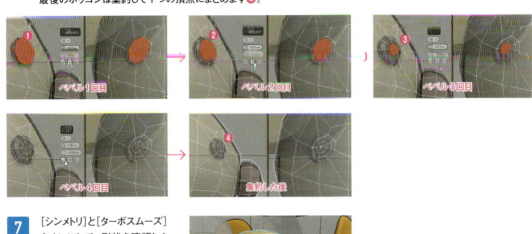

7 [シンメトリ]と[ターボスムーズ]をオンにして、形状を確認します。
[ポリゴンを編集]モディファイヤの[表示]、[非表示]で目の有無が切り換えられます。

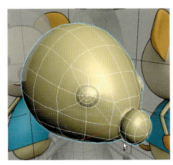

Step 10　口を作る

画像に合わせてポリゴンをカットする

1 口も[編集可能ポリゴン]と[シンメトリ]の間の、[ポリゴンを編集]を使用して編集します。編集サブオブジェクトを[エッジ]に切り替え、鼻の下の2つのエッジを選択します❶❷。

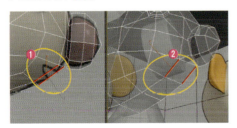

2 [エッジを編集]ロールアウト→[エッジを接続]で横の分割エッジを作成します。

3 [ジオメトリを編集]ロールアウト→[カット]で図のように2回カットします。

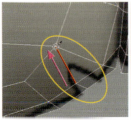 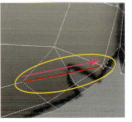

9-3 各パーツを詳細にモデリングする

4 ❶の2つのエッジを選択し❶、[面取り]ボタン右のアイコンをクリックし、図のように設定します❷。

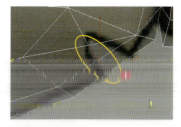 

5 編集サブオブジェクトを[頂点]に切り替え、[頂点を編集]ロールアウト→[ターゲット連結]❶を選択します。図❷のように頂点から頂点にドラッグします。頂点がドラッグ後の頂点にまとまります❸。

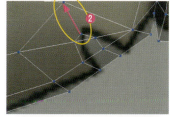 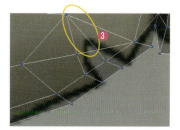

2つのエッジを選択して❹、[面取り]ボタン右のアイコン❺をクリックし、図のように設定します❻。

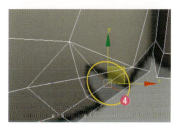 

口をへこませて口の中を作成する

1 図の部分をカットで分割します❶。ここで分割したエッジが、口の中になります。編集サブオブジェクトを[頂点]に切り替え、移動で、奥に持っていきます❷。

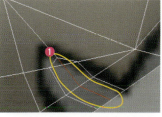 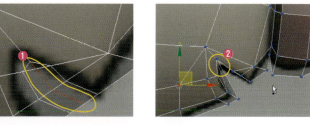

2 編集サブオブジェクトをオフにして、ターボスムーズをオンにすると右のような形になります。

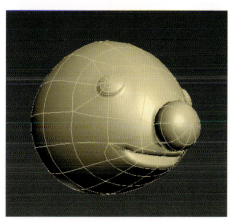

Lesson 09　キャラクターモデリング

Step 11　耳を作る

ベベルで耳を引き出す

1 画面右側の耳は非表示にします。
耳も[編集可能ポリゴン]と[シンメトリ]の間の、[ポリゴンを編集]を使用して編集します。編集サブオブジェクトを[エッジ]に切り替え、耳の付け根の2つのエッジを選択します❶。

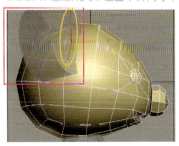

2 2つのエッジの位置がきちんと耳の根元に一致するように、頂点の高さや位置を調整します。

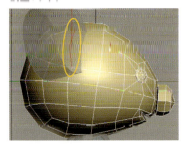

3 耳の根元のエッジを選択し❶、[エッジを編集]→[面取り]をします❷。

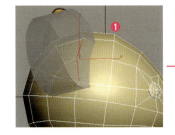 

4 ❶の図のポリゴンを選択し❶、[ポリゴンを編集]の[ベベル]を行います。
1回目の[ベベル]では、耳のくびれを作るため、押し出さないで内側に少し入れます❷。

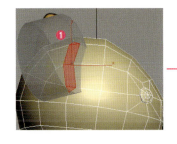 

5 2回目以降は図のように全部合わせて6回[ベベル]を繰り返します❶。
最後にできたポリゴンは集約して1つの頂点にまとめます❷。

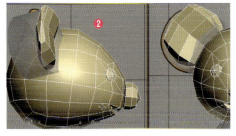

184

9-3 各パーツを詳細にモデリングする

形を整える

1. フロントビューでもとのガイドの絵に近くなるように形を整えます。

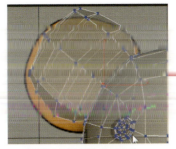
下絵と耳の位置がずれているので……

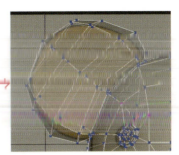
下絵に合わせて頂点の位置を編集します。

2. アタリ用の耳や目、鼻のオブジェクトを選択して、キーボードの [Delete] キーで削除します。

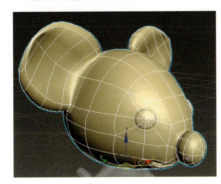

Step 12 仕上げ

オブジェクトの確認

オブジェクトがどのようになっているのか確認します。

シースルーや、フリーズを解除し、名前がわかりやすく付けられているか確認したら、完成です。シーンファイルを別名で保存します。保存先は「3dsMax_Lesson ▶ Lesson09 ▶ 9-3」を指定し、保存ファイル名は「09-3_sample_12_work_01.max」とします。

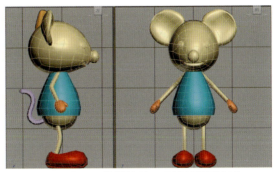
シースルーとフリーズを解除すると、このような状態になります。

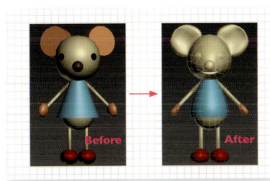

簡単なパーツでバランスを取ってからディテールアップを行うと二度手間に感じるかもしれませんが、ディテールアップ作業時にパーツのバランスを考えずに作業できるので、結果的に作業の効率がよくなります。

185

Lesson 09 キャラクターモデリング

9-4 データを整理する

Lesson9-3まででキャラクターの基本的なモデルが完成しました。
後の工程の質感設定やキャラクターを動かすための構造作り(リギング)に向けて、
必要のないモディファイヤ・ジオメトリを整理します。
整理することで、データをシンプルにし、扱いやすくします。

Step 01 不要なオブジェクトの削除

Lesson09 ▶ 9-4 ▶ 09-4_sample_01.max

ガイドのオブジェクト2点は必要がなくなったので、オブジェクトを選択して[Delete]キーで削除します。その他、ワークスペースエクスプローラで非表示になっているオブジェクトがあれば表示して、必要なオブジェクトか確認し、不要なオブジェクトはシーンから削除します。

Step 02 頭部モディファイヤの整理

頭部のモディファイヤを整理する

1 頭部のオブジェクト[GEO_ch_head]を選択→[修正]タブのモディファイヤリストを選択すると、右図のような状態になっています。モディファイヤはリストの下から上に向かって整理していきます。一番下の[編集可能ポリゴン]は整理する土台になるので、そのままにしておきます。

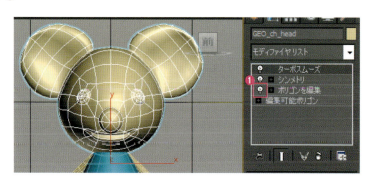

2 [ポリゴンを編集]モディファイヤの内容を、①のランプのアイコン❶をクリックしてオン/オフして、確認します。これは、耳、目、口をモデリングした際のモディファイヤなので、残しておく必要はありません。[ポリゴンを編集]モディファイヤをクリックして選択し、サブオブジェクトの選択が解除されている状態で、右クリック→[集約]を選択します。図のような警告が出ますが、[はい]ボタンをクリックして❷、集約します。

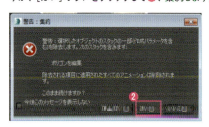

3 [ポリゴンを編集]モディファイヤの編集情報を、最下部の[編集可能ポリゴン]に集約できました❶。
[シンメトリ]モディファイヤは、後の工程でモデルを作成するときに利用しますので、このままにしておきます❷。[シンメトリ]を残したので、その上にある[ターボスムーズ]モディファイヤは集約することができません。

9-4 データを整理する

CHECK! ターボスムーズの集約

ターボスムーズを集約する場合、Isoラインの表示のチェックをオフにしておきます。Isoラインを表示オンにしたまま集約すると、図のように１つで4頂点以上の中心ポリゴンになり、最終的な仕上がりに影響が出てしまいます。

Isoラインを表示オン ／ Isoラインを表示オフ

Step 03 オブジェクトの整理

手オブジェクトを整理する

手のオブジェクトは頂点数が少ないため、ターボスムーズを適用する前と後で、大きく見た目が変わります。他のパーツとのバランスを取るため、ポリゴン数を増やします。
ターボスムーズモディファイヤを右クリック→[集約]して、頂点数を増やした状態に変換します。集約後は[編集可能メッシュ]になるので[編集可能ポリゴン]に変換します。同じく反対側の手も[編集可能ポリゴン]に変換します。

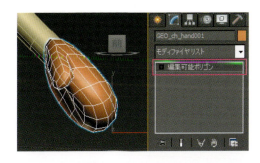

しっぽオブジェクトを整理する

しっぽはカクカクして見えるので❶、すべてのポリゴンを選択し❷、[ポリゴン：スムージンググループ]ロールアウトで[すべてクリア]ボタンをクリックし❸、[1]ボタンをクリックします❹。スムージンググループが統一されると表面が滑らかになります。

 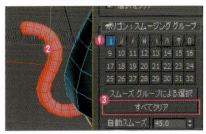

おしりオブジェクトを整理する

手と同様に、おしりのオブジェクトも集約します。ターボスムーズモディファイヤを右クリック→[集約]します。[編集可能メッシュ]を[編集可能ポリゴン]に変換します。

靴オブジェクトを整理する

ターボスムーズモディファイヤの上でFFDで変形させていますので、すべて集約します。まとめて集約する場合は、モディファイヤリスト上で右クリックし、[すべてを集約]を選択します。[編集可能メッシュ]を[編集可能ポリゴン]に変換します。もう片方の靴も同じように集約します。

両腕、両足オブジェクトを整理する

プリミティブのLineの設定から、[レンダリング]の側面＝「8」❶、[補完]のステップ数＝「3」❷、と設定します。両腕、両足のオブジェクトすべてを、[編集可能ポリゴン]に変換します❸。

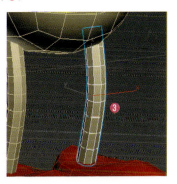

Lesson 09 キャラクターモデリング

腕オブジェクトを整理して、手オブジェクトとまとめる

1 腕オブジェクトを選択して右クリック、クアッドメニューから[変換]→[編集可能ポリゴンに変換]します。[修正]タブ・[編集可能ポリゴン]→サブオブジェクトはポリゴンを選択します。[ジオメトリを編集]から[アタッチ]を選択し❶、手のオブジェクトをクリックします。すると手のオブジェクトが、腕にアタッチされます❷。しっぽと同じように、スムージンググループを[1]に変更します。

2 手は腕のオブジェクトに統合され、同じ色になり、もともとあった手のオブジェクト自体は存在しなくなります。これで、腕と手をまとめることができました。
もう一方の腕も同様にまとめます。

足オブジェクトを整理する

腕と手のオブジェクトをまとめたように、足に靴をアタッチします。
しっぽと同じようにスムージンググループを[1]に変更します。

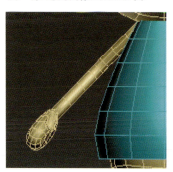

シーンファイルを別名で保存します。
保存先は「3dsMax_Lesson ▶ Lesson09 ▶ 9-4」を指定し、保存ファイル名は「09-4_work_01.max」とします。

Exercise — 練習問題

Lesson09 ▶ Exercise ▶ 09_exercise_01.max

Q データの整理をしてみましょう。
Lesson7で解説した法線の向きを確認し、反転していたら、正しく整えましょう。
オブジェクト名もしっかり確認します。

A

● データの整理のポイント

データのバックアップ
オブジェクトが完成したら、後の修正に備えて完成段階のデータを残しておきましょう。

集約しないモディファイヤ
・形状の微調整をする必要があるもの
・後の工程で使用するもの

プリミティブ・シェイプで作成したオブジェクト
[編集可能ポリゴン]に変換します。

ターボスムーズ、メッシュスムーズモディファイヤ
スムーズモディファイヤをオンにしたときに、輪郭の位置や形状が大きく変わる場合は[集約]します。ターボスムーズ、メッシュスムーズの上にモディファイヤを重ねて、FFDやポリゴン編集などの変形をさせている場合は[集約]します。

ターボスムーズ、メッシュスムーズを[集約]しない場合
スムーズモディファイヤをオンにしたときに、輪郭の位置や形状が大きく変わらず、輪郭が滑らかになる程度の変化の場合は[集約]せずにそのまま残します。

マテリアルと
テクスチャ

An easy-to-understand guide to 3ds Max

Lesson 10

作成したジオメトリオブジェクトに質感を与えます。3ds Maxでは質感のことをマテリアルと呼びます。マテリアルは、そのものが持つ色、光沢、光の影響度、表面の凹凸など、さまざまな項目を設定することができます。また、画像や3ds Maxで生成した模様をテクスチャとして貼り込むこともできます。使いこなせれば表現の幅がぐっと広がります。

Lesson 10 マテリアルとテクスチャ

10-1 光によるものの見え方

モデルに色や質感を与える前に、「現実世界でなぜものが見えるのか」を知ることが必要です。現実世界での考え方は、基本的には3ds Max上でも同じです。光と物体の色の関係を理解すると、効果的な画面作りができるようになります。

現実世界でものが「見える」ということ

ものが見えない状況とはどういう場合か？

光がない真っ暗闇の世界では、何も見ることができません。光が存在しないからです。自ら光っているものがあればそのもの自体が光源となります。光源からの光が周りのものを照らし、物を見ることができるようになります。

光とは？

光とは電磁波の一種です。光は光源から発生し、素粒子が波を描くような動きをしながら私たちの目に届きます。素粒子の揺れの波の長さ（波長）で、その光の色が決まります。人間の目で見ることができる光の色は、虹の色として知られている紫青緑黄橙赤です。

光を混ぜる

太陽の光には色がありませんが、それはさまざまな波長の光が含まれているからです。さまざまな波長の光を合わせていくと、色がなくなって透明な光になります。

ものの色が見えるということ

自ら発光しているものは、その色の波長の光を出しているので、見ることができます。

その他のものは、光源から出た光が当たり、跳ね返って目に届くと「見える」状態になります。当たったものに吸収されずに跳ね返った光の波長がそのものの色になります。太陽光下の赤いボールは、赤い波長の光だけを反射するので赤く見えます。緑の箱は、緑の波長の光だけを反射するので緑色に見えます。白いものは多くの波長の光を反射するので白く、黒いものは多くの波長の光を吸収するので黒く見えるのです。

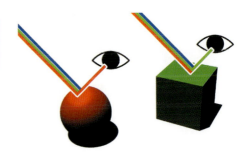

COLUMN

光の三原色と加法混色

青（B）、緑（G）、赤（R）の色の光を、光の三原色と呼びます。図のようにそれぞれの色を組み合わせると、緑みの青（C）、赤紫（M）、黄（Y）になります。すべての色を混ぜると白くなります。加えていくと白くなっていく混色の方法を、加法混色と呼びます。

10-1 光によるものの見え方

Step 01　ものに光を当ててみる

Lesson10 ▶ 10-1 ▶ 10-1_sample_01.max

ライトがあるシーンをレンダリングする

Lesson6・5で作成したデータをレンダリングしたときは、作成したものの色を決めましたが、光に関してのことは特に調整しませんでした。ここではライトを置いて、ものに照明を当てるところからはじめてみましょう。

1 サンプルシーンを開きます。球（赤）とボックス（緑）、地面（白）を配置したシーンです。この時点では、光源（ライト）がないので、真っ暗になるはずですが、ビュー上では見えています。

2 [F9]キーでレンダリングすると、図のような状態でレンダリングされます。光が当たってものを見ることができていますが、ライトの向きや光の色をコントロールすることはできません。

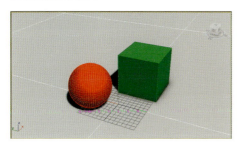 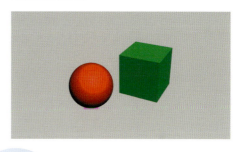

CHECK! 仮想のライト

ライトがないのにレンダリングされる理由は仮想のライトがあるからです。3ds Maxではライトオブジェクトがひとつもない状態だと、目に見えない仮想のライトが有効になり、それに沿ってレンダリングされます。ライトを作成すれば、仮想の光源は無効になります。

ライトを作成する

1 [作成]タブ→[ライト]を選択します。その下のプルダウンメニューで[フォトメトリック]から[標準]に変更します❶。[フリー指向性]を選択します❷。
トップビューからライトを作成し、箱とボールの真上に配置します❸。

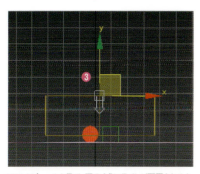

フロントビューから見て、図のようにライトが配置されるように調整します。

CHECK! フォトメトリックライト

フォトメトリックライトは、標準ライトよりも現実世界の照明をより正確にシミュレートできるので、よりリアルな画面作りができますが、そのぶん細かな設定と高度な照明の知識が必要になります。
本書では、おもに標準ライトを使用します。

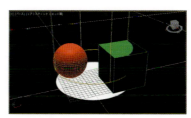

Lesson 10　マテリアルとテクスチャ

Step 02　ライトを調節する

Lesson10 ▶ 10-1 ▶ 10-1_sample_02.max

ライトの影響範囲を設定する

1. サンプルシーンを開きます。ライトを選択した状態で［修正］タブを開くと、図のような［パラメータ］ロールアウトが開かれます。この中の［方向パラメータ］ロールアウトがライトの影響範囲を決めるものです。

2. ［ホットスポット/ビーム］❶は光の影響を完全に受ける範囲を決める数値です。［フォールオフ/フィールド］❷は光が弱くなっていく範囲を設定します。必ず［ホットスポット/ビーム］より大きい数値になります。図のように設定すると、ビュー上でもライトの当たったところの輪郭がぼけているのがわかります❸。

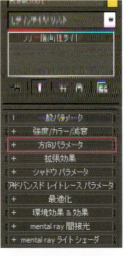
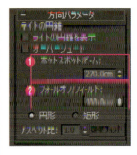

CHECK!　ビューでライトが確認できないとき

パースビューポートのシェーディングビューポートラベルメニューを右クリックし、［ライトとシャドウ］→［シーンライトで照明］にチェックを入れると、作成したライトの結果が確認できるようになります。

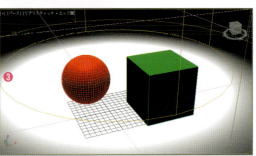

ライトの強さをコントロールする

［強度/カラー/減衰］ロールアウト内の［マルチプライヤ］❶がライトの明るさです。「1.0」で右のボックスの色❷の明るさのライトになります。数値が小さいと暗い光になります。［マルチプライヤ］を「0」にするとオブジェクトは何も見えなくなり、真っ暗な画面になります❸。F9 レンダリングでは完全な黒い画面がレンダリングされます。

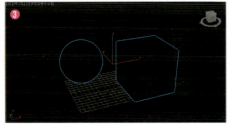

マルチプライヤ＝「0」

マルチプライヤ＝「0.2」

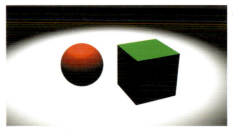

マルチプライヤ＝「1.0」

ライトの色をコントロールする

1 [マルチプライヤ]の右側のボックスをクリックすると❶、[カラーセレクタ]パネルが表示されます❷。右上の数値を赤R＝0、緑G＝0、青B＝255に設定します❸❹。青いライトになります❹。

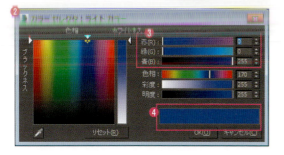

2 [OK]ボタンをクリックして、F9でレンダリングすると、図のようになります。地面は、ライトと同じ色の青になります❶。しかし、ボックスは黒く見えます❷。緑と赤に見える物体は青い光を吸収し、そこに光が当たっていないように見えるのです。

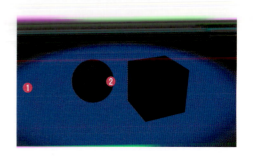

さまざまな色のライトで照明する

ライトの色を変更すると、その色によってオブジェクトの色が変化します。下図は、白い地面、赤い球、緑のボックスのシーンに、さまざまな色のライトを当てています。

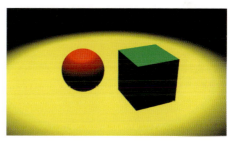

白色（R＝255、G＝255、B＝255）のライトを当てたもの

黄色（R＝255、G＝255、B＝0）のライトを当てたもの。地面は黄色になるが、赤の球と緑のボックスの物体は黄色の光を吸収するので、色が変化しない

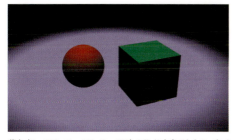

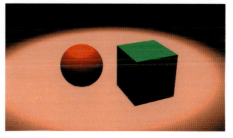

紫色（R＝200、G＝150、B＝255）のライトを当てたもの。すべてのオブジェクトが色の影響を受ける

ピンク色（R＝255、G＝120、B＝120）のライトを当てたもの。すべてのオブジェクトが色の影響を受ける

CHECK! RGBの値と表す色

RGBの値は、数字が大きいほど明るく、数字が小さいほど暗くなります。RとGをどちらも「255」にすると、Step01の光の三原色と加法混色の図の赤と黄色が重なったところの色（黄色）になります。その他の色も加法混色の図をイメージすると、作りやすいでしょう。

Lesson 10　マテリアルとテクスチャ

10-2 ジオメトリオブジェクトに色と質感を与える

3ds Max上では、ものの表面の色質感情報を「マテリアル」と呼びます。これまで設定してきたオブジェクトカラーでは色しか設定できず、光沢も均一になっていました。マテリアルを設定すると、ジオメトリオブジェクトに色や光沢や透明度を与えることができるようになります。

マテリアルエディタを知る

Lesson10 ▶ 10-2 ▶ 10-2_sample_01.max

マテリアルの作成や設定には、マテリアルエディタを使用します。サンプルシーンを開いて、マテリアルエディタを表示させてみましょう。

マテリアルエディタを表示する

マテリアルエディタの表示は、メインツールバーのアイコンをクリックするか、キーボードの M キーを押します。再度同じ操作をすると、マテリアルエディタが非表示になります。

[スレートマテリアルエディタ] パネルを表示する

マテリアルエディタを起動すると、[スレートマテリアルエディタ] という名前のパネルが表示されます。各部の名称を確認しておきましょう。

> **CHECK!** マテリアルエディタの切り替え
> 起動したとき [コンパクトマテリアルエディタ] になっている場合は、メニュー→ [モード] → [スレートマテリアルエディタ] で切り替えることができます。

[スレートマテリアルエディタ] 画面

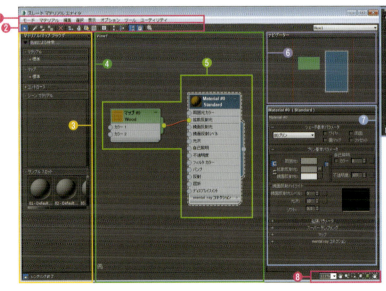

❶ [メニューバー]

❷ [ツールバー]

❸ [マテリアル／マップブラウザ]
オブジェクトに割り当てるマテリアルやマップなどを選択し、ノードを作成します。

❹ [アクティブビュー]

❺ [マテリアルノード]

❻ [ナビゲーター]
ノードの接続状態を確認するためのウィンドウです。自由に始点を移動することができます。

❼ [パラメータ編集]
マテリアルの状態を調整するパラメータです。

❽ [表示ナビゲーション]
アクティブビュー上の表示を任意に変えられるツール群です。

❾ [プレビューウィンドウ]
デフォルトは非表示ですが、マテリアルノードを右クリック→ [プレビューウィンドウを開く] をクリックすることで表示されます。

10-2 ジオメトリオブジェクトに色と質感を与える

COLUMN
コンパクトマテリアルエディタとスレートマテリアルエディタの違い

[コンパクトマテリアルエディタ]は、クラシックなスタイルで長年使用されているものです。[スレートマテリアルエディタ]は新しい機能で、よりわかりやすいインターフェイスを持っています。基本的にはどちらのモードでもほぼ同じ設定をすることができますので、使用者が使いやすいモードを使用します。本書では、スレートマテリアルエディタを基本に解説します。

Step 01 マテリアルを設定する

標準マテリアルを作成する

Lesson10 ▶ 10-2 ▶ 10-2_sample_02.max

サンプルシーンを開きます。スレートマテリアルエディタを表示し、アクティブビュー上で右クリックして[マテリアル]→[標準]を選択します❶。

作成されたマテリアルノード[Material#0]をダブルクリックすると❷、スレートマテリアルエディタの右側の[パラメータ編集]パネルに詳細設定の項目が表示されます❸。

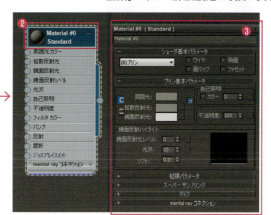

マテリアルの名前と色を設定する

[パラメータ編集]パネルのマテリアルの名前を[Material#0]から、[ball]と変更します❶。
[ブリン基本パラメータ]ロールアウト内の拡散反射光の右のボックスをクリックして❷、色を青系の色に変更します。設定を変更すると、プレビューウィンドウの結果が更新されます❸。

光沢を設定する

鏡面反射ハイライトの[鏡面反射光レベル]の値を変更すると❶、光沢を有効にし、数字を大きくすると光沢が強くなります。[光沢]の値を変更すると❷、光沢の広がる範囲をコントロールできます❸。

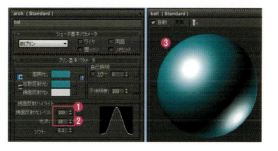

195

Lesson 10　マテリアルとテクスチャ

Step 02　作成したマテリアルを
ジオメトリオブジェクトに割り当てる

マテリアルノードを操作する

ビューで「GEO_ball」オブジェクトを選択し、「ball」マテリアルノードをクリックして選択します。ツールバーの「マテリアルを選択へ割り当て」❶をクリックします。これでマテリアルが割り当てられました❷。

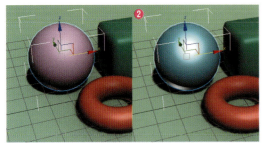

> **CHECK!** オブジェクトカラーは
ものの色に影響しない？
>
> マテリアルを割り当てるまではオブジェクトカラーがそのオブジェクトの色でしたが、マテリアルを割り当てた後は、オブジェクトカラーは基本的にはビューでエッジなどを表示するための色となります。オブジェクトカラーを変更しても、レンダリング結果などには影響を与えません。

COLUMN

マテリアルノード表示でマテリアルの状態を確認する

マテリアルノード表示では、さまざまな状態を確認できるようになっています。マテリアルエディタで状態を確認してみましょう。

マテリアルの使用状況

マテリアルノードの球体の表示部分の四隅のマークは、マテリアルがシーン内で使用されているかどうかを表します。マテリアルの使用状況は、マテリアルを管理するうえでとても重要な情報ですので、常に確認しながら作業を進めるようにしましょう。

シーン内のオブジェクトに割り当てられていない　　選択中のオブジェクトに割り当てられている　　シーン内にある選択されていないオブジェクトに割り当てられている

マテリアルの選択状況

マテリアルノードが選択されている場合、マテリアルノードのマテリアル名の下の色が濃く、周りに白く細い縁取りがあります。クリックすることで選択を切り替えることができます。

マテリアル選択状態　　　　　　　非選択状態

[パラメータ編集] パネルの編集状況

右側の[パラメータ編集]パネルに表示されている場合、マテリアルノードの周りに太い破線が表示されています。ダブルクリックで切り替えることができます。

パラメータ編集：表示　　　　　　パラメータ編集：非表示

10-3 ひとつのジオメトリに複数の質感を与える

ひとつのジオメトリに複数の質感を与える

標準マテリアルを使用して、1つのオブジェクトに1つの色質感を設定しました。Lesson9で作成したキャラクターのように、頭部と鼻や耳が一体化している場合があります。ここでは、[マルチ/サブオブジェクト] マテリアルを使用して、1つのオブジェクトの一部の質感を変更する方法について説明します。

色分けを計画する

キャラクターモデルの色や質感の違いでパーツを分け、それぞれにID番号を付けます。今回のキャラクターは図のようにします。

ID1：肌 (chara_skin)　　ID4：目 (chara_eye)　　ID7：靴 (chara_shoes)
ID2：耳しっぽ手 (chara_skinB)　ID5：口の中 (chara_mouth)
ID3：鼻 (chara_nose)　　ID6：服 (chara_cloth)

Step 01　標準以外のさまざまなマテリアルを設定する

Lesson10 ▶ 10-3 ▶ 10-3_sample_01.max

マテリアルには、Lesson9で使用した標準マテリアル以外にも、さまざまなマテリアルがあります。

[マルチ/サブオブジェクト] マテリアルを作成する

1. サンプルシーンを開きます。マテリアルエディタの左側の [マテリアル/マップブラウザ] ❶の [マテリアル] ❷→ [標準] ロールアウト❸の中にあるのが、マテリアルの一覧❹です。マテリアルの一覧の中から、使用するマテリアルを選択します。

2. マテリアルエディタで、[マテリアル/マップブラウザ] 内の [マルチ/サブオブジェクト] を選択します❶。[マルチ/サブオブジェクト] は、複数のマテリアルを管理するための入れ物のようなマテリアルです。
アクティブビューにドラッグ&ドロップします。図❷のようなマテリアルが作成されます。マテリアルノードをダブルクリックしてパラメータを開き、マテリアル名は [charactor] としておきましょう❸。[マルチ/サブオブジェクト] 自体には色や質感を設定する項目はありません。

197

サブマテリアル数を設定する

パネル左上の［数を設定］ボタンで、サブマテリアル数（＝使用する色質感の総数）を決めることができます。［数を設定］ボタンをクリックし❶、はじめにリスト化した色質感の数（7）を設定します❷。

CHECK! サブマテリアルの追加と削除

サブマテリアルの数が足りないとき、多すぎたときは、［数を設定］ボタンの横の［追加］［削除］ボタンでも調整することができます。

Step 02　マルチ／サブオブジェクトとサブマテリアルをつなぐ

サブマテリアル用の標準マテリアルを作成する

標準マテリアルを作成し❶、名前をはじめに決めた名前［chara_skin］とします❷。肌の色を拡散反射光のボックスで指定します❸。

マテリアルノードの入力ソケットと出力ソケット

マテリアルノードパネルの左右に、丸いアイコンが表示されています。この丸いアイコンをソケットと呼びます。パネル左側の項目ごとのソケットは、その項目に別のマテリアルなどの情報をつなぐための［入力ソケット］❶です。右側のソケットは、このマテリアルを別のマテリアルに受け渡すための［出力ソケット］❷です。

図のようにマテリアルノードの出力ソケットと入力ソケットを繋いで使用します❸。

❶入力ソケット
❷出力ソケット

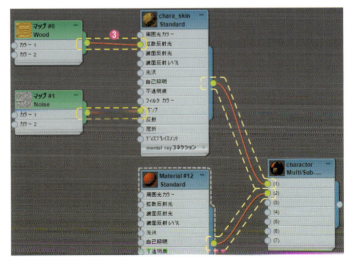

標準マテリアルとマルチ/サブオブジェクトを繋ぐ

標準マテリアルノードの出力ソケットをドラッグします。すると、赤いラインが表示されます❶。ポップアップしたマルチ/サブオブジェクトノードの(1)の左側の入力ソケット❷に重ねて、ソケットが黄緑色になったらマウスボタンを離します。2つのノードのソケットが赤い線でつながります❸。
[パラメータ編集]パネルでマルチ/サブオブジェクトを見てみると、ID「1」のサブマテリアルに[chara_skin]マテリアルが表示されています❹。

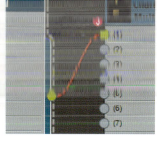

ID横の「名前」を付ける

ID番号右の「名前」の部分には、サブマテリアル名の後ろの文字（skin）を付けておきます。こうしておくと、この後の工程で役立ちます。

残り6つのマテリアルをマルチ/サブオブジェクトに設定する

同じ手順で残りの6つのマテリアルを作成します❶。名前はP.197のものに従って付けています。作成したら、マルチ/サブオブジェクトのソケットにつなぎます❷。

> **CHECK！ ノードの並びを整える**
>
> 入力ソケットをドラッグして、どのソケットにもつながっていない状態で、マウスボタンを離すと切断できます。
> ノードの並びを整えたい場合は、[すべてをレイアウト]をクリックします。親ノード（この場合はマルチ/サブオブジェクト）の位置をそのままにしたい場合は、マルチ/サブオブジェクトノードを選択した状態で[子をレイアウト]をクリックします。図のようにきれいにノードが並びます。
>
>
>
>
> ❶すべてをレイアウト
> ❷子をレイアウト

Lesson 10 マテリアルとテクスチャ

Step 03　マルチサブオブジェクトを割り当てる

マテリアルをマルチサブジェクトに割り当てる

キャラクターの頭部以外のオブジェクトをすべて選択します。スレートマテリアルエディタで、マルチ／サブオブジェクトノードを選択した状態で、マテリアルを選択したオブジェクトへ割り当てます。
図のように、おかしな色分けのキャラクターになります。これは、プリミティブを作成するときに、ある程度自動的にIDが設定されていて、そのIDに従って色付けされているからです。

Step 04　頭部以外のオブジェクトのポリゴンIDを変更する

右足全体のポリゴンをID「1」に変更する

右足を選択し、[修正]タブ→[編集可能ポリゴン]で、サブオブジェクトを選択します❶。
足のすべてのポリゴンを選択するため[Ctrl]+[A]キーを押します。
いったんすべて足の色（肌=ID「1」）にするため、[ポリゴン:マテリアルID]ロールアウトを開き、[IDを設定]の入力ボックスで「1」と入力します❷。下の白いボックスに[skin-(1)]と表示され❸、右足のポリゴンがいったんすべてID「1」に設定されました。

> **CHECK!** IDに名前を付ける
>
> Step02でIDの右横に名前を設定しましたが、設定しないとすべてが[名前がありません]となります。わかりやすくするために名前を付けておくとよいでしょう。

靴部分のポリゴンIDを「7」に変更する

靴の部分のみを選択します。[IDを設定]の入力ボックスにすでに「1」と入力されていますが、「7」と入力し直します❶。下の白いボックスに[shoes-(7)]と表示されます❷。

> **CHECK!** スピナーでIDを変更
>
> IDは数字の右側のスピナーで変更できます。

200

10-3 ひとつのジオメトリに複数の質感を与える

COLUMN

ポリゴンIDの確認方法

IDが正しく設定されているか確認します。「[skin-(1)]と表示されている小さい▼」をクリックします。表示されるプルダウンメニューには、そのオブジェクトに設定されているIDがリストアップされます❷。リストでIDを選択すると、そのIDが設定されたポリゴンがビュー上で選択された状態になります。また、[IDを選択]ボタン❸でIDを指定すると、そのIDが設定されたポリゴンを選択することができます。切り替えて確認してみましょう。

頭部以外のオブジェクトのIDを変更する

P.197の色分けに沿って、同じ手順で、頭部以外のオブジェクトのIDを右のように変更します。

Step 05 頭部のオブジェクトのポリゴンIDを変更する

頭部のみを表示させる

1. 頭部のオブジェクトを選択し、分離ツールアイコンをクリックします。

2. 頭部のみが表示されます。

3. スレートマテリアルエディタで、マテリアルを選択した頭部のオブジェクトへ割り当てます。

CHECK! 選択オブジェクトのみを表示する分離ツール

分離ツールは、一時的に選択したオブジェクトだけを画面に表示させるためのツールです。たくさんのオブジェクトがあるシーンで、一部分を編集するときに使用します。分離ツールを使用した後は、必ず分離ツールアイコンをオフにするように心がけましょう。

Lesson 10 マテリアルとテクスチャ

耳の一部のポリゴンを選択する

1. ポリゴン編集で、いったんすべて肌の色（肌＝ID「1」）に変更します。サブオブジェクト選択をポリゴンにして、図の部分にたる耳のポリゴンを選択します❶。

2. [Shift]キーを押しながら、❶の図❷のポリゴンを選択すると、頂点選択時の［ループ選択］のように選択することができます❸。

耳のポリゴンを選択しIDを変更する

1. ［グロー選択］ボタンを何度かクリックして、耳の根元まで選択します。

2. 選択できたら［IDを設定］でIDを「2」に変更します。

鼻と目のIDを設定する

同じような選択方法で、鼻と目のポリゴンもそれぞれIDを設定します。

1. 鼻は、[Shift]キーを押しながら隣り合ったポリゴンをクリックしループ選択します。［グロー選択］を使って鼻のポリゴンをすべて選択し、IDを「3」に変更します。

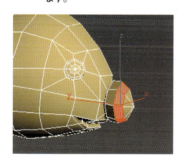

2. サブオブジェクト選択を頂点にして、図の部分にあたる目の中心の頂点を選択します❶。[Ctrl]キーを押しながら、サブオブジェクトを［ポリゴン］に切り替えます❷。［グロー選択］で目のポリゴンをすべて選択し❸、IDを「4」に変更します❹。

口の中のIDを設定する

パースビューで回転させながら、口の中の6枚のポリゴンを選択します。少しずつ回転させて、中が見える角度を探しましょう❶。選択できたら、口のID（5）に設定すると図のようになります❷。

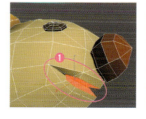

10-3 ひとつのジオメトリに複数の質感を与える

Step 06 頭部のターボスムーズの設定を調整する

色を付けると分かりますが、目の色が目の凹凸より外側にはみ出して見えているので、ターボスムーズの設定を修正します。

目のはみ出しを修正する

1. 図ではわかりにくいですが、ターボスムーズをかけたとき、目の色が目の形状の出っ張った部分よりもはみ出て見えています❶。これを修正するために、ターボスムーズの設定の中の[サーフェースパラメータ]のマテリアルのチェックを入れます❷。

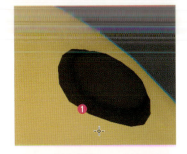

2. 図のように、マテリアルの境目では、スムーズがかからないようになりましたが、目の周りにシワのようなものが見えています。このシワは、目の曲線に目の周りの皮膚がひっぱられてできるものです。

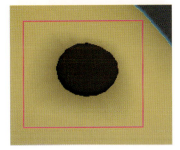

3. 黒目を顔からいったん切り離して、シワができないように調整します。目のポリゴンを選択します。

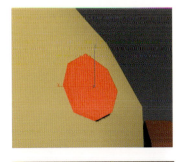

4. [ジオメトリを編集]ロールアウト内[デタッチ]ボタン❶をクリックします。
[要素にデタッチ]をオンにして❷、[OK]ボタンをクリックします❸。

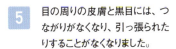

5. 目の周りの皮膚と黒目には、つながりがなくなり、引っ張られたりすることがなくなりました。

6. 分離ツールアイコンをオフにして、すべてのオブジェクトを表示させます。これで完成です。別名でシーンファイルを保存しておきましょう。

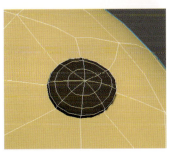

Lesson 10 マテリアルとテクスチャ

10-4 テクスチャマッピングを使用したマテリアルを作成する

テクスチャマッピングを使用することで、シャツの柄、内容が印刷された紙、ざらっとした質感など、マテリアルの色や質感設定だけではできなかった表現ができるようになります。テクスチャマッピングには大きく分けて、ビットマップ、2Dマップ、3Dマップという貼り方があります。ここでは3Dマップを使用して、実際にジオメトリに画像を貼り込みます。

テクスチャマッピング（texture mapping）とは

テクスチャマッピングを使用すると、テクスチャが壁紙のように貼り付けられます。貼り付けられるものは、画像ファイルや、計算で生成される複雑な模様です。テクスチャマッピングのないジオメトリと比べて、大きく質感を向上させることができます。また、表面の質感を作成するためだけでなく、ジオメトリを疑似的にでこぼこした質感にしたりするためにも使用することができます。

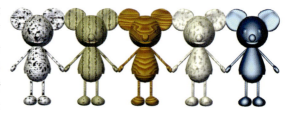

さまざまなテクスチャマッピングを設定したオブジェクト

テクスチャマッピングの利点

ポリゴン数を増やすことなく貼り付けられる

球体の一部に印刷されたような模様を作成する場合、モデリングで作成すると単純な球体よりも細かくポリゴンを分割する必要があります。また、模様の調整をするたびにポリゴンを編集し直さなくてはなりません。テクスチャマッピングで画像を貼り付けると、ポリゴン数を増加させることなく、模様を貼り付けることができ、模様の変更は画像を置き換えるだけで可能です。

少ないポリゴン数ででこぼこを表現できる

規則的なでこぼこがある形状をモデリングする場合、多くのポリゴンを必要とします。少ないポリゴンで再現するためにバンプマップ機能を使用します。1ポリゴンのジオメトリでも、マテリアルのバンプマップパラメータにテクスチャマッピングを使用すると、テクスチャの明度差でそこにでこぼこがあるかのようにレンダリングされます。ただし、疑似的な立体なので、斜めから見ると厚みがないのがわかってしまいます。

ジオメトリで模様を作成する場合　テクスチャで模様を作成する場合

ジオメトリで模様を作成する場合　テクスチャで模様を作成する場合

テクスチャマッピングの種類

2Dマップは、テクスチャマッピングの一種で、使用すると、自動で生成される二次元的な模様をジオメトリの表面に貼り付けることができます。図では立方体のそれぞれの面の向きから2Dマップを貼り付けています。

 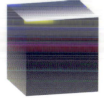 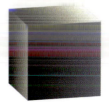  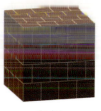

チェック　　グラデーション　　グラデーションランプ　　旋回　　タイル

COLUMN

手続き型マップの作成方法

2Dマップの多くは手続き型とよばれる、手順を追って設定していく方法で作成します。[タイル]マップを使用したレンガのマテリアル❶は、[タイル]マップ❷を作成し、[パラメータ編集]内[標準コントロール]❸でレンガの積み方、レンガの色、目地の色、などを図のように設定します。[タイル]マップの出力ノードと標準マテリアルの[拡散反射光]入力ノードを繋ぐ❹とレンガのようなマテリアルが作成できます。

ビットマップ

ビットマップは2Dマップの一種です。ビットマップを使用すると、用意した静止画像や写真などをジオメトリの表面に貼り付けることができます。ビットマップは、布の模様、印刷された紙、看板など、多くの場面で使用する重要な機能です。図では、床の板に写真、紙は描いた絵をビットマップで貼り込んでいます。

> **CHECK!** 特別な2Dマップ
>
> 2Dマップの中で、手続き式ではない特別なマッピングが[ビットマップ]です。

3Dマップ

3Dマップを使用すると、計算で生成される3次元的な模様をマテリアルに貼り付けることができます。木目を作ったり、大理石を作ったり、汚れたような質感を作成するのに有効なテクスチャマッピングです。

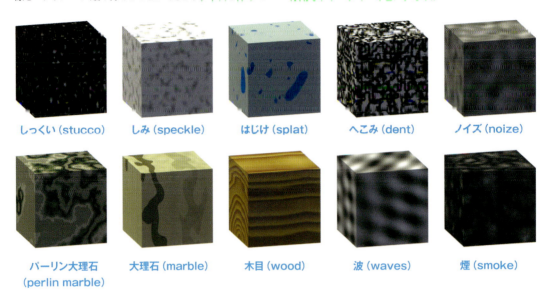

3Dマップの特徴

2Dマップと同じように見えますが、円柱に細胞（cellular）という3Dマップを適用すると、実際にこういう模様を持った石を切ったときのように、側面と断面の角の部分の模様が自然につながっているのがわかります。これが3Dマップの特徴です。2Dマップであるタイルはつながっていないのがわかります。

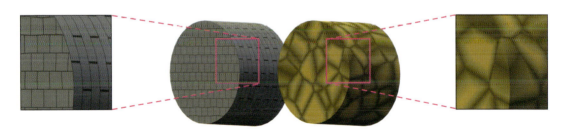

10-4 テクスチャマッピングを使用したマテリアルを作成する

画像を貼り込む準備をする

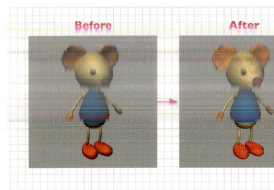

サンプルシーンを開きます。自分の作成したデータを使いたい場合は、Lesson10 フォルダの内容設定を行っていないシーンを開きます。ライトが設定されている場合は [Delete] キーで削除し、[レンダリング]→環境で、背景色を明るめのグレーにしておきます。[レンダリング]→[レンダリング設定] で、出力サイズを幅「1080」、高さ「1080」に変更します。

📥 Lesson10 ▶ 10-4 ▶ 10-4_sample_01.max

Step 01 別シーンからライトを合成する

ライトが設定されたシーンを確認する

画像を貼り込んだり、質感を詳細に設定したりする場合は、照明効果が重要になります。ここでは、あらかじめ用意してある3灯のライトが設置してある「シーンファイルから、ライトのみを読み込んで使用します。

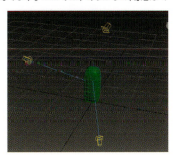

CHECK! 基本のライティング

メインライト、フィルライト、バックライトという3つのライトで構成される一般的なライティングです。メインライトがキャラの左上から、フィルライトはメインライトでできた影を消すような角度、バックライトは後ろから照らします。

ライトを合成する

1 アプリケーションアイコン→[読み込み]❶→[合成]❷を選択します。[ファイルを合成] パネルから「10-4_sample_01_light.max」を選択し、[開く] を選択します。

2 [合成] パネル左側のリスト❶には、読み込み元のシーンに存在するすべてのオブジェクト名が表示されています。[リストタイプ]の[なし]ボタン❷をクリックすると、左側のリストにはなにも表示されなくなります。
[リストタイプ]の[ライト]のチェックをオン❸にすると、ライトオブジェクトのみが表示されます。❹の[すべて]ボタンをクリックすると、リストに表示されているオブジェクトがすべて選択されます。[OK]ボタンをクリックすると❺、現在のシーンに選択したライトだけが合成されます。

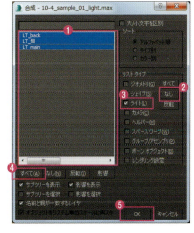

Lesson 10 マテリアルとテクスチャ

3 背景色は、グレー（128、128、128）に変更します。
[F9]レンダリングを行います。ライトの設定によって、レンダリングに少し時間がかかります。確認が終わったら、ライトはワークスペースシーンエクスプローラで、フリーズ、非表示にしておきます。

Step 02 木目のマップを作成、調整する

［木目］のマップを作成する

スレートマテリアルエディタで、木目のマップを作成します❶。あらかじめキャラクターに設定されている［character］マテリアルのID1［chara_skin］の拡散反射光の入力ソケットにつなぎます❷。

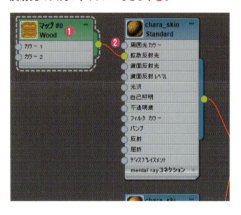

> **CHECK!** アクティブビューにマテリアルがない場合
>
> スレートマテリアルエディタのアクティブビューに、キャラに割り当てられているマテリアルがない場合は、［マテリアルをオブジェクトから選択］ボタンを選択後、ビュー上でキャラクターのジオメトリをクリックすることで、アクティブビュー上に表示されます。
>
>

木目のマップをビュー上に表示させて木目を調整する

1 スレートマテリアルエディタで［chara_skin］を選択して、図のアイコンをクリックすると、マップをビュー上に表示させることができます。

2 レンダリング結果を確認しながら木目の数値や色を調整して、以下のように設定すると❶、右図のように仕上がります❷。

※ビュー上の結果とレンダリング結果は異なります。

> **CHECK!** ビューの見え方とレンダリング結果が異なる？
>
> ビューの表示はレンダリングした結果そのままではありませんので、おおまかな目安にしかなりません。また、表示させるノードによって、表示の結果が変わるので、ノードを選択してオン、オフをし、必要な表示に切り替える必要があります。

合成を使用して木目の濃さを調整する

1 木目の模様が濃すぎるため、薄くする調整を行っていきます。マテリアルマップブラウザの[マップ]の一覧から[合成]を選択し、マテリアルノードにドラッグします。マップの一覧でなく、マテリアルの一覧の中にも[合成]がありますが、違うものなので注意しましょう。

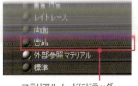

2 [パラメータ編集]パネルで、図のアイコンをクリックし❶、合計レイヤ数を「2」にします❷。

3 マテリアルノードを図のように繋ぎ替えます。この段階では、レンダリング結果には変化がありません。

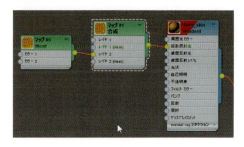

4 [chara_skin]の[パラメータ編集]パネルで、拡散反射光のカラーを右クリックして❶、[コピー]をクリックします❷。

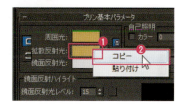

5 [合成]マップのパラメータ編集パネルで下側の[レイヤ1]のカラーバーアイコンをクリックします。

6 自動的に[カラー補正]マップが設定され、[パラメータ編集]パネルが開きます。[基本パラメータ]ロールアウトのカラーの部分で右クリックして❶、コピーした肌の色を貼り付けます❷。

7 [合成]マップは図のようになります。木目が貼られているレイヤ2の[不透明度]を「40%」に変更します。

8 模様の色が弱まり、柔らかい印象になりました。

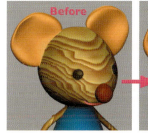

COLUMN

[合成]マップの使い方

[合成]マップを使用すると、複数の画像や模様を組み合わせてジオメトリに貼り付けていくことが可能です。レイヤは不透明度、合成方法、マスク画像を使った切り抜きなど、さまざまな使い方ができます。ただし、多くのテクスチャを重ねていくと、表示が遅くなったりすることがあるので、注意しましょう。

step 03 耳と足のマテリアルを作成する

肌の設定を複製して耳と足のマテリアルを作成する

1. [chara_skin]の3つのマップを選択します❶。Shiftキーを押しながらドラッグすると、マップがコピーされます❷。

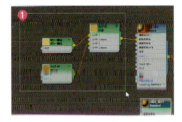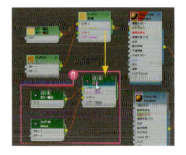

2. P.209の❹と同じ手順で、[chara_skinB]の拡散反射光をコピーし、[合成]マップのレイヤ1の[カラー補正]❶に貼り付けます。複製したノードと耳のマテリアルノード[chara_skinB]を、図のように繋ぎます❷。耳の部分に顔と同じ木目が貼り込まれます❸。

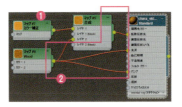

3. [バンプ]マップのでこぼこが大きすぎるので、[chara_skinB]の[マップ]ロールアウトの[バンプ]の数値を「10」にします❶。これででこぼこを抑えることができました❷。

足の質感を作成する

足は、へこみ(Dent)マップを使用して、ぼそぼそとした質感に調整します。バンプの入力ソケットに接続してでこぼこさせ❶、サイズの調整ができたら❸、光沢の入力ソケットにも接続します❷。これで、上半身の青いパーツ以外にマップを使った質感付けができました❹。

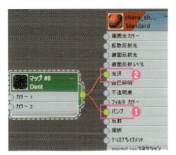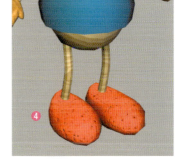

上記のように設定して調整します。

10-5 ジオメトリに画像を貼り込む

ジオメトリに画像を貼り込む

ビットマップを使用して、ジオメトリに画像を貼り込む手順を習得しよう。
ジオメトリのUVW座標を使って、キャラクターモデルのTシャツに画像を貼り付けて
柄のある服を作成します。また、新しいUVWマップを作成し、
マスク画像を使ってロゴマークの画像の一部だけを合成します。

Step 01 UVW座標を使用して画像を貼り込む

UVW座標はジオメトリに画像を貼り付けるとき、どのように貼るかを座標で表したものです。ジオメトリに画像を貼るためにはUVW座標が必ず必要になります。

サイコロのオブジェクトに、UVW座標を作成して各面に別の模様を貼り込みます。

Lesson10 ▶ 10-5 ▶ 10-5_sample_01.max

ボックスを作成する

サンプルシーンを開くか、プリミティブを使用してボックスを作成します。Boxモディファイヤは、編集可能ポリゴンに変換しておきます。
オブジェクト名は[GEO_dice]とします。

プリミティブ：ボックス、設定：長さ50cm、幅50cm、高さ50cm 長さ・幅・高さセグメント1

ビットマップを使用したマテリアルを作成する

1 スレートマテリアルエディタを開きます。標準マテリアルを作成し、[dice]と名前を付けます❶。エディタ左側の[マップ]ロールアウトから[ビットマップ]をドラッグします❷。画像を選択するウィンドウでは、[map_dice_4.png]を選択して[OK]ボタンをクリックします。ビットマップノードの出力ソケットと標準マテリアルの拡散反射光をつなぎます❸。

Lesson 10　マテリアルとテクスチャ

CHECK! ビットマップパラメータの設定

ビットマップのパラメータは作成時のままで使用しますが、[パラメータ編集]パネルの[座標]ロールアウトで[テクスチャ]、[明示的マップチャンネル]、[マップチャネル「1」]が選択されているか確認しましょう。

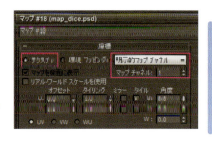

2　作成したマテリアルを[GEO_dice]に割り当てます。6面すべてに同じ画像が貼られます❶。
ビュー上に4の目が表示されない場合は、[シェーディングマテリアルをビューポート上に表示させる]ボタンをクリックします❷。

[GEO_dice]はこの状態になります。

サイコロのUVW座標を確認する

1　モディファイヤリストから[UVWアンラップ]を選択し、適用します❶。サイコロのモディファイヤに追加された[UVWアンラップ]をクリックします❷。

2　[UVを編集]ロールアウトの[UVエディタを開く]をクリックします。

3　図のような[UVWを編集]パネルが現れます❶。このチェック地の正方形の画面が、ジオメトリのUVW座標を表しています❷。UVW座標は形状を作成した時点で設定されています。

[UVWを編集]パネルに貼り込む画像を表示させる

1　パネル右上のプルダウンリストから「マップ＃(map_dice_4.png)」を選択します。

2　チェック柄だった部分に4の目の画像が表示されます。

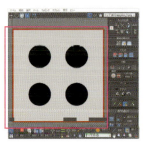

10-5 ジオメトリに画像を貼り込む

UVW座標による画像の貼られ方を確認する

1 ［UVWアンラップ］モディファイヤの「選択」ロールアウトの［ポリゴン］アイコンをクリックします。

2 図のようにポリゴンをクリックして選択すると❶、［UVWを編集］パネルにも選択された範囲が赤く表示されます❷。

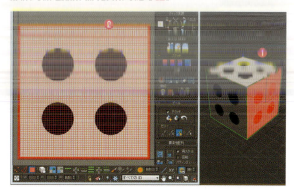

ポリゴンを移動させてUVW座標を編集する

［UVWを編集］パネルのチェックの画面上でマウスをクリックしたままドラッグすると、赤い選択部分を動かすことができます❶。このとき、ビュー上のサイコロに貼られている画像が変化するのを確認できます。はみだした部分はタイル状に繰り返した画像が表示されます❷。

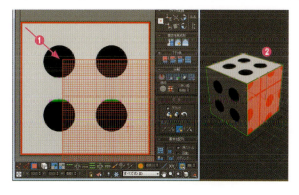

CHECK! ポリゴンごとにUVW位置を調整する

サイコロのどの面のポリゴンを選択しても、［UVWを編集］パネルの表示は変わりません。すべての面が同じ場所に重なって表示されているからです。別のポリゴンも選択して動かしてみましょう。動かしてみると、すべてのポリゴンが同じ位置に重なっていたことがわかります。

一般的なサイコロの画像に置き換える

一度［UVWを編集］パネルを閉じてスレートマテリアルエディタを開き、ビットマップの［パラメータ編集］パネル→［ビットマップパラメータ］の画像ファイル名のボックスをクリックします❶。置き換える画像「map_dice_tenkai.png」を選択します。図のようにすべての面にサイコロの展開図が貼られます❷。

213

Lesson 10 マテリアルとテクスチャ

[UVWを編集] パネルに6面のサイコロ画像を表示させる

[UVWを編集]パネルの画像が4の面のままになっている場合は表示が更新されていないので、展開図の画像を選択し直します❶。

6面サイコロの展開図は、画像が正方形ではないため、[UVWを編集]パネルの画像も縦が短くなっているのがわかります❷。

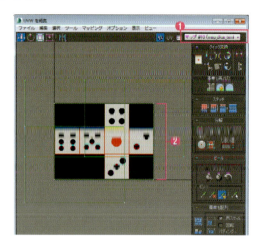

Step 02 UVW座標を編集する

画像に合わせてUVW座標を編集する

1 [UVWを編集]パネル左上のツールを使用すると、移動❶、回転❷、拡大❸、フリーフォーム❹を切り替えることができます。

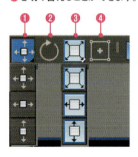

2 ビュー上でサイコロの上面のポリゴンを選択し、1の目が貼られるように、位置を調整し、フリーフォームで角を合わせます❺。サイコロ上面に赤い丸と、ふちの赤い線が貼り込まれるように調整しましょう❻。

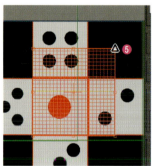
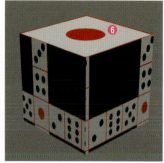

上面のポリゴンのUVW位置を調整すると、図のように正しく1の目が貼り込まれます。

3 実際のサイコロの目の配置どおりにすべての面を調整します。レンダリングして、すべての面に画像が貼れていれば、サイコロのUVW座標の調整は終了です。完成したシーンは保存しておきましょう。

COLUMN

マルチ／サブオブジェクトとUVWを使った貼り込みの使い分け

サイコロは、画像を1～6までの6枚を用意して、IDを分け、マルチ/サブオブジェクトマテリアルを使用すると、UVW座標を使用しなくても作成することができます。

UVW座標を使用すると、1枚の画像、ひとつのマテリアルで管理できるメリットがあります。

10-6 キャラクターモデルに画像を貼り込む

UVW座標とビットマップを使って、キャラクターモデルの上半身に画像を貼り付けて、柄のある服を作成します。また、新しいUVWマップを作成し、マスク画像を使ってロゴマークの画像の一部だけを合成します。

キャラクターの上半身に模様を貼り付ける

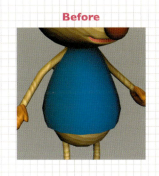
Before

After

サンプルシーンを開きます。自分の作成したデータを使いたい場合は、Lesson 10-4で、質感設定をしたキャラクターのシーンを開きます。キャラクターに青と緑のストライプ模様にロゴを入れた洋服を着せます。ステップを踏んでトライしてください。

⬇ Lesson10 ▶ 10-6 ▶ 10-6_sample_01.max

Step 01 画像を円柱状に貼り付ける

規定のUVWマップを確認する

分離ツールで、[GEO_ch_body]だけが表示されるようにします。体のパーツ[GEO_ch_body]は円柱プリミティブを変形させて作ったので、円柱状に画像がきれいに貼られるようにUVが設定されています❶。
[修正]タブ→[UVWアンラップ]を適用して、どのようなUVW座標が設定されているか確認しましょう❷。

❶

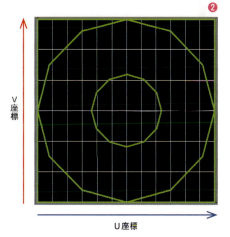
❷
V座標 / U座標

CHECK! UVW座標の見方

UVW座標の縦がV座標、横がU座標ということを覚えておきましょう。

Lesson 10　マテリアルとテクスチャ

UVW座標をもとに画像を貼り付ける

1. スレートマテリアルエディタで、ビットマップノードを作成します。貼り込む画像は「3dsMax Lesson ▶ map」上にある「map_stripe.png」を選択します。[chara_cloth]ノードの拡散反射光の入力ノードに繋ぎます。

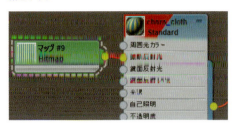

2. [chara_cloth]ノードを選択して、ビューにテクスチャを表示します。図のように縦のストライプ模様が貼られました。

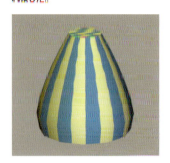

タテジマの数を増やす

1. タテに入ったシマの数を増やすには、ビットマップノードのパラメータでU座標（横）のタイリング数を増やします。図のように「2.0」に変更します。

2. U座標に対して、画像を2回繰り返した状態で貼り込まれます。

Step 02　正面方向から画像を貼り付ける

［UVWマップ］モディファイヤの適用

1. ロゴマーク画像❶を体に貼り付ける準備をします。モディファイヤリストから［UVWマップ］を選択します❷。

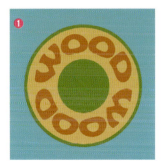

2. ［UVWマップ］を使うと、［UVWアンラップ］よりも直感的にUVW座標を編集することができます。平面的にロゴを貼り込むので、［パラメータ］ロールアウト内の［マッピング］で［平面］を選択します。

10-6　キャラクターモデルに画像を貼り込む

3　マップチャネルを「2」に変更します。こうすることで、ストライプ模様を貼ったUVW座標（マップチャネル「1」）はそのまま残して、新しいUVW座標を設定することが可能になります。

4　新しくビットマップノードを作成し、[map_logo.png]画像を読み込みます。ストライプ模様のビットマップノードを繋いでいたところに繋ぎ替えます。

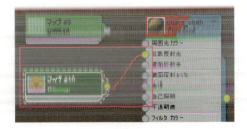

5　ビットマップパラメータは、[テクスチャ]にチェックを入れ❶、マッピングは、[明示的マップチャネル]を選択します❷。マップチャネルは「2」とします。

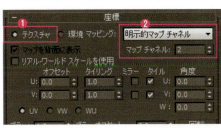

6　設定が済んだら F9 キーを押して、レンダリングしましょう。

7　[UVWマップ]を選択すると、ビューにギズモが表示され、どのようにUVW座標が設定されているのかがわかります❶。この場合は、オレンジ色の平面のギズモの向きから（上から）画像を貼ったようなUVW座標が設定されています❷。

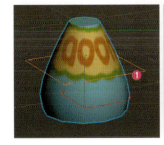

UVWマップを調整してロゴを貼り込む

1　体の正面から貼り込むために、[位置合わせ]の[Y]にチェックを入れ❶、[フィット]ボタンをクリックします❷。図のようにギズモの向きと大きさが変わります❸。 F9 レンダリングすると、❹のようになります。

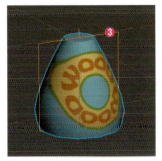

Lesson 10　マテリアルとテクスチャ

2 ロゴマークが横に伸びた状態で貼られているので、貼られる範囲をもう少し狭く設定します。ギズモのサイズは、パラメータの長さと幅で設定します。
ここでは、長さと幅を「2.0cm」に設定します❶。
F9 レンダリングすると、❷のようになります。

貼り込み位置の調整

ギズモの位置を調整すると、ロゴが貼り込まれる位置を調整することができます。

繰り返しパターンを表示させない

1 レンダリング結果を見ると、ロゴマークの上下左右に繰り返しのロゴが表示されているので、中央のロゴだけ表示するように調整していきます。ビットマップの［パラメータ設定］パネルで、タイルのチェックをオフにします。

2 レンダリングすると図のようになります❶。これで、ロゴを貼る準備ができました。ただし、今の状態では、後ろ側にもロゴが貼られています❷。

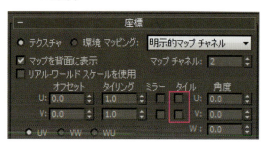

UVWマップを集約する

［UVWマップ］モディファイヤを選択して、右クリック→［集約］を選択することでマップチャネル2の情報を、編集可能ポリゴンにまとめることができます。ギズモを使った微調整はできなくなります。

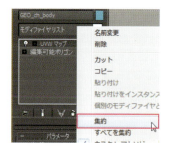

10-6 キャラクターモデルに画像を貼り込む

Step 03　前面のみにロゴを貼り込む

現状では、後ろ側にも前面と同じマークが貼られているので、前だけに貼られるように調整します。

UVWアンラップモディファイヤを適用する

1　[UVWアンラップ]モディファイヤを適用します。編集する[マップチャネル]は2なので、数値を「2」に変更します。

2　「チャネル変更警告」パネルが現れるので、[破棄]ボタンをクリックします。

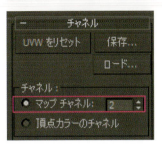
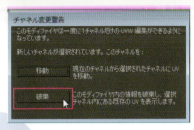

CHECK!　チャネルの[移動]と[破棄]の違い

チャネル1の編集を破棄して、チャネル2の編集をはじめるための手順です。[移動]を選択すると、チャネル1の内容が、そのままチャネル2にコピーされてしまいます。

裏面に画像を貼り込まないようにUVW座標を調整する

1　[UVWアンラップ]の[選択]ロールアウトで、ポリゴン選択をオンにします❶。選択方法の[背面を無視]をクリックして、オフにします❷。

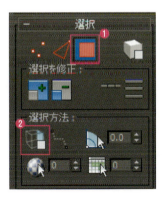

2　ビューの上で前面のポリゴンのみを選択します❶。[Ctrl]+[I]キーを押すと、選択が反転し、ロゴを貼らないポリゴンだけが選択されます❷。

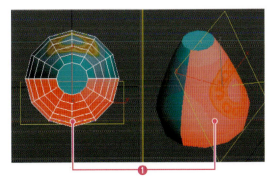
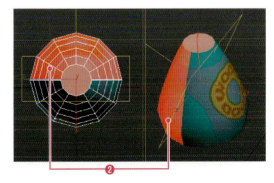

Lesson 10　マテリアルとテクスチャ

3　[UVエディタを開く]で[UVWを編集]パネルを開きます❶。[分解]ロールアウト内の[ブレーク]ボタンをクリックします❷。

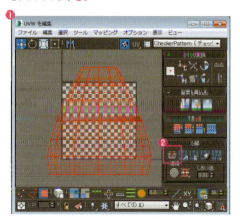

4　ビュー上に緑色の太線が表示されます。ブレークしたことでUVW座標編集時に、周りのポリゴンから切り離されたことを示しています。

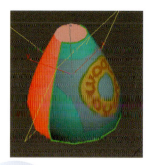

CHECK! **ブレークする理由**

ブレークをしないと、UVW座標が必要のない部分を移動するときに必要な部分が引っ張られてきてしまいます。

5　[UVWを編集]パネルの背景にロゴの画像を表示させます❶。選択したポリゴンを左上のツールで縮小し、ロゴマークのない部分に移動させます❷。その部分に画像は貼られなくなります❸。

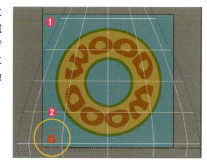

Step 04　ストライプ柄とロゴを組み合わせて貼る

合成マップとマスクの画像を使ってストライプ柄とログを組み合わせて貼っていきます。

2つの画像を同時に貼り込む

1　マテリアルエディタ左側のマップ→[標準]→[合成]からドラッグして、合成マップノードを作成します❶。合計レイヤ数の右側のボタンをクリックして、「2」に変更します❷。

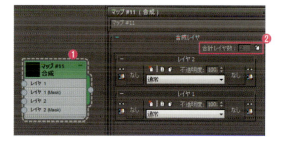

10-6 キャラクターモデルに画像を貼り込む

2 ノードを図のように繋ぎ替えます❶。ストライプ柄の上にロゴの画像が貼られます。

設定後の[合成マップ]は上のようになっています。

[F9]キーでレンダリングすると、ロゴが四角い地の色ごと貼られています❷。

ロゴの外側をくりぬいて貼り込む

1 ロゴ以外の青い部分をくり抜いた状態で貼り込むためには、マスク画像を用意する必要があります。元画像❶から、ロゴの必要な部分は白く、くり抜きたい部分は黒くした画像❷を用意します。

元画像

用意する画像

CHECK!

マスクとは？

マスクとは、必要な部分を白く、透明にしたい部分を黒くした画像のことです。「アルファチャンネル」と呼ぶこともあります。

2 合成マップノードレイヤ2の[マスク]ボタン❶をクリックして[マテリアルマップブラウザ]❷を開き、[ビットマップ]マテリアルを選択します❸。

3 「3dsMax_Lesson ▶ map」から、「map_logo_mask.png」を選択します。

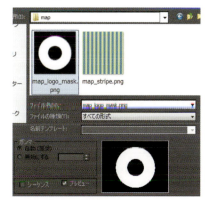

Lesson 10　マテリアルとテクスチャ

4　「map_logo_mask.png」のマップノード❶の設定を、P.216 のロゴの画像と同じ設定にします。分離ツールをオフにして、全身を表示します。すると、先ほど青かった部分がきれいに抜けて、ロゴのみを貼ることができました❷。[修正] タブで UVW マップを選択し、右クリック→[集約]をクリックします❸。

5　ストライプ柄にガタツキがある場合は、ポリゴンの分割が原因です。❶のようにターボスムーズをかけて滑らかに表示されるようにします❷。これで、キャラクターの質感設定が完成しました。シーンファイルを保存します。保存先は「3dsMax_Lesson ▶ Lesson10 ▶ 10-0」を指定し、保存ファイル名は「10-0_sample_08_work_01.max」とします。

Exercise ― 練習問題

Lesson10 ▶ Exercise ▶ 10_exercise_01.max

Q　3Dマップを貼り込んだ球体のサンプルデータを使用し、右図のような質感を作って見ましょう。
ひとつのマップだけでも複数のパラメータに貼り込むことで、複雑な質感を作ることができます。

❶マテリアルを作成
マテリアルマップブラウザのマップの一覧からマテリアルノードに細胞 (Cellular) ノードを作成し、図のように設定し、標準マテリアルの拡散反射光ノードにつなぎます。球を作成し、マテリアルを割り当てます。

❷マップを [バンプ] に繋ぎ替える
ノードをバンプに繋ぎ替えると、模様の暗いところがへこんで明るいところが出っ張って見えるような疑似的なでこぼこが表現できます。

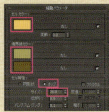

❸マップを光沢に繋ぎ替える
光沢に繋ぎ替えると、照明（3灯）が当たった部分のツヤが模様の形になります。

❹マップを [拡散反射光][バンプ][光沢] に繋ぐ
マップをコピーして、複数のパラメータに同じマップを貼ってみましょう。組み合わせることで、よりリアリティのある表現が可能になります。

ビュー上では変化が少ないように見えます。F9 レンダリングで確認してみましょう。

モーファーの設定

An easy-to-understand guide to 3ds Max

Lesson 11

「モーファー」というモディファイヤについて解説します。モーファーモディファイヤを使用すると、ジオメトリを変形させたり、ものが変形していくアニメーションを作成することができます。また、複数の形状変化を組み合わせることもできるので、キャラクターの表情を変化させるために使用されます。

Lesson 11 モーファーの設定

11-1 モーファーの特性を知る

モーフとは、ジオメトリをもとの形状から別の形状に変形させることです。
モーファーは、モーフを行うためのモディファイヤです。
まずは、単純なジオメトリをモーファーを使用してモーフさせて、特性を理解しましょう。

Step 01 モーファーを設定する  Lesson11 ▶ 11-1 ▶ 11-1_sample_01.max

モーフの基本的な動きを理解するために、モーファーをボックスに適用して形状を変形させてみましょう。

サンプルシーンを開くか、プリミティブを使用してボックスを作成します。

プリミティブ：ボックス、設定：長さ50cm、幅50cm、高さ50cm 長さ・幅・高さセグメント4

Boxモディファイヤは、編集可能ポリゴンに変換しておきます。オブジェクト名は「GEO_box」とします。

ストレッチで伸ばした形に変形させる

1 ［選択して移動］ツールに切り替えて、［GEO_box］オブジェクトを選択します。Shiftキーを押しながら、横に移動します。クローンオプションでは、［コピー］を選択します。コピーしたオブジェクト名を「GEO_box_mrp_stretch」とします。

2 ［GEO_box］オブジェクトを選択し、コマンドパネルの［修正］タブ→モディファイヤリストから［ストレッチ］を適用し❶、縦に伸ばします。オブジェクトカラーをグレーにします。この変形後のオブジェクトを［モーフターゲット］❷と呼びます。

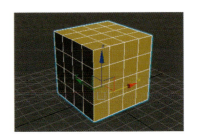

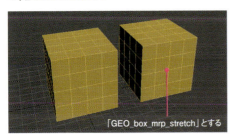

3 「GEO_box」を選択し❶、モディファイヤリストから［モーファー］を選択し❷、［モーファー］モディファイヤを適用します❸。

4 ［モーファー］モディファイヤの「チャネルリスト」ロールアウトに［-空-］という欄が並んでいますが❶、ここにモーフターゲットの形状を登録することができます。リストのいちばん上を選択します❷。

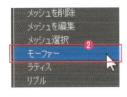

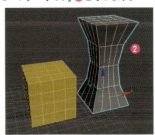

11-1 モーファーの特性を知る

5 [チャネルパラメータ] ロールアウトをみると、図のように「1-空-」となっています❶。[シーンからオブジェクトを選択] ボタン❷をクリックして、「GEO_box_mrp_stretch」をクリックします。
先ほどまで「1-空-」となっていた部分にオブジェクト名が自動的に入力されました。チャネル名は自由に変えられます。名前が長いので「mrp_stretch」に変更します等。

 →

6 チャネルリストにも、「mrp_stretch」という名前が表示されます❶。名前の左のボックスが緑色なら❷、正しくモーファーが設定されています。

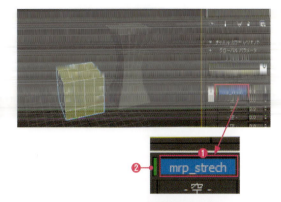

7 数値右側のスピナーをマウスドラッグで上下させてみましょう。「0」～「100」の間で数値を変更することができます。数値が小さいほど変化が少なく、「100」で「GEO_box_mrp_stretch」オブジェクトとまったく同じ形になります。値を変更して、変形することを確認したら、値は「0」にして変形していない状態にしておきます。

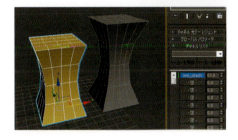

複数のモーフターゲットを設定して組み合わせた形に変形させる

1 再度「GEO_box」を選択し❶、左隣にコピーツクローンして、名前を「GEO_box_mrp_FFD」とします。[モーファー] モディファイヤは [スタックからモディファイヤを除去] ボタンをクリックして削除します。「FFD3x3x3」モディファイヤを適用し、自由な形に変形させます。オブジェクトカラーをグレーにします❷。

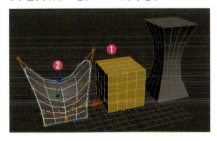

2 [GEO_box] を選択し、モーファーのチャネルリストから2番目の [-空-] を選択します。先ほどと同じ手順で「GEO_box_mrp_FFD」を選択し、チャネル名は「mrp_FFD」に変更します❶。
❷の値を「100」にすると、「GEO_box_mrp_FFD」オブジェクトとまったく同じ形になります❸。

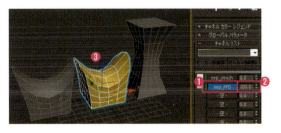

3 「mrp_stretch」「mrp_FFD」をどちらも「100」にすると、2つを混ぜた形ができあがります。

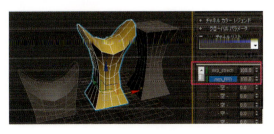

Lesson 11 モーファーの設定

Step 02　形状を再調整する

一度設定したモーファーでも変更したい場合は、再度新しい形状に設定し直すことができます。

形状を再編集する

1 「GEO_box_mrp_stretch」を選択し①、[ポリゴンを編集]レイヤーを追加します②。

2 [選択]ロールアウト→[頂点]を選択①→頂点を編集して、図のように形状を変更します②。

モーフターゲットの情報を再ロードして更新する

1 この状態だと、モーファーの「mrp_stretch」チャネルの数値を変えても、新しい形状に変形しません。[チャネルリスト]ロールアウト下部の[すべてのモーフターゲットを再ロード]をクリックすると、ターゲットの現在の形状を再度取り込みます。これで、現在の形状にモーフをさせることができました。

2 自動的にターゲットの編集結果をモーファーに即座に反映したい場合は、[チャネルリスト]ロールアウト下部の[自動的にターゲットを再ロード]にチェックを入れておきます。

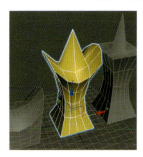

モーファー使用時の注意点

モーファーを使用するときに気を付けておくべき点を解説します。

インスタンスされたオブジェクトはターゲットに指定できない

インスタンス（P.70）を解除しておきましょう。

モーファーに反映されない変形

オブジェクトを変形させてもモーファーには影響を与えない場合があります。モーファーで変形させることができるのは、オブジェクトの基点と各頂点の関係が変わったときです。❶のオブジェクトはメインツールバーのオブジェクトの移動や回転、スケールで変形させた[モーフターゲット]です。この場合、オブジェクトを基点ごと動かしているので、基点と頂点の関係が変わらず、「モーファー」では変形させることができません。モーファーで動かしたい場合は「モディファイヤで変形させること」が基本です。

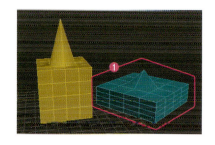

226

ターゲットが更新されない

ターゲットを変形しても更新されなくなってしまった場合は、頂点数が変わってしまったことが考えられます。モーファーは、モーファーを適用したオブジェクトとターゲットオブジェクトの頂点を見比べて変化させているので、頂点数が異なるオブジェクトはターゲットにできません。その場合チャネルリストの左側のアイコンの色がグレーになります。

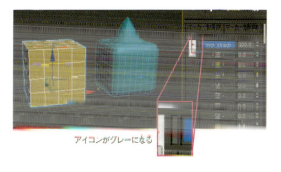

アイコンがグレーになる

ターゲットオブジェクトがなくてもモーフさせることができる

一度設定すると、ターゲットオブジェクトを削除してもモーフの変形をさせることができます。これはモーファーのマップチャネルにターゲットの情報が格納されているからです。その場合、チャネルリストの左側のアイコンの色が青くなります❶。

マップチャネルを選択して、[チャネルパラメータ]ロールアウトの[抽出]ボタンをクリックする❷と、格納されていた形状をオブジェクトに書き出すことができます。
モディファイヤやマテリアルなどの情報はすべてなくなって、編集可能メッシュのジオメトリとして作成されます。この形状を使用して再度調整することが可能になります。

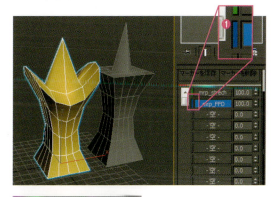

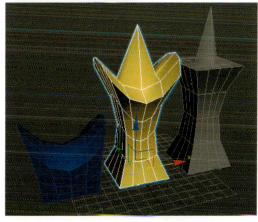

抽出した形状にはランダムなオブジェクトカラーが設定されます。

Lesson 11 モーファーの設定

11-2 キャラクターモデルにモーファーを設定する

キャラクターモデルの頭部を変形させて、モーファーのターゲットオブジェクトを作成します。このターゲットオブジェクトを使用して、キャラクターの表情を変化させられるようにモーファーを設定します。

モーフターゲットの作成

Lesson11 ▶ 11-2 ▶ 11-2_sample_01.max

キャラクターモデルの表情を作成して、元の表情からモーファーで変更できるように設定します。

表情のモーフターゲットの作成準備

1. サンプルシーンを開きます。自分で作成したデータを使用する場合には、Lesson10-6で、質感設定が完成したサンプルキャラクターのシーンを開きます❶。ワークスペースシーンエクスプローラで、頭部オブジェクト以外を非表示にします❷。

2. 表情のモーフターゲットを作成する前に、[編集可能ポリゴン] モディファイヤで編集して❶、キャラクターの口を閉じておきます❷。

Step 01 形状を調整する

頭部を複製する

1. 頭部を選択して、Shiftキーを押しながら右に移動し、コピークローンして横に並べます。インスタンスクローンだとうまくいかないので注意しましょう。

2. 名前を「GEO_ch_head_mrp_mouth」に変更します❶。分離ツールでこのオブジェクトだけを表示させます。[修正] タブの [ターボスムーズ] と [編集可能ポリゴン] の間に、[ポリゴンを編集] を追加します❷。

口を開けた状態に編集する

追加した[ポリゴンを編集]で、口を開けた形に編集します。口の下側だけでなく、鼻を含めた上あごも少し上に上げるとリアリティーのある表情を作ることができます。形状の変更は、後から修正が可能です。[ポリゴンを編集]の[オン/オフ]を切り替えることで楽しいアニメーションができます。

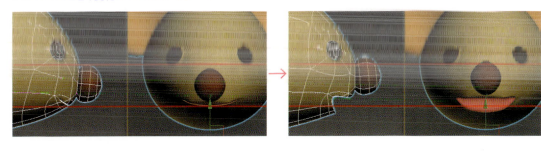

[ターボスムーズ]をオフにする

モーフターゲットの[GEO_ch_head_mrp_mouth]の[ターボスムーズ]は削除し、[ポリゴンを編集]は集約します。

Step 02 モーファーの設定

モーファーを適用する

分離ツールを解除し、2つの顔のオブジェクトを表示させます。[GEO_ch_head]を選択し❶、[ターボスムーズ]と[編集可能ポリゴン]の間に、[モーファー]モディファイヤを適用します❷。

CHECK!
モディファイヤの順番

[ターボスムーズ]の下側にモーファーを設定すると、モーファーのあとに[ターボスムーズ]をかけることになります。ターゲットには[ターボスムーズ]をかけなくてよいので、処理の回数が減ります。ポリゴン数の多いモデルは、表示に時間がかかりがちですが、こういった細かい節約をすることで、データを軽く保つことができます。

チャネルリストに設定する

1 [チャネルパラメータ]ロールアウトで、[シーンからオブジェクトを選択]をクリックして❶、[GEO_ch_head_mrp_mouth]をクリックします❷。

2 「1 -空-」となっていた部分にオブジェクト名が自動的に入力されました。名前が長いので[mrp_mouth]に変更します。

Lesson 11　モーファーの設定

3 チャネルリストにも、「mrp_mouth」という名前が表示されます。名前の左のボックスが緑色なら、正しくモーファーが設定されています❶。「100」にしたときに隣にあるオブジェクト「GEO_ch_head_mrp_mouth」と同じになるか確認しましょう❷。

「チャネルリスト」ロールアウト下部の［自動的にターゲットを再ロード］をチェックします。これで、ターゲットオブジェクトの編集がモーファーにすぐに反映されるようになったので、「GEO_ch_head_mrp_mouth」を口の大きさや形状を整えるように編集していきます。

> **CHECK!　ターボスムーズモディファイヤの使用**
>
> モーフターゲットのターボスムーズをオンにすると、ベースとターゲットで頂点数が変わってしまうので、モーファーのチャネルが無効になります。［自動的にターゲットを再ロード］をチェックしてあれば、ターボスムーズをオフにして頂点数が同じになった時点で、また緑色になり有効になります。

耳の変形モーフターゲットを作成する

1 頭部「GEO_ch_head」をコピークローンして横に並べます。名前を「GEO_ch_head_mrp_ear」に変更します❶。分離ツールでこのオブジェクトだけを表示させます。このオブジェクトはモーフターゲットにしますので、［モーファー］モディファイヤは削除します。［修正］タブの［ターボスムーズ］と［編集可能ポリゴン］の間に、［ポリゴンを編集］を追加します❷。

2 ［ポリゴンを編集］モディファイヤで耳を折れ曲がったような形に編集します。
編集が終わったら、ターボスムーズをオフにするのを忘れないようにしましょう。

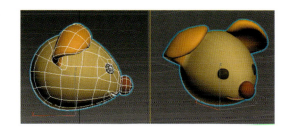

モーファーチャネル2に耳の変形を設定する

1 ［GEO_ch_head］オブジェクトを選択し、モーファーのチャネルリストから2番目の［-空-］を選択して❶、ビュー上で［GEO_ch_head_mrp_ear］を選択します。チャネル名は「mrp_ear」に変更します。

2 モーファーの［mrp_mouth］と［mrp_ear］の値を「100」❶に変更すると、図❷のように、「口の開閉」と「耳の変形」が同時に設定できます。

確認したら、どちらの値も「0」に戻しておきます。

目を細める変形モーフターゲットを作成する

1. 頭部［GEO_ch_head］をコピークローンして横に並べ、名前を［GEO_ch_head_mrp_eye］に変更します❶。分離ツールでこのオブジェクトだけを表示させます。［モーファー］モディファイヤは削除し、［修正］タブの［ターボスムーズ］と［編集可能ポリゴン］の間に［ポリゴンを編集］❷を追加します。

2. ［ポリゴンを編集］モディファイヤで目を細めた形状に編集します。編集が終わったら、ターボスムーズをオフにするのを忘れないようにしましょう。耳と同じようにして、モーファーチャネル3に目の変形のターゲットを［mrp_eye］という名前に設定します。これで基本のモーファーの設定が完成しました。

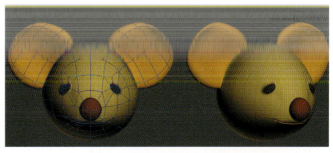

目の細めたモーファー［mrp_eye］の値だけを「100」に設定したもの

Step 03　データを整理する

各パーツを表示させてレイヤに入れる

1. 非表示にした体以外のキャラクターのパーツを表示させます。顔のモーフターゲットオブジェクトは、モーフを調整するときにしか使用しないので、データを整理します。［レイヤ別にソート］ボタン（P.34参照）を押してワークスペースシーンエクスプローラのモードを切り替えます。［新規レイヤを作成］をクリックし、「morph」レイヤを作成します。

2. モーフターゲットオブジェクトを選択して、「morph」レイヤにドラッグします。

3. レイヤをフリーズして❶、非表示にしておきます❷。必要になったときには表示して編集することができます。シーンファイルを保存します。保存先は「3dsMax_Lesson ▶ Lesson11 ▶ 11-2」を指定し、保存ファイル名は「11-2_sample_06_work_01.max」とします。

Lesson 11 モーファーの設定

Exercise─練習問題

Lesson11 ▶ Exercise ▶ 11_exercise_01.max

耳の形を編集してモーフターゲットを作ってみましょう。
作成したモーフターゲットはを [GEO_ch_head_mrp_ear2] と名前を変更し、
モーファーのチャネル4に [mrp_ear2] として設定します。

Before   After

❶頭部 [GEO_ch_head] をコピークローンして横に並べ、名前を [GEO_ch_head_mrp_ear2] に変更します。
❷ [モーファー] モディファイヤは削除し、[修正] タブの [ターボスムーズ] と [編集可能ポリゴン] の間に、[ポリゴンを編集] を追加します。
❸耳の形を編集します。
❹モーファーのチャネル4に耳の変形のターゲットを設定します。

キャラクターリギング

An easy-to-understand guide to 3ds Max

Lesson 12

キャラクターモデルを制作し終えたら、動かすための構造作りをはじめます。キャラクターを動かす第一歩として、まず正しく動かせるようにデータを整えることが必要です。さらにボーンと呼ばれる骨格構造を作成し、骨とポリゴンをリンクさせるスキンの設定を行います。最後に快適に動かすための詳細設定をすることで、ようやくキャラクターを動かすことができるようになります。

Lesson 12 キャラクターリギング

12-1 キャラクターのデータを整える

キャラクターを動かすための構造のことを「リグ」と呼び、リグを設定していくことを「リギング」と呼びます。リギングをはじめる前に、基点の位置の変更や、データを整える必要があります。この工程は、リギングを正確に行うために必ず行います。
ここでよく構造を考えておかないと、後のアニメーション作業で意図しない動きになったり、不具合を起こすことがあります。

Step 01　キャラクターを接地させる

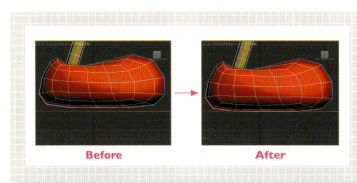
Before → After

作成したキャラクターは、2本の足で地面に立つ人間と同じ構造を持ったキャラクターです。作成の過程で、足が地面（ワールドZ軸 0.0cm）から浮いてしまうことがあるので調整します。

📥 Lesson12 ▶ 12-1 ▶ 12-1_sample_01.max

サンプルシーンを開きます。自分で作成したデータを使用する場合は、Lesson11-2で、モーファー設定が完成したキャラクターのシーンを読み込みます。アクティブビューをパースビューからレフトビューへ変更します。キャラクターを構成するオブジェクトをすべて選択します。さらに［選択して移動］ツールで地面（ワールドZ軸「0.0cm」）に接するよう調整しましょう。

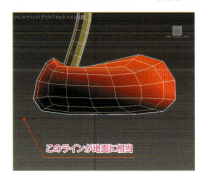
このラインが地面に相当

CHECK! 足が地面に浮いていると？

地面から浮いた状態でアニメーションを付けると違和感の原因になり、作業も手間取ることがあります。

Step 02　基点の位置を変更する

アニメーション時に重要になるのが、基点の位置です。腕や足は、それぞれのパーツの基点を回転させることで動かします。基点が本来関節があるべき位置からずれていると、うまく回転させることができません。また、移動も併用するため、作業の工程が増えるうえに、滑らかなアニメーションになりません。これを防ぐためにも、基点の位置はリギング前に必ず変更するよう心掛けましょう。

腰、胴部分の基点の位置を調整する

1　［階層］タブ❶→［基点］ボタン❷→［基点調整］ロールアウト内［基点にのみ影響］❸をクリックします。

2　［GEO_ch_hip］［GEO_ch_body］を選択し、2つのオブジェクトの基点を同じ位置に合わせます。

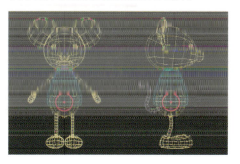

CHECK！ ［基点にのみ影響］の解除

［基点にのみ影響］を解除する場合は、画面を右クリックするか再度ボタンをクリックします。作業後は、ボタンがハイライトされていない状態を確認するようにします。［基点にのみ影響］が有効になっている限り、オブジェクトを移動させるといった作業ができません。

腕部分の基点の位置を調整する

［階層］タブ→［基点］→［基点調整］ロールアウト内［基点にのみ影響］をクリックします。左腕オブジェクト［GEO_ch_arm001］を選択し、図を参考に基点を移動させます。右腕オブジェクト「GEO_ch_arm」を選択し、同様に基点を移動させます。

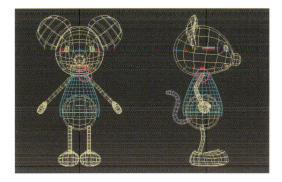

足部分の基点の位置を調整する

［階層］タブ→［基点］→［基点調整］ロールアウト内［基点にのみ影響］をクリックします。左足オブジェクト［GEO_ch_leg001］を選択し、図を参考に基点を移動させます。右足オブジェクト「GEO_ch_leg」を選択し、同様に基点を移動させます。

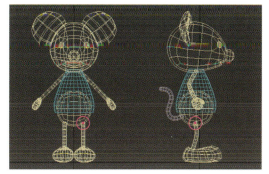

基点の位置が正しく設定されているか確認する

［選択して回転］ツールを使用して、パーツの付け根が他オブジェクトから外れないか確認します。両腕両足を回転させても胴・腰から外れなければ、調整完了です。

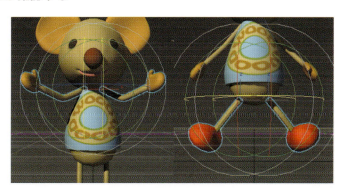

頭・しっぽ部分の基点の位置を調整する

[階層]タブ→[基点]→[基点調整]ロールアウト内で[基点にのみ影響]をクリックします。[GEO_ch_head]を選択し、図を参考に基点を移動させます。
同様に[GEO_ch_tail]を選択し、おしりの付け根に基点を移動します。
それぞれパーツが外れないか、回転ツールを使用して確認しましょう。

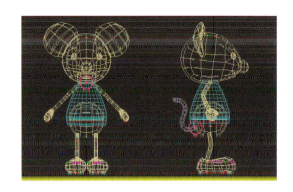

Step 03　オブジェクト名、レイヤを整理する

オブジェクト名を整理し、ジオメトリオブジェクト用のレイヤを作成します。

オブジェクト名を変更する

腕と足オブジェクトの名前を以下のように変更します。

右腕：GEO_ch_arm_R	左腕：GEO_ch_arm_L
右足：GEO_ch_leg_R	左足：GEO_ch_leg_L

レイヤを作成する

ジオメトリオブジェクト用のレイヤを作成します。レイヤを作成することで、フリーズやオブジェクトの表示・非表示などの一括管理ができます。

1 ワークスペースシーンエクスプローラ上の[新規レイヤを作成]ボタンをクリックします。

2 新しく「レイヤ001」というレイヤが作成されます❶。「GEO_ch」と名前を変更します❷。

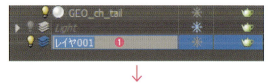

↓

12-1 キャラクターのデータを整える

3 現在、[0（既定値）]レイヤ内にキャラクターを構成するジオメトリオブジェクトが入っています。これらをすべて選択し❶、ドラッグ&ドロップで[GEO_ch]レイヤに移動させます❷。

CHECK! レイヤの自動ソート

レイヤを移動させると、一番下にあった[GEO_ch]レイヤの位置が移動しますが、名前順で自動的にソートされたためです。

Step 04　親子関係（階層リンク）を設定する

人体の構造に親子関係を設定する

現在のキャラクターモデルには親子関係が設定されていないため、それぞれのオブジェクトが独立した状態です。キャラクターにポーズを取らせるために胴を回転させる場合、頭と腕が胴と一緒に回転してほしいのですが、離れてしまいます。

人体の構造をおおまかに親子関係に置き換えると、腰を最初の親として、以下のような構造になっています。
上半身：腰→胴→上腕・首→前腕・頭→手
下半身：腰→太もも→すね→足

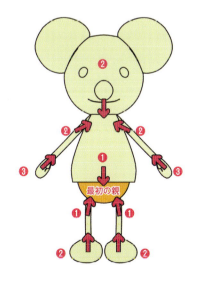

図を見ながら、子のオブジェクトを選択した状態で[選択してリンク🔗]ボタンをクリックし、親のオブジェクトを選択して、親子関係を設定していきます。矢印は子から親に向いています。大きい数字のパーツから矢印の向きに小さい数字をたどって、親子関係を付けていきます。
Lesson12-2ではより細かなパーツの動きを付けます。

正しく設定されていれば[GEO_ch_hip]を移動すると、体全体が動くようになります。[GEO_ch_body]を回転しても頭や腕が外れることがなくなります。

整理したデータは保存しておきましょう。

Lesson 12 キャラクターリギング

12-2 ボーンオブジェクトを構造に合わせて配置する

3ds Maxを使用した多くの3D作品では、キャラクターは「スキン」と呼ばれるモディファイヤを割り当てられ、「ボーン」と呼ばれるダミーオブジェクトを使ってアニメーションさせています。スキンモディファイヤとボーンオブジェクトを使用することで、人間の体のように骨を曲げることによって、表面を柔らかく変形させてポーズを取らせることも可能になります。

Lesson12-1でキャラクターにポーズを付けました。しかし、肘やひざ、手首・足首など、曲げたい部分が曲がらず、制限なく好みのポーズを作ることはできません。これまでに学んだ手順では、関節位置で腕などを曲げるには「ポリゴン編集や変形モディファイヤで変形する」か、「関節部分でオブジェクト自体を分ける」しか方法がなく、どちらも現実的な方法ではありません。

アニメーションにも対応できるキャラクターの構造をつくるためには、以下の準備が必要になります。

- 骨となるダミーオブジェクト「ボーンオブジェクト」
- ボーンオブジェクトに沿って、オブジェクトを変形させる「スキンモディファイヤ」

ここからは、ボーンオブジェクトを作成して、キャラクターに合わせて調整をする方法を解説します。

下準備

📥 Lesson12 ▶ 12-2 ▶ 12-2_sample_01.max

ボーンの位置を確認する

サンプルシーンを開きます。自分で作成したデータを使用する場合はLesson12-1で整理したキャラクターのシーンを開きます。

キャラクターを動かすために、骨となるオブジェクト「ボーンオブジェクト」を作成し、関節にあたる場所に配置します。ボーンオブジェクトを作成する前に、関節がどこにあるのか、骨がいくつ必要なのか、などの構造を考える必要があります。作成したキャラクターは人間と同じ二足歩行のキャラクターなので、人体の構造を当てはめて考えます。骨の数は実際の人間よりも省略して、なるべくシンプルにします。

背骨：2本
腕部：片腕に3本
脚部：片脚に3本
頭部：左右の耳
しっぽ：1本

ボーンオブジェクトの配置

図のようにボーンを配置していきます。

12-2　ボーンオブジェクトを構造に合わせて配置する

ボーンの設定と作成方法

1　ボーンオブジェクトは、コマンドパネル→[作成]タブ→[システム]❶→[標準]❷→[ボーン]❸で作成することができます。作成したキャラクターのサイズが小さいので、ボーンを作成する前に[ボーンパラメータ]ロールアウト→ボーンオブジェクト内の[幅]と[高さ]のパラメータを「4.0cm」から「0.5cm」に変更しておきます。

2　ビューポート上を左クリックしていくことで、連続してボーンオブジェクトを作成することができます。連続して作成したボーンオブジェクトの2個目以降は、直前のボーンオブジェクトの「子」に設定されます。

3　ワークスペースシーンエクスプローラで新規レイヤを作成して[RIG_ch]という名前にします。このレイヤ内にボーンオブジェクトを入れていきます。

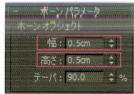
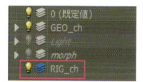

Step 01　左腕ボーンを作成する

ボーンオブジェクトを作成する

1　左腕のボーンを作成するために、ビューポートをフロントビューに切り替えます。ビューポート上で図を参考に❶肩関節部分→❷肘→❸手首→❹手先と順にクリックして、連続したボーンオブジェクトを作成します。

2　手先まで作成したら、右クリックして、作成モードを抜けます。

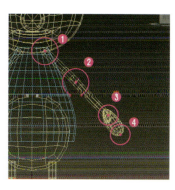
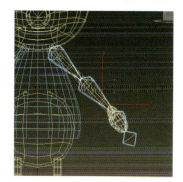

ボーンオブジェクトの名前を変更する

作成したボーンオブジェクトの名前を変更します。ここで、シーンファイルを保存しておきましょう。

[Bone001]→[RIG_ch_armLa]　　[Bone002]→[RIG_ch_armLb]
[Bone003]→[RIG_ch_handL]　　[Bone004]→[RIG_ch_handL-end]

CHECK!　エンドボーン

右クリックでボーンオブジェクト作成モードから抜ける際、エンドと呼ばれるボーンオブジェクトが自動で作成され、ボーンの総数が想定していた数より1つ多くなります。

239

Lesson 12 キャラクターリギング

ボーンオブジェクトの位置を調整する

1. レフトビューへ変更し、分離ツールで[GEO_ch_arm_L]と先ほど作成したボーンだけを表示させます。
腕は、くの字に肘から曲がっているのに対して、ボーンは真っ直ぐになっています。また、肩関節や肘の位置がずれています。

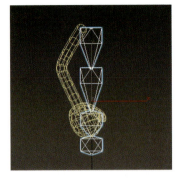

フロントビューでボーンを作成した場合を横から見た状態。正面から見ると位置が正しく見えますが、レフトビューから見ると奥行きの位置は正しくありません。

2. この問題を解決するために[ボーンツール]を使用します。フロントビューでの見た目の位置を保ったまま、レフトビューから位置を調整するために、移動する前の状態に戻すか、保存したシーンを再度開きます。
メニュー→[アニメーション]❶→[ボーンツール]❷を選択します。[ボーン編集ツール]ロールアウト内[ボーン編集モード]をクリックします❸。

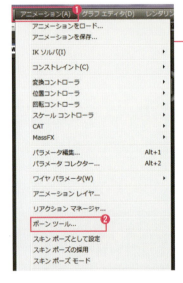

3. 子階層のボーンを移動させるとその位置に応じて、親階層のボーンの長さと角度が変化します❶。この状態だと正面から合わせた位置をずらすことなく、奥行き方向への位置合わせができるようになります❷。

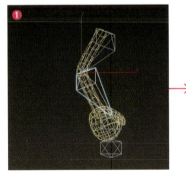
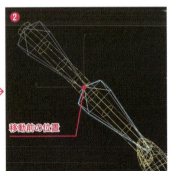

移動前の位置

移動後、フロントビューから見た図。肘の位置は変化がありません。

> **CHECK！ ボーンツールの利点**
>
> [ボーンツール]を使用すると、ボーンを移動した際に、ボーンの長さが変化し、作成時と似たような感覚で調整ができるようになります。

240

12-2 ボーンオブジェクトを構造に合わせて配置する

4 右図を参考に[ボーン編集]モードを使用して❶肩関節部分→❷肘→❸手首→❹手先の順に位置を調整します。位置の調整が終わったら、右クリックで[ボーン編集モード]を抜けます。パースビューにしてさまざまな角度から確認し❺、問題がないようならシーンファイルを保存します。

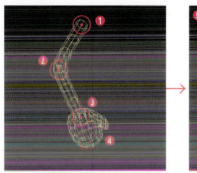

COLUMN

[ボーン編集]モードを使用せずに調整する

[CTL_ch_rig_armLb]を[ボーンツール]を使用せず、[選択して移動]ツールで肘辺りに移動させます❶。正面から見ると、移動前と移動後で肘の位置がずれています❷。これはボーンの長さが固定されているのが原因です。[ボーン編集]モードを使用することで、ボーンの長さと角度を同時に調整することができます。

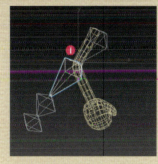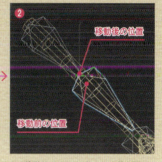

移動後、フロントビューから見た図

Step 02 左足ボーンを作成する

ボーンオブジェクトを作成する

1 左足のボーンを作成します。レフトビューへ変更します。ビューポート上で図を参考に、❶股関節部分→❷ひざ→❸足首→❹足先と順にクリックしてボーンオブジェクトを作成していきます。

2 足先まで作成したら❺、右クリックで作成モードを抜けます。

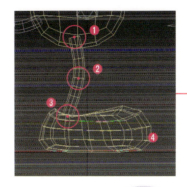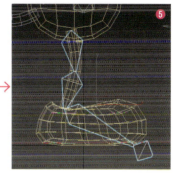

CHECK! ボーン作成時の位置

作成後に[ボーンツール]の[ボーン編集モード]を使用して位置の調整をするので、作成時には厳密に位置を合わせる必要はありません。

ボーンオブジェクトの名前を変更する

作成したボーンオブジェクトの名前を変更します。ここでシーンファイルを保存しておきましょう。

[Bone001]→[RIG_ch_legLa]　[Bone002]→[RIG_ch_legLb]
[Bone003]→[RIG_ch_footL]　[Bone004]→[RIG_ch_footL-end]

ボーンオブジェクトの位置を調整する

1. フロントビューに変更し、正面からボーンの位置を調整します❶。正面から確認すると足のジオメトリはX軸上に一直線に揃っているので[ボーンツール]は使わずにいちばん親のボーン[RIG_ch_legLa]の位置を修正します。

2. パースビューにしてさまざまな角度から確認し❷、問題がないようならシーンファイルを保存します。

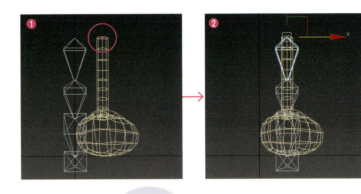

CHECK! ボーンの親子関係

他のボーンは作成時に親子関係が設定されているので、一緒についてきます。

Step 03　腰のボーンを作成する

ボーンを作成する

腰のボーンを作成します。フロントビューへ変更します。

腰はやや大きめのボーンを作成するために、作成前にボーンパラメータの[幅][高さ]を「0.5cm」から「2.0cm」にしておきます。ビューポート上でボーンを腰パーツの右側に腰パーツと同じような大きさになるように作成し、右クリックで作成モードを抜けます。[Bone001][Bone002]という2つのボーンが作成されます。[Bone002]は不要なので削除します。

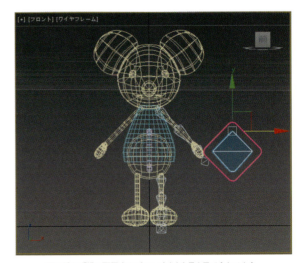

腰に重ねず横に配置することで、大きさを見た目で合わせます。

ボーンオブジェクトの名前を変更する

作成したボーンオブジェクトの名前を変更します。ここでシーンファイルを保存しておきましょう。

[Bone001]→[RIG_ch_hip]

12-2　ボーンオブジェクトを構造に合わせて配置する

ボーンオブジェクトの位置を調整する

1. ビューポート上で図を参考に正面から「RIG_ch_hip」の位置を調整します❶。
レフトビューに変更し、図を参考に奥行きの位置を調整します❷。

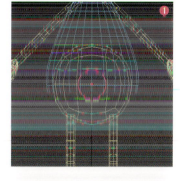 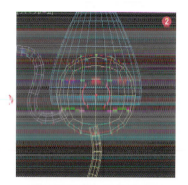

2. パースビューにして、さまざまな角度から腰オブジェクトの中心にボーンがあるか確認します❶。[参照座標系]を[ビュー]に設定し、[選択して回転]ツールを選択します。画面下部のX、Y、Zの値を[X:0.0] [Y:0.0] [Z:0.0]と入力し、回転をリセットします❷。

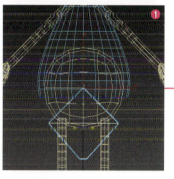 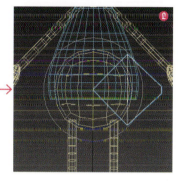

> **CHECK!　ボーンの回転をリセットする理由**
>
> 回転をリセットするのは、[RIG_ch_hip]のローカル軸の向きがワールド軸と異なっていると、Lesson12-4で行うIK設定でエラーを起こしてしまう場合があるためです。詳しくは12-4を参照してください。

Step 04　胴・頭のボーンを作成する

ボーンを作成する

1. 胴と頭のボーンを作成します。レフトビューへ変更します。作成前にボーンパラメータの[幅][高さ]を「2.0cm」→「1.0cm」にしておきます。
ビューポート上で図を参考に❶腰→❷胴→❸首→❹頭頂部と順にクリックして、連続したボーンオブジェクトを作成します。

2. 頭頂部まで作成したら❺、右クリックして、作成モードを抜けます。

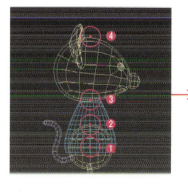 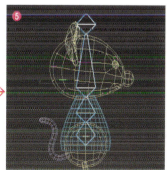

Lesson 12 キャラクターリギング

ボーンオブジェクトの名前を変更する

作成したボーンオブジェクトの名前を変更します。ここでシーンファイルを保存しておきましょう。

[Bone001] → [RIG_ch_spineA]　　[Bone002] → [RIG_ch_spineB]
[Bone003] → [RIG_ch_head]　　　[Bone004] → [RIG_ch_head-end]

ボーンオブジェクトの位置を調整する

フロントビューへ変更し、正面からボーンの位置を調整します。
正面から確認すると現在の位置は問題ないようなので、このままにします。パースビューにしてさまざまな角度から確認し、問題がないようならシーンファイルを保存します。

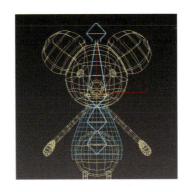

Step 05　耳・しっぽのボーンを作成する

ボーンを作成する

1. 耳のボーンを作成します。フロントビューへ変更します。ビューポート上で図を参考に、❶耳の付け根→❷耳の先と順にクリックして、連続したボーンオブジェクトを作成します❸。続いてしっぽのボーンを作成します。レフトビューへ変更します。

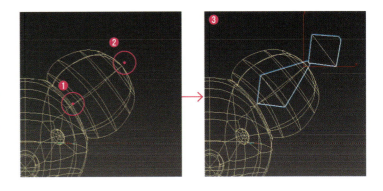

2. しっぽのボーンを作成します。レフトビューに変更します。
しっぽはS字を描いており、柔らかいものであればそれに沿った複数のボーンを作成する必要がありますが、今回は堅い木でできたしっぽという設定で、ボーンは1本のみとします。
右図を参考に、❶しっぽの付け根→❷しっぽの先と順にクリックして、連続したボーンオブジェクトを作成します。

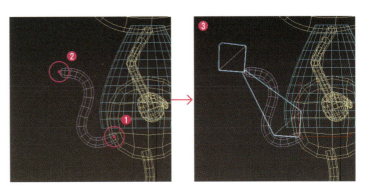

3. 耳・しっぽのボーンを作成したら❸、右クリックして、作成モードを抜けます。

12-2　ボーンオブジェクトを構造に合わせて配置する

ボーンオブジェクトの名前を変更する

作成したボーンオブジェクトの名前を変更し、シーンファイルを保存しておきましょう。

[Bone001] → [RIG_ch_earL]　　[Bone002] → [RIG_ch_earL-end]
[Bone003] → [RIG_ch_tail]　　[Bone004] → [RIG_ch_tail-end]

ボーンオブジェクトの位置を調整する

1 レフトビューへ変更し、左側の耳のボーンの位置を調整します。図を参考に、❶耳の付け根→❷耳の先の順に位置を調整します❸。

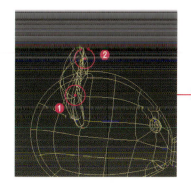 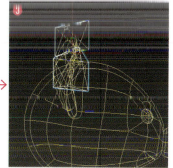

2 フロントビューへ変更し、正面からしっぽのボーンの位置を調整します。しっぽのボーンは作成時の位置がちょうどいいため、調整の必要はありません。パースビューにしてさまざまな角度から確認し、問題がないようならシーンファイルを保存します。

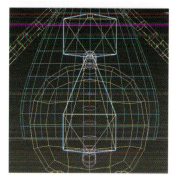

Step 06　右腕・右足・右耳のボーンを作成する

ミラーコピーでボーンを複製する

1 左側のボーンを複製して、右側のボーンを作成していきます。フロントビューへ変更します。左腕、左足、左耳のボーンを選択し、メニュー→[アニメーション]→[ボーンツール]をクリックします。[ボーンツール]ウィンドウの[ミラー]ボタンをクリックします❶。[ボーンミラー]ウィンドウが開かれるので、図のように設定し❷、[OK]ボタンをクリックします❸。

2 X軸方向に対して反転したボーンオブジェクトが作成されました❶。X軸位置が適切ではないので、コピー元のボーンを参考に調整します❷。

Lesson 12 キャラクターリギング

ボーンオブジェクトの名前を変更する

ミラーコピーしたボーンオブジェクトの名前を、コピー元のボーンを参考にして変更しておきます。

［RIG_ch_armLa (mirrored)］→［RIG_ch_armRa］

というように、後ろに付けられた「(mirrored)」を削除し、左右判別のための［〜L］のLをRへと変更します。パースビューにしてさまざまな角度から確認し、問題がないようならシーンファイルを保存します。

Step 07 ボーンを整理する

部位で分かれたボーンオブジェクトを親子関係で繋ぐ

1. 現在の状態は部位ごとで親子関係が独立しているため、胴体を動かしても腕がついてこない、頭から耳が外れるなどの状態になっています。親子関係を設定します。
［RIG_ch_armLa］［RIG_ch_armRa］の親に［RIG_ch_spineB］を設定します❶。
［RIG_ch_legLa］［RIG_ch_legLb］の親に［RIG_ch_hip］を設定します❷。

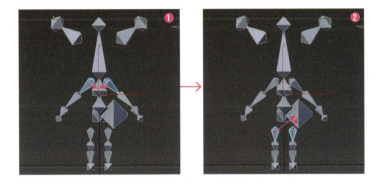

2. ［RIG_ch_earL］［RIG_ch_earR］の親に［RIG_ch_head］を設定します❶。
［RIG_ch_spineA］の親に［RIG_ch_hip］を設定します❷。

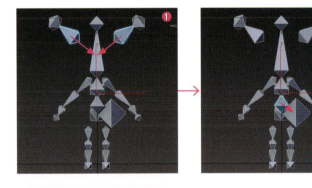

3. ［RIG_ch_tail］の親に［RIG_ch_hip］を設定します。
［RIG_ch_hip］［RIG_ch_spineB］［RIG_ch_head］を動かしてボーンがついてくることを確認します。

12-2　ボーンオブジェクトを構造に合わせて配置する

不要なボーンを削除する

Lesson13のアニメーション制作の工程では使用しないボーンオブジェクトである[RIG_ch_earL-end][RIG_ch_earR-end][RIG_ch_handL-end][RIG_ch_handR-end][RIG_ch_tail-end]も削除します。

腰のボーンの見た目を整える

腰のボーンはこの状態だと横にずれて見えにくいので、腰の中央にあるように見えるように設定します❶。[RIG_ch_hip]に[ポリゴン編集]モディファイヤを割り当て、ジオメトリの中心が基点位置と同じくらいになるように調整します❷。

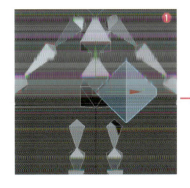 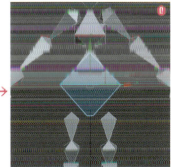

CHECK! 腰のボーンの基点の位置

腰のボーンの基点は作成した時点だと、必ずボーンの根元にあり、見た目上は腰のボーンが右側にあるように見えてしまいます。しかし、腰のパーツの場合は、基点がジオメトリの中心にあったほうがわかりやすくなります。ビュー上の見た目にしか効果はありませんが、わかりやすくするためにこの操作を行います。こういった細かい調整をしておくことで、アニメーション作業時の選択や操作がしやすくなります。

各部位でオブジェクトカラーを分ける

見た目をわかりやすくするために、図のように各部位ごとにオブジェクトカラーを変更しておくといいでしょう。ボーンオブジェクトの作成、配置が終わったのでシーンファイルを保存します。

COLUMN

フィンを使ってボーンの方向がわかるようにする

ボーンは標準設定ではどの方向に向いているのか判別しにくいので、方向をわかりやすくするために「フィン」という機能を使用します。[ボーンツール]の[フィン調整]ロールアウトで[サイドフィン][フロントフィン][バックフィン]にチェックを入れると、向きに対応した箇所に「フィン」と呼ばれる突起が作られます。ボーンをどのくらい回転させたかが目に見えるようになります。

Before　→　After

Lesson 12 キャラクターリギング

12-3 スキンの設定

Lesson12-2でボーンを作成しましたが、それだけではオブジェクトはボーンに沿って変形してくれません。オブジェクトを変形させるには、スキンモディファイヤを割り当て、ボーンに対して頂点がどのように影響するかを設定をする必要があります。ボーンに対しての頂点への影響の設定を「頂点ウェイト」と呼びます。

スキンモディファイヤを使用すると、あるボーンに対して、ジオメトリの頂点がそれぞれどの程度影響するのかを設定することができます。関節にあたる部分は2つのボーンの影響を受けるように設定することで、ジオメトリを滑らかに変形することができるようになります。

Step 01 スキンモディファイヤの割り当て

Lesson12▶12-3▶12-3_sample_01.max

サンプルシーンを開きます。自分の作成したデータを使いたい場合は、Lesson12-2でボーンを作成したキャラクターのシーンを開きます。ボーンオブジェクトを使ってジオメトリを変形できるように設定を行います。

左腕にスキンモディファイヤを割り当てる

1　[GEO_ch_arm_L]を選択❶し、[スキン]モディファイヤを割り当てます❷。

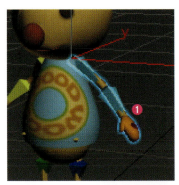

2　オブジェクトはモディファイヤを割り当てただけではボーンに沿って変形しません。はじめに、このパーツをどのボーンに沿わせたいのか指定します。
[修正]タブ→モディファイヤスタックから[スキン]を選択→[パラメータ]ロールアウト内の[追加]ボタン❶をクリックします。[ボーンを選択]パネルが開き、シーン上のオブジェクトが一覧表示されています❷。親子関係が設定されたオブジェクトはツリー形式で表示されています。

3　[RIG_ch_hip]の左側にある矢印アイコンをクリックします❶。ツリーが展開され、[RIG_ch_hip]の子が表示されるようになります。
続いて、[RIG_ch_spineA]→[RIG_ch_spineB]→[RIG_ch_armLa]→[RIG_ch_armLb]という具合に矢印アイコンをクリックして、ツリーを展開させていきます❷。

248

12-3 スキンの設定

4 [GEO_che_arm_L]に割り当てるボーンは
[RIG_ch_armLa]
[RIG_ch_armLb]
[RIG_ch_handL]の
3本です❶。これらを選択します❷。

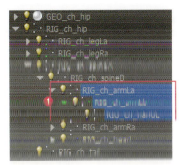
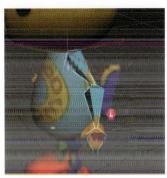

3本のボーンを選択した状態

5 [ボーンを選択]パネル右下の「選択」ボタン❶をクリックすると、ボタン❷の[パラメータ]ロールアウト内のボーンリストに追加されます❷。これでどのボーンに沿わせたいかの指定ができました。

6 [RIG_ch_armLb]を選択し、[選択して回転]ツールに切り替え、[参照座標系]を[ローカル]に変更します❶。90度回転させて曲げてみましょう❷。
ボーンに沿って変形しているようですが、ボーンが邪魔して見えません。

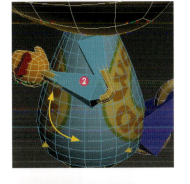

7 ボーンが邪魔して見えない場合、ボーンをボックス表示にすると見やすくなります。[RIG_ch]レイヤ内のオブジェクトをすべて選択し、右クリックでクアッドメニュー→[オブジェクトプロパティ]をクリックします❶。表示プロパティの[ボックスで表示]にチェックを入れ❷、[OK]ボタンをクリックします。

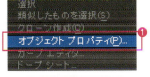

CHECK! 確認後は動かす前の状態に戻す

ボーンを回転させて確認したあとは、アンドゥを使用して回転を元に戻します。アンドゥせずにそのままにしてしまうと、初期状態のボーン角度がわからなくなってしまいます。

Lesson 12　キャラクターリギング

8　選択したボーンがボックス表示になり、左腕がよく見えるようになりました。

9　ボーンに沿って変形しているのがわかります。
このままだと、次の作業が進めにくいため、
［GEO_che_arm_L］
［RIG_ch_armLa］
［RIG_ch_armLb］
［RIG_ch_handL］
を選択し、分離ツールで選択オブジェクトだけを表示させておきます。

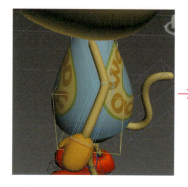 

Step 02　エンベロープで頂点ウェイトを調整する

肘が自然な形状に曲がるように［エンベロープ］機能を使用する

1　ボーンに沿ってオブジェクトが変形しましたが、関節部分の形が少しつぶれています。より綺麗に変形するよう調整していきます。

2　［GEO_ch_arm_L］を選択し、［修正］タブ→［スキン］モディファイヤ→［パラメータ］ロールアウト→［エンベロープを編集］をクリックします❶。
エンベロープと呼ばれる、カプセル状の赤い枠が表示されます❷。

 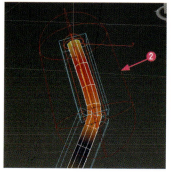

250

12-3 スキンの設定

3 エンベロープは内側の明るい赤枠から①、外側の暗い赤枠②に向かって強度が減っていき、暗い赤枠の範囲外ではそのボーンの影響を受けなくなります。
オブジェクトに色が付いていますが、これはボーンリスト内で選択しているボーンにどの程度影響を受けているかを示しています。赤いほど強く影響を受け③、青くなるにしたがって④影響度合いは弱くなります。色の付いていない箇所はまったく影響を受けません。

4 ボーンリストから[RIG_ch_armLa]を選択し、暗い赤枠の肘側を選択して、⑤外側へ広げます⑥。肘下側の色の領域が変化しました⑦。

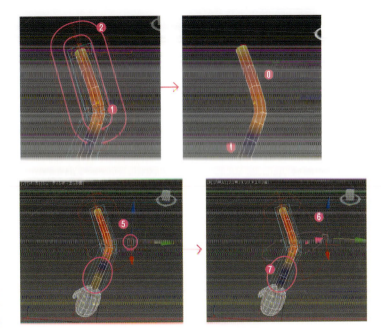

頂点ウェイト確認用のアニメーションを付ける

1 今のポーズだと調整しても曲げたときの変形具合がわかりません。スキンの調整はボーンにアニメーションを実際に付けて確認しながら作業するのが最も効率がよくなります。[オートキー]をクリックして①、[タイムスライダ]をドラッグし、「10フレーム」の位置に移動します②。[RIG_ch_armLb]を選択し、[参照座標系]を[ローカル]にして90度回転して曲げたら、再度[オートキー]をクリックし、オートキーモードをオフにします。
[タイムスライダ]を「0～10フレーム」の間で動かしてみましょう。どのように変形していくのかがよくわかります。

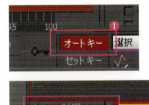
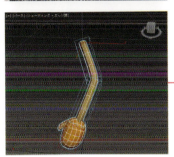
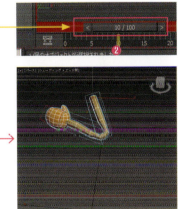

[RIG_ch_armLb]を選択　　90度回転させたところ

Lesson 12　キャラクターリギング

2　[タイムスライダ]を「10フレーム」の位置に移動し、曲がった状態で再度調整していきます。ボーンリストから[RIG_ch_armLb]を選択し、エンベロープの外枠の肘側を選択して❶、広げます❷。

エンベロープの外枠の肘側を選択

エンベロープを広げると、肘の曲がり具合が変わる

腕を伸ばして変形具合を確認する

デフォルトのポーズは肘がやや曲がっています。腕を真っ直ぐにするとどのように変形するか、アニメーションを付けて確認してみましょう。

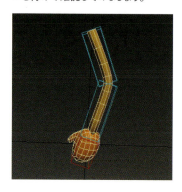

1　[オートキー]をクリックして、[タイムスライダ]を「20フレーム」の位置に移動します。

2　ビュー上で[RIG_ch_armLb]を選択し、参照座標系を[親]にして数値入力でY軸を「0度」にし、腕を真っ直ぐにします。再度、[オートキー]をクリックして、オートキーモードをオフにします。

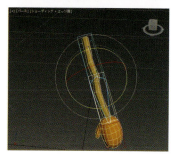

CHECK! 回転軸の表示

上記の説明では回転する軸がY軸になっていますが、ボーンの作成手順によってはY軸ではない可能性があります。その際は、他の軸で回転させてみましょう。

Step 03　頂点ごとにウェイトを調整する

[スキン]モディファイヤの[絶対効果]を使用して頂点ウェイトを調整する

1　曲げたときはきれいに曲がっていましたが、真っ直ぐにすると形がゆがんでしまいました。真っ直ぐになるようウェイトを頂点ごとに調整していきます。選択領域の[頂点]にチェックをいれることで頂点を選択できるようになり、個別にウェイトの調整が可能になります。

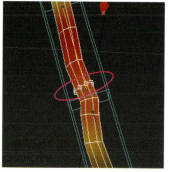

❶選択方法
頂点をボタンに書かれた方法に従って追加選択します。

❷要素を選択
チェックをいれると、要素ごとに頂点を選択するようになります。

関節部分より1段上の頂点をすべて選択します。

12-3　スキンの設定

2　ボーンリストから[RIG_ch_armLa]を選択します。ウェイトプロパティ領域の[絶対効果]❶には、選択した頂点の値がそれぞれ異なるため、値が表示されていません。ウェイトプロパティ領域の[絶対効果]のスピナーをクリックします❷。スピナーをクリックすることで、選択しているすべての頂点の[絶対効果]値が、最初に選択した頂点と同じになります❸。

CHECK!　隣り合った頂点の選択

隣り合った2頂点を選択し、[ループ]ボタンをクリックすると選択しやすいです。ループ先に三角ポリゴンを構成している頂点があると、それより先の頂点は選択されません。
[絶対効果]の数値は選択頂点のウェイトがそれぞれ異なる値だと何も表示されません。選択頂点がすべて同じ値のときのみ、数値が表示されます。

3　数値を変更すると、頂点の位置が移動します❶。ボーンに沿って自然な形になるように、頂点を調整します❷。

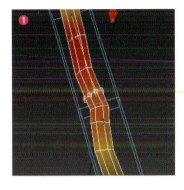 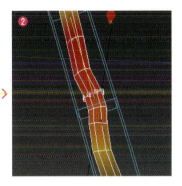

CHECK!　頂点ウェイト値による影響の違い

頂点ウェイトは「0.0～1.0」の幅で指定することができます。
「1.0」＝指定したボーンからしか影響を受けない
「0.0」＝指定したボーンの影響をまったく受けない
頂点ウェイトの値は、影響を受けるボーンがAとBの2つある場合、Aのウェイトを「0.8」にすると、Bのウェイトは自動的に「0.2」となり、合計で「1.0」となります。頂点ごとにウェイトを設定した場合、エンベロープの状態を数値化して各頂点に焼き込むため、エンベロープでは調整することができなくなります。

[スキン]モディファイヤの[ウェイトツール]を使用して頂点ウェイトを調整する

1　1段上の頂点を調整していきます。1段上の頂点をすべて選択します。次は、より細かい設定が可能な[ウェイトツール]を使用して調整します。

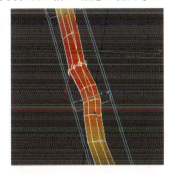

2　ボーンリストから[RIG_ch_armLa]を選択し、ウェイトプロパティ領域の[ウェイトツール]ボタンをクリックします。[ウェイトツール]パネルが開きます。

［ウェイトツール］パネル

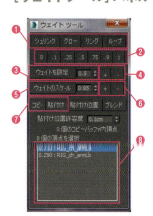

❶ 頂点選択方法
頂点の選択状態をボタンの内容にしたがって変更することができます。

❷ 特定のウェイト値
選択した各頂点のウェイトを数値入力せずにあらかじめ用意されている数値に設定します。

❸ ウェイトを設定
ボタンをクリックすると、選択した各頂点のウェイトを右に入力されている数値に設定します。

❹ ウェイトを設定［+］［-］
選択した各頂点のウェイトを 0.05 単位で大きく、または小さくします。

❺ ウェイトのスケール
ボタンをクリックすると、選択した各頂点のウェイト値に右に入力されている数値を乗算して、ウェイトを相対的に変化させます。

❻ ウェイトをスケール［+］［-］
選択した各頂点のウェイトを、クリック時の値の5パーセント単位で大きく、または小さくします。

❼ コピー、貼付け
選択した頂点のウェイトをコピーし、別の頂点へ貼り付けることができます。

❽ 頂点ウェイトリスト
選択した頂点のボーンに対するウェイト値が表示されます。複数のボーンに対してウェイトが設定されている場合は、比重の大きいボーンが上に表示されます。複数選択した場合は、最初に選択した頂点の情報のみが表示されます。

3 今回は［ウェイトツール］を使用して調整していきます。値による影響をよく見ながら、図のように上側の頂点から下側の頂点へ滑らかにつながるように、［ウェイトツール］パネルで❺［ウェイトのスケール］と❻［ウェイトをスケール［+］［-］］を併用して値を調整します。

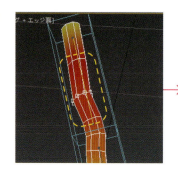 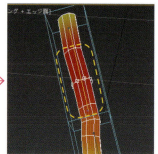

CHECK! こまめにパネルを閉じる

［ウェイトツール］はオンの状態のまま、オブジェクトの選択を解除すると、再度そのオブジェクトを選択したときにモディファイヤがリストの一番上にあると、自動的にウィンドウが開いてしまいます。他の作業の邪魔になってしまうので、使用後は［ウェイトツールボタン］をクリックしてパネルを閉じるようにしましょう。

4 残りの1段上の頂点も［ウェイトツール］を使って値による影響をよく見ながら、上側の頂点と下側の頂点が滑らかにつながるように、値を調整します。

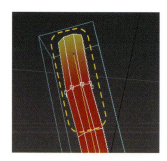 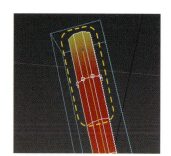

5 上腕部分の調整が済んだので、前腕・手部分を調整していきます。ボーンリストから［RIG_ch_armLa］を選択します。手部分にウェイトがついています。［パラメータ］ロールアウト内［要素を選択］にチェックをいれ❶、手部分をクリックして、手の頂点をすべて選択します❷。

 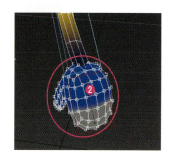

12-3 スキンの設定

6 ボーンのウェイトを［絶対効果］で数値を「0.0」に設定します。手の部分の青い色がグレーになり、手の頂点は［RIG_ch_armLa］の影響を受けなくなりました。

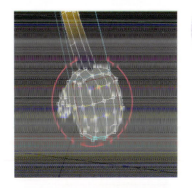

CHECK!
［要素を選択］のチェック

［要素を選択］にチェックをいれると、チェックをはずすまで要素に属するすべての頂点を選択する状態になります。個別に頂点を選択したい場合は、チェックをはずしてください。

7 ボーンリストから［RIG_ch_armLb］を選択します。手部分にウェイトが設定されています❶。このボーンのウェイトも［絶対効果］で数値を「0.0」に設定します。手の部分の青い色がグレーになり、手の頂点は［RIG_ch_armLb］の影響を受けなくなりました❷。

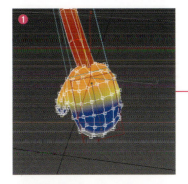 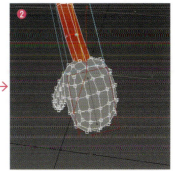

8 続いて、ボーンリストから［RIG_ch_handL］を選択します。前腕部分に色がついており、ウェイトが設定されています❶。腕部の頂点を要素選択し、［絶対効果］で数値を「0.0」に設定します。
腕部分の要素は［RIG_ch_handL］の影響を受けなくなりました❷。

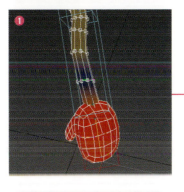 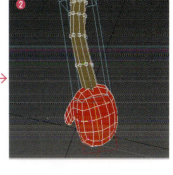

9 再度ボーンリストから［RIG_ch_armLb］を選択し❶、歪んでしまっている前腕部分をボーンに沿うように各頂点を調整していきます❷。［要素を選択］のチェックをはずすのを忘れないでください。
調整が終わったら、［タイムスライダ］を「10フレーム」目に移動して、曲げたときの状態を確認してみましょう。

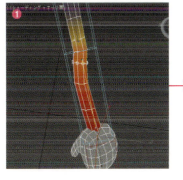 

COLUMN

ウェイトをリスト化して確認できるウェイトテーブル

ウェイトテーブルとは、現在のウェイト設定をリスト化して、どのボーンのウェイトがどの程度ついているのか、エンベロープの影響下にあるのかなどの確認や、同時に複数の頂点やボーンについて頂点ウェイトを変更することができる機能です。

[スキン] メニュー領域の [ウェイトテーブル] ボタンをクリックすると開き、[スキンウェイトテーブル] パネルから使用することができます。

ウェイトテーブルを使用してウェイトを調整した頂点は [絶対効果] で調整した場合と同様に、エンベロープの影響を受けなくなります。

Step 04　デュアルクォータニオンスキニングを適用する

湾曲部分が細くなってしまうのを確認する

関節周りは他の部分と比べて、曲げたときに細くなってしまいます。複数のボーンの影響を受けている箇所では、図のようにボリュームが縮んでしまう傾向にあります。このような場合には、ボリュームの縮みを防ぐデュアルクォータニオンスキニングを適用します。

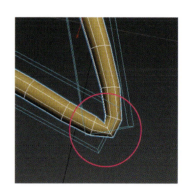

デュアルクォータニオンを適用する

1 [修正] タブ→ [パラメータ] ロールアウト→ [エンベロープを編集] をクリックし、デュアルクォータニオン領域の [ブレンドの重み] ボタンをクリックします❶。[ブレンドの重み] をオンにすると、曲げるときに太さが細くなってしまうのを調整するモードになります。
オブジェクトが黒く表示され❷、まだ補正はされていません。関節部分の頂点を選択し、[絶対効果] の数値を「1.0」に設定します❸。設定した箇所が明るくなり、その部分が太くなりました❹。

 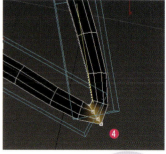

CHECK!

[ブレンドの重み] 設定時のウェイトプロパティの値

デュアルクォータニオンスキニングの調整は、頂点ウェイトとは別のパラメータなので、調整した頂点ウェイトの数値は変わりません。

12-3　スキンの設定

2 関節部分より1段上と1段下の頂点を選択し、[絶対効果]の数値を「0.5」程度に設定します。

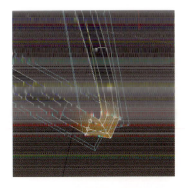

3 さらに1段外側の頂点を選択し、[絶対効果]の数値を「0.25」程度に設定します。

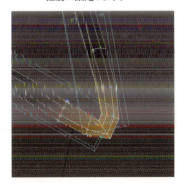

4 設定が終わったら、再度[ブレンドの重み]ボタンをクリックし、デュアルクォータニオンスキニングの調整モードを解除します。

すべての調整が終わったら、[エンベロープを編集]をクリックし、編集モードを解除します。ここで、シーンファイルを保存しておきましょう。

COLUMN

デュアルクォータニオンは変形時にボリュームが縮んでしまう場合に有効

オブジェクトのボリュームが縮んでしまう現象は、主に手のひらを返したりするような、ねじる動きをした場合にも起こります。こういった箇所でもデュアルクォータニオンスキニングは非常に役立ちます。

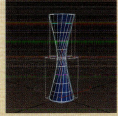
ねじったことでボリュームが縮んでしまった例

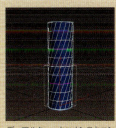
デュアルクォータニオンスキニングを設定するとボリュームが保たれる

Step 05　左足のスキン設定をする

[GEO_che_leg_L]　[RIG_ch_legLa]
[RIG_ch_legLb]　[RIG_ch_footL]

を選択し、分離ツールで選択オブジェクトだけを表示させます。今回はスキンの設定をする前にボーンにアニメーションを付けておきます。

左足にモディファイヤを割り当てる

1 [GEO_che_leg_L]を選択し、[スキン]モディファイヤを割り当てます。ボーンリストに3つのボーンを追加し、[追加]ボタンをクリックします。
[ボーンの選択]ウィンドウが開きます。左腕のときはシーン上のオブジェクトすべてが表示されましたが、今回は表示しているオブジェクトとその親だけが一覧に表示されます。

2 オブジェクト数が多い場合は、分離ツールを使用すると選択ミスが減ります。
[RIG_ch_armLa]
[RIG_ch_armLb]
[RIG_ch_handL]を
指定したら、頂点ウェイトを調整していきましょう。
[タイムスライダ]を「20フレーム」の位置に移動します。

257

Lesson 12　キャラクターリギング

頂点ウェイト確認用のアニメーションをつける

1. [オートキー]をクリックして、[タイムスライダ]を「10フレーム」の位置に移動します。[RIG_ch_legLb]を選択し、[参照座標系]を[ローカル]にして「90度」回転して曲げます。

2. [タイムスライダ]を「20フレーム」の位置に移動します。[参照座標系]を[親]にして数値入力でZ軸を「0度」にし、足を伸ばします。再度[オートキー]をクリックして、オートキーモードをオフにします。

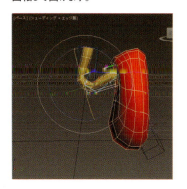 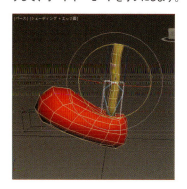

スキンの調整をする

ボーンに沿って真っ直ぐになるよう、太もも、すね部分の頂点ウェイトを調整していきます。各ボーンのウェイトを図を参考に[絶対効果]や[ウェイトツール]を使用して付けていきます。腕と同様に、伸ばしたときに真っ直ぐになるようウェイトを調整していきます。

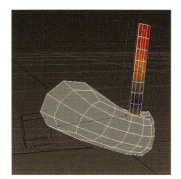 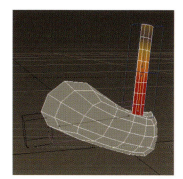 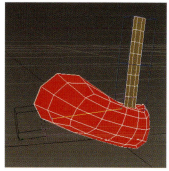

[RIG_ch_legLa]のウェイト　　[RIG_ch_legLb]のウェイト　　[RIG_ch_footL]のウェイト

変形を確認する

1. ウェイトの調整が終わったら、関節部分がどのように変形するか確認します。[タイムスライダ]を「10フレーム」の位置に移動します。関節部分が細くなっているので❶、デュアルクォータニオンスキニングの調整をします。図を参考に、太さが均一になるよう[絶対効果]の数値を設定します❷。

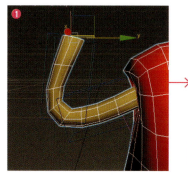 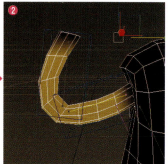

2. [タイムスライダ]を「0～20フレーム」の間で動かしてみて、問題ないようならシーンを保存します。左腕・左足で行ったスキン設定と同様に、右腕・右足もスキンの設定を行いましょう。

Step 06 胴体のスキン設定をする

スキンを調整する

1　[GEO_ch_body]のスキンを設定していきます。[ターボスムーズ]モディファイヤが割り当てられているオブジェクトは図のように[ターボスムーズ]より上に配置するようにします❶。ボーンリストに[RIG_ch_spineA] [RIG_ch_spineB]を追加します。
各ウェイトを❷❸を参考に、選んでいるボーンから遠い部分が青くなるように、ウェイトツールや絶対効果を使用して頂点ウェイトを付けていきます。

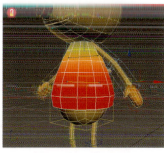
[RIG_ch_spineA]のウェイト

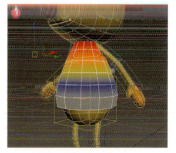
[RIG_ch_spineB]のウェイト

2　胴もデュアルクォータニオンスキニングの調整をします❶。背骨のボーンを捻ったとき❷に、胴が細くならないよう数値を設定します❸。

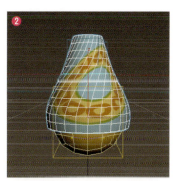

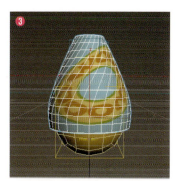

CHECK! 胴のウェイト設定時のポイント

均等にウェイトを割り当てていくと、背中を前後に曲げたときに[GEO_ch_hip]にめり込んでしまうので、ウェイトのグラデーションの中間をオブジェクトの中心より少し上にずらすのがポイントです。

Step 07　頭のスキン設定をする

スキンを調整する

1. 頭のスキンを設定していきます。[GEO_ch_head]には[モーファー]モディファイヤが割り当てられているので[スキン]モディファイヤは、[モーファー]と[ターボスムーズ]の間に配置します。逆だと[スキン]による変形アニメーションが[モーファー]の変形アニメーションで上書きされてしまい、[スキン]の効果が消えてしまいます。

2. [GEO_ch_head]は、ボーンリストに[RIG_ch_head]、[RIG_ch_earL]、[RIG_ch_earR]を追加します。[RIG_ch_head]、[RIG_ch_earL]のウェイトを図を参考に付けていきます。

[RIG_ch_head]のウェイト

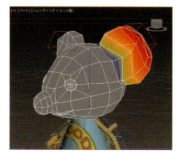

[RIG_ch_earL]のウェイト

CHECK!　耳の根元のウェイト

耳の根元はあまり動かしたくないので、根元付近は[RIG_ch_earL]のウェイトを弱く設定することがポイントです。

[ミラーパラメータ]ロールアウト

[RIG_ch_earR]のウェイトは、[RIG_ch_earL]のウェイトをミラーコピーすることができます。[ミラーパラメータ]ロールアウト内の[ミラーモード]ボタンをクリックすると、下の5つのボタンに色が付き、ボタンがクリックできるようになります。ビューポート上でも表示が変化し、ボーンと頂点が右側は青く、左側が緑色で表示されるようになります。赤いボーン、頂点はミラーコピーの対象外となります。

❶ミラー貼り付けボタン

・ミラー貼り付け

選択したエンベロープ、頂点のウェイトを反対側へ貼り付けます。

・〜から〜のボーンへ貼り付け

緑のボーンから青のボーン、もしくは青のボーンから緑のボーンにエンベロープを貼り付けます。

・〜から〜の頂点へ貼り付け

緑の頂点から青の頂点、もしくは青の頂点から緑の頂点に頂点ウェイトを貼り付けます。

❷ミラー平面

ミラーの基準となる右側と左側を決める、ミラー平面の設定をします。軸が違う場合は、[ミラー平面]から適切な軸を選択します。

❸ミラーオフセット

ミラー平面が中心からずれている場合は、この数値を調整して中心にくるようにします。

❹ミラーしきい値

[ミラーオフセット]の数値を変更しても、左右のボーンや頂点が赤いままの場合はこの数値を調整します。

頂点ウェイトをミラーコピーする

1 [ミラーモード]ボタンをクリックすると、[RIG_ch_earL]側のボーン❶と頂点❷は青、[RIG_ch_earR]側のボーン❸と頂点❹は緑で表示されます。

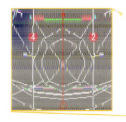
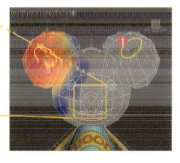

2 ミラーコピーは2通りあります。〈1〉ウェイトをエンベロープのみで設定している場合は、[青から緑のボーンに貼り付け]ボタンをクリックしてコピーする。〈2〉頂点ごとにウェイトを設定している場合[青から緑の頂点に貼り付け]ボタンをクリックしてコピーする。どちらかの方法で、[RIG_ch_earL]のウェイトを[RIG_ch_earR]にコピーします。

3 オブジェクトの形状が左右対称に近い形状の場合は[ミラーモード]を活用するとウェイトを付ける作業が楽になります。

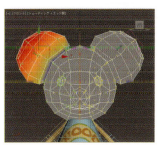

4 頭部のデュアルクォータニオンスキニングは必要がないので、設定しません。デュアルクォータニオンの[ブレンドの重み]をオンにしても、設定がされていないので、黒く表示されます。

Step 08　おしり・しっぽのスキンを設定する

おしりのオブジェクト[GEO_ch_hip]、しっぽのオブジェクト[GEO_ch_tail]は、スキンを割り当てるボーンが1つしかありません。スキンを設定しても、親子関係を設定するのと結果的には変わりないので、おしりのオブジェクト[GEO_ch_hip]は[RIG_ch_hip]ボーンの子に設定します。しっぽのオブジェクト[GEO_ch_tail]は[RIG_ch_tail]ボーンの子に設定します。ここで、シーンファイルを保存しておきます。

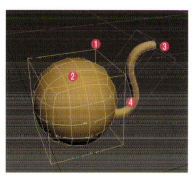

Step 09　最終確認

スキンの設定ができたら、[タイムスライダ]を動かして各ボーンに設定した頂点ウェイト確認用のアニメーションで、骨から大きく外れずに変形しているか確認します。おかしいウェイトがなければ、頂点ウェイト確認用のアニメーションを削除します。

・[RIG_ch]レイヤ内のすべてのボーンを選択し、[タイムスライダ]を「0フレーム」目に移動します。
・メニュー→[アニメーション]→[選択したアニメーションを削除]をクリックし、ボーンについていたアニメーションを削除します。

以上を行って、最後にシーンを保存しましょう。

Lesson 12 キャラクターリギング

12-4 ボーンにFK・IKを設定する

ボーンを追加し、オブジェクトを柔らかく曲げてアニメーションを作成することができるようになりました。しかし、このままアニメーションの作成をはじめると、時間や手数がかかる部位（特に足部分）があります。アニメーション制作の手間を省き、効率的に行うためにIK（インバースキネマティクス）というボーンの動き方の設定を行っていきます。

FK（フォワードキネマティクス）とIK（インバースキネマティクス）とは

動物や人間など関節を持つキャラクターを使って、アニメーションを作成するために設定される階層構造の機能です。FK（フォワードキネマティクス）とIK（インバースキネマティクス）という2つの概念があります。
一般的には、脚部だけIK設定を使用し、その他はFKで設定するなど、IKとFKを組み合わせて使用します。

FK（フォワードキネマティクス）

FKの階層構造は、親子関係のことを指します。3ds Maxで親子関係を設定すると、必ずこのFKによる制御になります。親から子へ、子から孫へと順に影響が伝わっていく構造のことです。人間の太ももを動かすとその下にある足先全体がつられて動きます。このように、親が動けば子も従う一般的な階層構造がFKです。子が移動や回転をしたときは親には影響を与えません。

IK（インバースキネマティクス）

IKの階層構造は、親子関係で設定された影響の方向性を逆転させたものです。IK構造を設定すると、指定した子の位置にゴールと呼ばれるヘルパーオブジェクトが作成されます。足先に設定されたゴールオブジェクトを動かすと、親とともに親と子の間にある関節が自動で動き、位置や角度が設定されます。

FKの動き方

FKを設定した場合、最初の親である腰を下へ下げると❶、足も一緒に下がってしまいます❷。地面にめり込まないようにするためには、太ももを回転→ひざ下を回転→足を回転、というようにそれぞれ調整していく必要があります。

IKの動き方

IKを設定した場合❶、腰を下に動かしても足は地面に固定され、自動的にひざが曲がります❷。かかと部分に設定されているゴールを移動させると、それに合わせて太ももとひざ下のボーンの位置・回転角度が計算されます。
IKを設定すると、歩きのアニメーションなど複雑なモーションを短時間で作成することができます❸。今回はキャラクターの足の一部にIK構造を設定していきます。

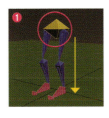    

12-4　ボーンにFK・IKを設定する

Step 01　脚部にIKを設定する

📥 Lesson12 ▶ 12-4 ▶ 12-4_sample_01.max

サンプルシーンを開きます。自分で作成したデータを使用する場合は、Lesson12-3でスキン設定したキャラクターのシーンを開きます。このキャラクターの脚部のボーンにIKを設定していきます。

脚部分にIKを設定する

1 IK制御を設定するには［HIソルバ］というツールを使用して、［IKソルバ］を設定します。［HIソルバ］はIK制御を設定する方法のひとつです。［GEO_ch_hip］、［GEO_ch_leg_L］、［RIG_ch_legLa］、［RIG_ch_legLb］、［RIG_ch_footL］、［RIG_ch_footL_end］を選択し❶、分離ツールで選択オブジェクトのみを表示させておきます❷。

［RIG_ch_legLa］を選択し、メニュー→［アニメーション］→［IKソルバ］→［HIソルバ］をクリックします❸。

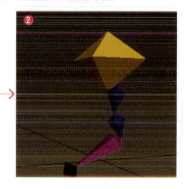

2 選択オブジェクトとマウスカーソルを繋ぐ点線❶が出るので、この状態で［RIG_ch_footL］❷をクリックします。
［RIG_ch_footL］の基点位置に青色のゴールと呼ばれる、ヘルパーオブジェクトが作成されます❸。作成されたゴールの名前を［HP_ch_IKchain_legL］と変更します。
ワークスペースシーンエクスプローラで新しいレイヤを作成し、レイヤ名を［HP_ch］とします。このレイヤ内に［HP_ch_IKchain_legL］を移動し、整理しておきます。

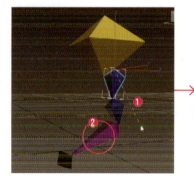

CHECK!　IK制御の範囲

開始関節とゴールオブジェクトの間にある関節の位置や角度が自動的に計算される構造をIK制御と呼びます。IK制御になるのは、最初に選択したオブジェクトとクリックしたオブジェクトの親までです。

Lesson 12 キャラクターリギング

靴部分に別のIKを設定する

1. [GEO_ch_hip]を選択して、下に移動します❶。すると、青いボーンのひざが曲がって❷、人間らしく動きます。つま先にあたる紫の[RIG_ch_footL]❸の先端が下がります。
これはIKが[RIG_ch_legLa][RIG_ch_legLb]の2つに設定され、[RIG_ch_footL]以降はFKで制御されているために、[RIG_ch_footL]は親の[RIG_ch_legLb]の回転を継承し、向きが下を向いてしまうのです。
確認後、回転をもとに戻します。

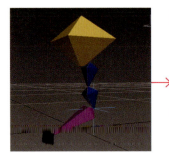 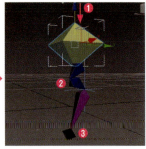

足にIK制御を設定したもの

2. 足先が下に回転しないようにするために、Step01で設定した❶IKに加えて、[RIG_ch_footL]❷にも別のIKを適用します。[RIG_ch_footL]を選択し、メニュー→[アニメーション]→[IKソルバ]→[HIソルバ]をクリックします。点線が出た状態で[RIG_ch_footL-end]をクリックします。
作成されたゴールの名前を[HP_ch_IKchain_footL]と変更し、[HP_ch]レイヤーに移動します。[GEO_ch_hip]を動かして、足首の位置が固定されているか確認します。こうすることで、[RIG_ch_footL]は[RIG_ch_legLa][RIG_ch_legLb]のIK制御とは異なるIKで制御されることになり、FK制御でもないため、[RIG_ch_legLb]の回転を継承することなく、単体で向きのコントロールが可能になります。

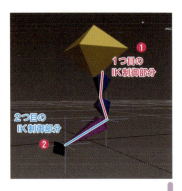

CHECK! HIソルバを適用するオブジェクト数

図はStep1の❷で[RIG_ch_footL-end]をクリックして、[RIG_ch_legLa]から[RIG_ch_footL]までの3つのボーンをIK制御にした状態です❶。この状態で[GEO_ch_hip]を下げるとつま先は下がりませんが、ひざがうまく曲がりません❷。
このような意図しない曲がり方を防ぐため、HIソルバは、適用するオブジェクトを2オブジェクトにしておくと望みどおりの効果を得ることができます。

 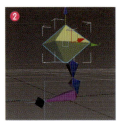

3. 左足と同じように右足にもIKを設定します。
両足の設定が終わったら、再度シーンファイルを保存しておきましょう。

Step 02 IKコントロール用オブジェクトを作成する

ゴールをコントロールする

1. IKゴールは、IK制御の末端のオブジェクトに関連付けされたオブジェクトです。IK制御下にあるオブジェクト❶は、このIKゴールの位置❷に合わせて位置・回転が自動で調整されます。

264

12-4　ボーンにFK・IKを設定する

2 IKゴールが2つになっているので、足を制御するためにこの2つをコントロールする必要があります。2つを別々にコントロールするのは効率が悪いので、同時に動かすことができるようにコントロール用オブジェクトを作成していきます。[GEO_ch_lwr_L]を表示し、トップビューにします。
[作成]タブ→[スプライン]→[長方形]をクリックし、靴の大きさより少し大きめにスプラインを作成します。

3 [階層]タブ→[基点にのみ影響]をクリックし、[位置合わせ]ツールで作成したスプラインの基点を[HP_ch_IKchain_legL]に位置合わせした後、Z位置を「0.0cm」にして地面と高さを合わせます。このように、地面と同じ高さに作成すると接地箇所がわかりやすくなります。オブジェクト名を「CTL_ch_rig_footL」と変更します。ワークスペースシーンエクスプローラで新しいレイヤを作成し、レイヤ名を「CTL_ch」とします。このレイヤ内に[CTL_ch_rig_footL]を移動し、整理しておきます。

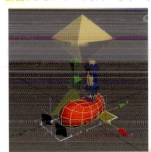

CHECK! 基点の位置を[位置合わせ]した理由

基点の位置を[HP_ch_IKchain_legL]に位置合わせしたのは、このオブジェクトを使用して横方向に足先の向きを変えたときに足首の位置が変わらないようにするためです。

4 このオブジェクトを複製して右足側にも配置し❶、オブジェクト名を「CTL_ch_rig_footR」とします。
[HP_ch_IKchain_legL]❷と[HP_ch_IKchain_footL]❸の親を[CTL_ch_rig_footL]❹に指定して、親子関係を設定します。
[HP_ch_IKchain_legR]❺と[HP_ch_IKchain_footR]❻の親を[CTL_ch_rig_footR]❼に指定して、親子関係を設定します。

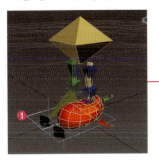 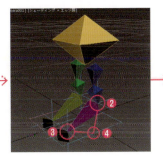 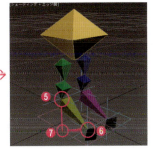

5 [CTL_ch_rig_footL]と[CTL_ch_rig_footR]を動かして、足のボーンがちゃんと動くか、横方向に回転しても足首の位置が変わらないか確認します。問題ないようなら、シーンファイルを保存しておきます。

Step 03　IKパラメータの調整をする

しきい値を調整する

1 [RIG_ch_hip][CTL_ch_rig_footL]などを動かした際、足首部分がカタついているので、IKパラメータを調整して計算の精度を上げていきます。
[HP_ch_IKchain_legL]を選択し、コマンドパネルの[モーション]タブをクリックします。

2 [IKソルバのプロパティ]ロールアウトから、[しきい値]領域の[位置][回転]の値を「0.001」に設定します。それぞれその他のゴールの値も変更したら、シーンファイルを保存しておきましょう。

Lesson 12 キャラクターリギング

> **CHECK!** キャラクターサイズに適したしきい値
>
> キャラクターのサイズが大きい（人間サイズ程度）場合は、あまり気にならないこともあります。明らかにガタつきが見える場合にこれらの値を調整するとよいでしょう。

足の向きとひざの向きを連動させる

1. ［GEO_ch_leg_R］も表示させます。［CTL_ch_rig_footL］、［CTL_ch_rig_footR］を横方向に回転させて、ボーンがどのように動くか確認します。
   人間の足は、足先の向きを変えたときに、その向きにひざも向くようになっています。現在は足先の向きにひざの向きがついてこない状態になっているので、向きが連動するよう調整していきます。

2. ［HP_ch_IKchain_legL］を選択し、［IKソルバのプロパティ］ロールアウト内→［親スペース］値領域のチェックを［IKゴール］に変更します。

> **CHECK!** ボーンとワールド軸の2角度の相違
>
> Lesson12-2のStep03で［RIG_ch_hip］の角度をワールド軸と合わせましたが、［RIG_ch_hip］の角度がワールド軸と違うとボーンの向きがおかしくなってしまいます。

3. 足先の向きとひざの向きが連動するようになりました。
   ［HP_ch_IKchain_legR］の設定も変更しておきましょう。

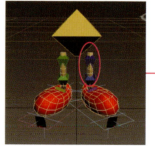 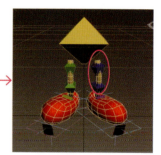

調整前の状態　　　　　　　　調整後の状態

腰を動かした際に足裏が滑らないようにする

1. 腰を落とした状態で左右に動かすと、足裏が滑ってしまっています❶。
   足裏が滑らないよう調整していきます。［HP_ch_IKchain_footL］を選択し、［IKソルバのプロパティ］ロールアウト内→［親スペース値領域］のチェックを［IKゴール］に変更します。チェックを変更すると、靴部分の向きがねじれてしまいました❷❸。これは［RIG_ch_footL］の親［RIG_ch_legLb］の角度がワールド軸と異なるために起きてしまっています。

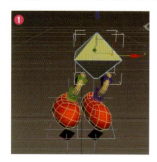 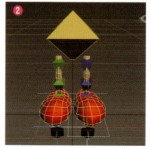 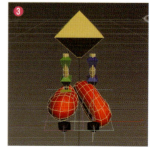

　　　　　　　　　　　チェックを［IKゴール］に変更する前　　チェックを［IKゴール］に変更した後

12-4 ボーンにFK・IKを設定する

2 このねじれは、[IKソルバのプロパティ]ロールアウト内→[IKソルバ平面]領域の[ターン角度]を変更することで修正できます❶。もとの正しい向きになるよう、値を調整していきます。
正しい向きに戻ったら、足が回転していしわがないか動かして確認してみましょう❶❶。問題なければ、[HP_ch_IKchain_tootR]も同じように修正します。両足とも回転しないようになったら、シーンファイルを保存しておきます。

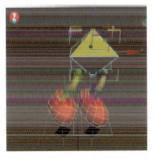

[親スペース]値のチェックが[開始関節]にあると、足が回転する

[親スペース]値のチェックが[IKゴール]にすると、足が回転しなくなる

Step 04　ルートオブジェクトを作成する

キャラクター全体を動かすためのオブジェクトを作成する

現在の状態では、キャラクター全体を動かすために、複数のオブジェクトを選択して移動する必要があります。キャラクターの位置をコントロールするための[ルートオブジェクト]を作成すると制御がしやすくなります。

1 [作成]タブ❶→[ヘルパー]❷→[ポイント]ボタン❸をクリックします。

2 アクティブビューポート上でクリックするとオブジェクトが作成されます。

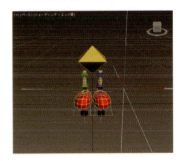

3 オブジェクト名を[CTL_ch_rig root]に変更し、[CTL_ch]レイヤに移動します。十字の状態で表示されており、やや認識しづらく、選択もしにくいので表示形状を変更します。
[修正]タブ→[表示]領域内の[クロス]と[ボックス]にチェックを入れます。

4 表示方法を変更したら、位置を「X：0.0cm」「Y：0.0cm」「Z：0.0cm」に移動します。[GEO_ch]レイヤ内のオブジェクトをすべて表示させ、大きさを調整します。トップビューにして、[修正]タブ→[サイズ]の値を図のように調整します。

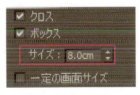

5 キャラクターより大きめにすると、選択がしやすくなります。

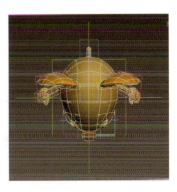

親子関係を設定する

[CTL_ch_rig_root] を移動させたとき、キャラクターも付いてくるように親子関係を設定します。[RIG_ch_hip] [CTL_ch_rig_footL] [CTL_ch_rig_footR] の親に [CTL_ch_rig_root] を指定します。[CTL_ch_rig_root] を動かして、問題なくキャラクターも付いてくるようであれば、シーンファイルを保存しておきましょう。

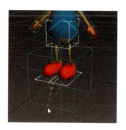

Step 05　シーンを整理する

最後にシーンを整理しましょう。不要なオブジェクトが存在する場合は削除します。

レイヤ構造を確認する

1. オブジェクト名が、
   [CTL_〜] となっているものは [CTL_ch] レイヤ ❶
   [HP_〜] となっているものは [HP_ch] レイヤ ❸
   [GEO_〜] となっているものは [GEO_ch] レイヤ ❷
   [RIG_〜] となっているものは [RIG_ch] レイヤ ❹
   指定のレイヤ内に入っているかを確認します。入っていなければ、適切なレイヤに移動させましょう。

2. [HP_ch] レイヤ内のオブジェクトはアニメーションを付けるときには基本的に触らないので、レイヤごと非表示にして、画面上の見た目をすっきりさせておきましょう。
   アニメーションを付けるときに触らないという点では、[RIG_ch_footL-end] [RIG_ch_footR-end] も同様です。これらはIKを設定するうえでのみ必要だったので、例外的に [HP_ch] レイヤに移動させて非表示にしましょう。最終的に図のようになっていれば完了です。

Exercise — 練習問題

　　　Lesson12 ▶ Exercise ▶ 12_exercise_01.max

Q 各ボーンを [選択して移動] ツール、[選択して回転] ツールを使用して動かし、キャラクターにポーズを付けてみましょう。

 Before　→　 After

A
❶ 各ボーンや [CTL_ch_rig_root] [CTL_ch_rig_footL] [CTL_ch_rig_footR] といったコントローラを動かして、おかしい箇所がないかチェックします。

❷ ボーンの親子関係、スキンの状態、IKの設定状態など見ていきます。[GEO_ch_head] に仕込んだモーファーも、もう一度確認しておくとよいでしょう。

❸ 問題箇所があれば、修正しておきましょう。

アニメーションの作成

An easy-to-understand guide to 3ds Max

Lesson **13**

背景とキャラクターをモデリングして、キャラクターのリギングを済ませたら、アニメーションを作成するための準備が整いました。3DCGアニメーション制作は、キャラクターにポーズを取らせて動きのはじまりを設定し、別のポーズを取らせて動きの終わりを設定します。このポーズとポーズの間の時間を3ds Maxが自動的に補完することでアニメーションになります。

Lesson 13 アニメーションの作成

13-1 アニメーションの基本

アニメーションの基本である、「なぜ映像が動いて見えるのか」という概念を学び、アニメーションで使用する特殊な用語を理解しましょう。おもに使用するツールの内容や使用方法も学んでいきます。

アニメーションの概念

静止した画像を適当な間隔で次々に再生すると、映像が動いて見えます。少しずつ変わっていく静止画を高速に再生したとき、人間の脳はそれをとぎれのない連続した動きを持った映像として認識します。

フレームとは

映画のフィルムは、1秒分の長さのフィルムを24個に分割したコマに少しずつ異なる静止画が焼き付けられて構成されています。そのコマのことを「フレーム」と呼びます。

3ds Maxにおけるアニメーション作成

3DCGアニメーション制作も一般的な手描きアニメーションと同じく、少しずつ変わっていく複数の静止画を制作します。まず、キャラクターにポーズを取らせます。たとえば、このポーズを1フレーム目に設定します。異なるポーズを取らせ、12フレーム目に設定します。ここで設定した1フレームと12フレームの2つのポーズのフレームを「キーフレーム」と呼びます。キーフレームとキーフレームの間の時間をフレームごとに3ds Maxが自動的に補完してアニメーションを作成します。再生すると、キャラクターが動いて見えます。

13-1 アニメーションの基本

アニメーションで使用する基本ツール

・メインアニメーションコントロールツール群
ビューポートの下部に表示されているツール

❶[トラックバー]

時間をコントロールするパネル。表示されている数値は［現在のフレーム/シーンの長さ］。

❷[キーを設定]

位置／回転／縮尺などの情報を現在の時間にキーフレームとして記録する。

❸[オートキー][セットキー]

アニメーションモード［オートキー］［セットキー］の切り替え。どちらかのボタンがアクティブでアニメーションモードになり、アクティブビュー枠と［タイムスライダ］の地の部分が赤く表示する。

❹[アニメーションを再生]

再生❶、コマ戻し❷、コマ送り❸、最初のキーフレームへ移動❹、最後のキーフレームへ移動❺、などの操作を行う。

❺[キーモード切り替え]

［キーモード切り替え］ボタンをオンにすると❶、［アニメーションを再生］のコマ戻し、コマ送りをキー戻し❷、キー送り❸に変更する。

❻[現在のフレーム]

現在のフレーム時間を表示。数値入力で、そのフレームに移動する。

❼[時間設定]

［時間設定］パネルを表示。フレームレート、時間表示、シーンの長さなどを変更する。

・トラックバー

キーの移動、コピー、削除、などの操作が素早く実行できる。選択オブジェクトに設定されているキーフレームがトラックバー上にボックスのアイコン❶で表示される。

・キーフレーム

キーフレームはトラックバー上に、色のついたボックスで表示されます。
図❶は、位置、回転、スケールのキーフレームを表しています。
図のキーフレームは、赤、緑、青のボックスなので、位置、回転、スケールの情報がすべて含まれていることを示します。

・ボックス色によるキーの種類

[位置]＝赤
[回転]＝緑
[スケール]＝青
その他＝グレー
選択されたキー＝白

[キーフレームの選択]

キーをクリックして選択する。選択時、ボックスは白色。

[キーフレームの移動]

キーを選択し、トラックバー上で横に移動させると、キーを移動できる。

[キーフレームのコピー]

キーを選択し、Shiftキーを押しながらトラックバー上で横に移動させると、キーをコピーできる。

[キーフレームの削除]

キーを選択し、Deleteキーでキーを削除できる。

13-2 簡単なアニメーションを制作する

メリーゴーラウンドの動きを作成します。キーフレームの作成、移動、コピーを理解し、繰り返しのアニメーションの作り方を理解します。プレビューしながら動きを調整することで、自然なアニメーションを作ることができます。

アニメーションの出力サイズと時間

アニメーションが出力されるサイズと、シーン全体がどれくらいの時間になるのかを設定します。個人制作においてはあまり考える必要のない点ですが、インターネット上にアップロードする場合や、コンテストなどに応募する場合には、定められた規格に準じて制作を進める必要があります。

Step 01　出力サイズとシーンの長さの設定

📁 Lesson13 ▶ 13-2
▶ 13-2_sample_01.max

出力サイズを設定する

サンプルシーンを開きます。自分で作成したデータを使用する場合は、Lesson7でディテールアップが終わっている遊園地のシーンを開きます。メニュー→[レンダリング]→[レンダリング設定]で、[出力サイズ]の幅「1920」、高さ「1080」に設定します。

時間を設定する

5秒間のアニメーションを制作します。画面右下の[時間設定]ボタン🕒をクリックし、[時間設定]パネルを開きます。フレームレートの[NTSC]にチェックを入れ❶、[FPS]の値が「30」❷になっているか確認します。終了時間を「150」に設定します❸。[OK]ボタンをクリックしてパネルを閉じると、トラックバーの左端が「0」❹、右端が「150」❺になります。

> **CHECK!** アニメーション制作をはじめるにあたって
>
> アニメーションの制作開始時に、最初に確認すべきなのは、[出力サイズ]と[フレームレート]です。特に[フレームレート]は後から変更することが難しいので、はじめに正しく設定しておきましょう。本書では、[NTSC（30fps）]で制作します。

シーンファイルを保存します。保存先は「3dsMax_Lesson ▶ Lesson13 ▶ 13-2」を指定し、保存ファイル名は「13-2_sample_01_work_01.max」とします。このシーンがアニメーション作業前のベースになります。アニメーション制作中に何か問題が起きたときは、このシーンファイルを開き直して再度作業しましょう。

13-2 簡単なアニメーションを制作する

COLUMN

出力サイズとフレームレート

出力サイズとは最終的に出力する静止画や映像のサイズです。どんなメディアで作品を見るかで設定を決める必要があります。この本では、「HDTV1080p」で制作します。

映像において1秒あたりに再生するフレーム数（静止画像数、コマ数）のことをいいます。1fps（frames per second＝1フレーム毎秒）」という単位で表します。
日本では、TVや映像、ゲーム業界では「NTSC（30fps）」を使用することが多く、映画やアニメーション業界では、「フィルム（24fps）」の fps で制作されることが多いです。とはいえ、プロジェクトごとに異なる場合が多いので、作品を制作するときには、必ず最終的にどんなメディアで再生するのかをイメージしておきましょう。WEBで公開する場合は、30fps か 24fps にするのが一般的です。

Step 02　シーンのデータ整理

ワークスペースシーンエクスプローラでレイヤ分けする

1 ワークスペースシーンエクスプローラで［新規レイヤを作成］をクリックし❶、名前を［GEO_merry］とします。何も選択していない状態で、［GEO_merry-base］オブジェクトをダブルクリックすると親子関係が設定されているオブジェクトがすべて選択されます❷。

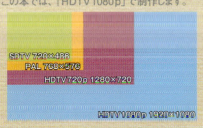

CHECK! 子の選択

`PageDown` と `PageUp` キーを使用して、そのオブジェクトの親や子だけを選択することができます。

2 ワークスペースシーンエクスプローラで、［GEO_merry］レイヤの上❶にドラッグをすると、レイヤを移動することができます❷。

3 ワークスペースシーンエクスプローラ上でカメラをすべて選択した状態で、［新規レイヤを作成］をクリックします。新しくできたレイヤの名前を［CAM］とします。すべてのカメラが、自動的に［CAM］レイヤに移動します。

4 ［GEO_fence］と［GEO_ground］を選択し、［GEO_ground］レイヤにドラッグをして移動します。

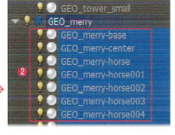

273

Lesson 13 アニメーションの作成

Step 03 馬に上下の動きをつける

馬の柱にアニメーションを設定する

1. 分離ツールで、[GEO_merry] レイヤーの中身だけが表示されるようにします。まず、どれか1体の馬を決め、その中心の柱 [GEO_merry-pole～] を選択します。柱を上下に移動して、馬も一緒に動くことを確認します。馬が動かない場合は、LessonG-1で行っている親子関係の設定を見直しましょう。

2. アニメーション開始時の馬の位置を決めます。[タイムスライダ] を「0フレーム」に移動し❶、馬の中心の柱をメリーゴーラウンドの上のリング [GEO_merry-ring] から離れてしまわないギリギリのところまで下に移動させます❷。馬が [GEO_merry-base] にめり込まないように高さを調整します。

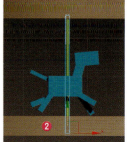

3. 「0フレーム」に今の位置を記録するために、柱を選択した状態で [キーを設定] ボタン❶をクリックします。「0フレーム」に図のようなキーフレームが作成されます❷。色の情報から移動、回転、スケールの情報が記録されていることがわかります。

> **CHECK!** 確認しながらキーフレームを設定する
>
> オブジェクトを選択して [キーを設定] ボタンを使用すると、アニメーションを設定するモードでなくても、現在の状態を確認しながらキーフレームを設定することができます。

[オートキー] モードでキーフレームを作成する

1. 右下の [現在のフレーム] の数値を「15」に変更して❶ enter キーを押します。これで [タイムスライダ] が「15フレーム」目に移動します。[オートキー] ボタンをオンにします❷。タイムラインのアクティブビュー枠とビューポート下側が赤く表示されます❸。

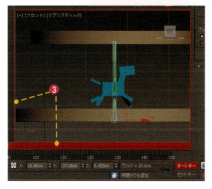

2. 柱が [GEO_merry-base] から離れてしまわないギリギリのところまで上に移動させます。柱を移動させると、自動的にそのフレームにキーが作成されます。同じフレームで再度位置調整をすると、キーフレームも再調整された位置が記録されます。[タイムスライダ] を左右に動かして「0フレーム」から「15フレーム」にかけて上に移動する動きになっているか確認しましょう。

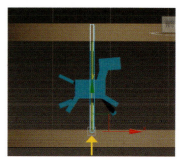

13-2 簡単なアニメーションを制作する

COLUMN
[レイアウトモード]と[オートキーモード]、[セットキーモード]の違いについて、ポーズをつけるときの違い

- ●レイアウトモード（オートキー、セットキーオフ）

キーフレームなし	ポーズが変わる
キーフレームあり	ポーズを変更したフレーム以外のキーも、変更した値だけ変わる

- ●オートキーモード

キーフレームなし	そのフレームにキーが作成される 「0フレーム」目にもとのポーズのキーが作成される
キーフレームあり	キーが再調整されそのポーズが記録される ほかのキーには影響しない

- ●セットキーモード

キーフレームなし	[タイムスライダ]を動かすと、もとに戻る [キーを設定]ボタンでキーを作成するとキーフレームが作成される
キーフレームあり	[タイムスライダ]を動かすと、もとに戻る [キーを設定]ボタンでキーを作成か更新するとそのフレームのキーだけが更新される

キーをコピーする

1. トラックバー上で「0フレーム」のキー（ボックス）をクリックして選択します❶。選択状態になるとボックスが白くなります❷。

2. [Shift]キーを押しながら、キーを横にスライドさせると、「0フレーム」のキーは

残ったまま、白いキーが移動します。そのまま「30フレーム」の位置に移動させると、「0フレーム」から「15フレーム」にかけて上に、「15フレーム」から「30フレーム」で下に移動して、もとの「0フレーム」の位置に戻るアニメーションになっています。

2回繰り返しの動きを設定する

1. トラックバー上でマウスをドラッグして、「0」、「15」、「30」のキーを選択します。

2. [Shift]キーを押しながら、キーを横にスライドさせ、「30フレーム」目のキーとコピーした最初のキーが重なるようにします。
馬が2回上下してもとの位置に戻るアニメーションが完成しました。

0フレーム　15フレーム　30フレーム　45フレーム　60フレーム

Lesson 13　アニメーションの作成

Step 04　動きを確認する

プレビューで動きを確認する

1 どんな動きか確認するために、作成したアニメーションをプレビューしてみましょう。
メニュー→［ツール］→［プレビュー・ビューポートをキャプチャ］→［プレビューアニメーションを作成］を選択すると❶、［プレビューを作成］パネルが表示されます❷。パネルの設定を確認します。
［プレビュー範囲］の［アクティブタイムセグメント］は、シーンの［時間設定］で決められたフレームをレンダリングします❸。
下部の［ビューポートのレンダリング］は、アニメーションを確認したいビューポートを選択します。今回は［パース］を選択します❹。［パース］が選択できないときは、ビューポートの設定を［パース］に変更します。設定がすんだら［作成］ボタンをクリックします❺。

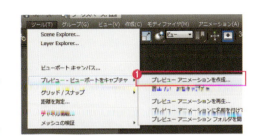

2 初回作成時には、［ビデオの圧縮］パネルが表示されます。図のように設定し❶、［OK］ボタンをクリックします❷。

3 パネル中央にプレビューが表示され、1枚ずつ画面が計算されていきます。

4 作成が終了すると、自動的にWindowsMediaPlayerが起動し、アニメーションが再生されます。馬が2回上下して、そのあとは静止しているのが確認できたら、正しくキーフレームが作成できています。確認ができたらWindowsMediaPlayerを終了します。

CHECK！　プレビューの作成

画面右下の再生ボタンをクリックしてもアニメーションの再生はできますが、シーンの内容によっては、正しいスピードで再生されません。少し手間はかかりますが、アニメーションの確認は［プレビューアニメーションを作成］で行うようにしましょう。

[トラックビューカーブエディタ]を理解する

トラックビューカーブエディタでできること

[トラックビューカーブエディタ]は、メインツールバーの[カーブエディタ(開く)]アイコンで開くことができます。[トラックビューカーブエディタ]ではシーンの管理、アニメーション制御に関するさまざまな項目を設定することができます。

- シーン内のオブジェクトとそのパラメータを一覧表示
- キーの値の変更
- キーのタイミング(時間)の変更
- コントローラ範囲の変更
- キーとキーの間の補間方法の変更
- 複数のキー範囲の編集
- 時間ブロックの編集
- シーンへのサウンドの追加
- キー範囲外のアニメーション動作の変更

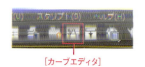

[カーブエディタ]

「トラックビューカーブエディタ」パネル

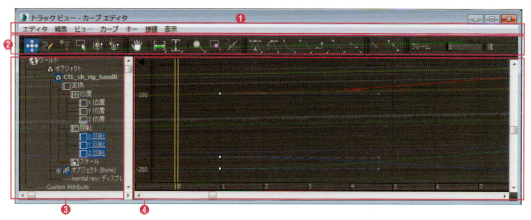

❶メニューバー
メニューが表示され、各機能にアクセスできる

❷ツールバー
アニメーションカーブをコントロールするツール群

❸コントローラウィンドウ
オブジェクトの位置、回転、スケールが要素ごとに分かれた状態で表示される。その他のアニメーションにかかわる項目の表示、ここで選択した要素のアニメーションカーブがキーウィンドウに表示されるコントローラウィンドウ上では、横軸が時間、縦軸は動きを表す

❹キーウィンドウ
コントローラウィンドウで選択した要素のアニメーションカーブが表示される

Step 05 コントローラウィンドウを活用する

コントローラウィンドウの見方を理解する

1. Step03でアニメーションさせた柱のオブジェクトを選択した状態で、トラックビューカーブエディタを開きます❶。
初期設定の状態だと、コントローラウィンドウ上では、アニメーションキーが設定されているチャンネルが青くハイライト選択された状態で開かれます❷。

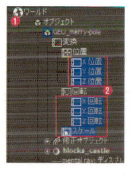

CHECK! トラックビュードープシート

トラックビューには、カーブエディタのほかにドープシートがありますが、本書ではトラックビューはカーブエディタのこととして解説します。

Lesson 13　アニメーションの作成

2 コントローラウィンドウ上で、位置の[Z位置]をクリックすると❶先ほど動かした、縦の動きが青い線のグラフ❷として表示されています。グレーの点❸がキーフレームがあるところです。

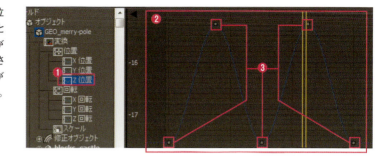

CHECK！

チャンネルの表示

柱のオブジェクトはZ位置（縦方向）にのみ動いているので、その他のチャンネルは水平な線として表示されます。

動きは7つのチャンネルで管理される

オブジェクトの動きは、位置（X＝横、Y＝奥行、Z＝縦）、回転（X＝傾き回転、Y＝前後回転、Z＝水平回転）、スケールという7つのチャンネルに分解されて管理されています。

Step 06　トラックビューカーブエディタで繰り返しの動きを作成する

繰り返しの動きを作成する

1 トラックビューで[位置]→[Z位置]を選択し、メニュー→[編集]→[コントローラ]→[範囲外のタイプ]を選択します❶。[範囲外のパラメータカーブ]パネルでは、[一定]の下側ボタンがオンになっています。繰り返しを設定するために[リピート]の下側ボタンをオンにし❷、[OK]ボタンをクリックします❸。

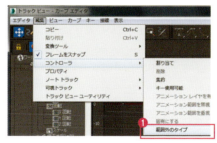

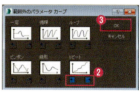

2 コントローラウィンドウのカーブが右図のように変化します。[リピート]の下側の左ボタン❶は、最初のキーより前をリピートさせます❷。右ボタン❸は、最後のキーの後ろをリピートの動きに変更します❹。
これで、シーンの長さを変更してより長いシーンにしても繰り返し上下する動きが設定できました。メニュー→[ツール]→[プレビュー・ビューポートをキャプチャ]→[プレビューアニメーションを作成]で、プレビューを作成して確認し、問題がなければシーンデータを保存しておきましょう。

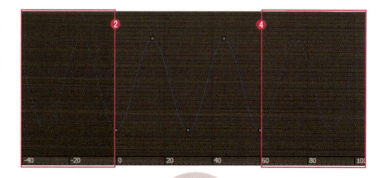

CHECK！　その他の範囲外のタイプ

リピート以外にも、「一定」、「循環」、「ピンポン」、「線形」、というタイプがあります。必要に応じて使い分けます。

Step 07 他の馬の柱も動かす

他の柱も動かす

プレビューして、途中で止まってしまう馬などがないか確認しましょう。

他の馬も動かして動きのタイミングをずらす

他の馬の柱もすべて同じように「30フレーム」で1回上下動するように、キーフレームを設定します。キーの作成後は［範囲外のパラメータカーブ］パネルで前後を［リピート］に設定し❶、繰り返しの動きにします。この段階では、すべての馬の上下動が同じタイミングで動いています。いずれかの馬の柱を選択し、トラックバー上ですべての［キーフレーム］を選択します。選択した［キーフレーム］を右側にずらします❷。これでこの馬の上下動のタイミングが他の馬とずれました。残りの馬も隣り合った馬と上下のタイミングが同じにならないように調整します❸。

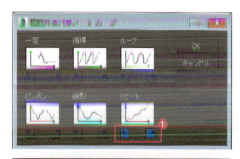

中央の台を動かす

1 中央の台［GEO_merry-center］とその上の馬を選択し、分離ツールでこの2つのオブジェクトだけを表示します。
台のオブジェクトが、「0フレーム」目で「0度」、「75フレーム」目で時計回りに「−360度」回転するようにキーフレームを設定します。時計回りだと、数値は「−360」となります。

2 プレビューすると、最初にゆっくり回転しはじめる→途中で高速になる→最後に再びゆっくりになる、というアニメーションになっています。

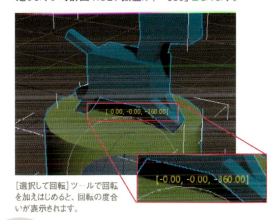

［選択して回転］ツールで回転を加えはじめると、回転の度合いが表示されます。

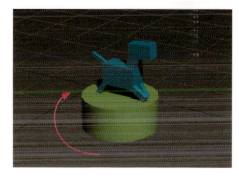

CHECK！ 5度ずつずらす角度スナップ

オブジェクトを回転させるときに、メインツールバーの［角度スナップ／切り替え］をオンにすると、5度ずつ回転するようになります。スナップ角は標準では5度ずつ変化しますが、設定で変更することもできます。

Lesson 13　アニメーションの作成

アニメーションカーブの形を変更する

1. トラックビューカーブエディタで、Z回転のカーブを確認します。図のような形状のカーブが描かれています。
このグラフからも、最初ゆっくり回転しはじめる→途中で高速になる→最後ゆっくりになる、という動きになっていることが読み取れます。

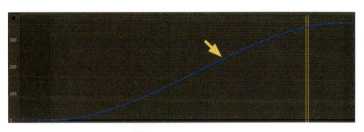

真横に伸びる線→停止している、垂直に近い→変化量が多い、ということを表しています。このカーブは、止まっているところから加速し、減速しながら止まる動きを表しています。［ベジェ接線ハンドル］を使用することで、カーブの形状を調整することができます。

> **CHECK!** ベジェハンドルが表示されない
>
> ［ベジェ接線ハンドル］が表示されない場合は、右図のアイコンがオンになっているか確認します。
> また、選択せずにすべてのキーの［ベジェ接線ハンドル］を表示したい場合は、図のボタンをオンにします。

2. トラックビューカーブエディタで、Z回転の「0フレーム」目にある四角のキーをクリックする、またはドラッグで囲むことで選択します。そのキーから前後のキーの方向に向かって［ベジェ接線ハンドル］が現れます。この場合はフレームキーの前にはキーがないので、ハンドルはキーより後ろにしか表示されません。

3. この［ベジェ接線ハンドル］をドラッグして移動させ、グラフのカーブ形状を変化させることができます。
ただし、ハンドルを使用したカーブの編集は、慣れないとどのような動きに変化したのかわかりにくいものです。そこで、動きの変化をあらかじめ決められたパターンに簡単に設定できるツール［キー接線］を使用します。ここでシーンファイルを保存しておきましょう。

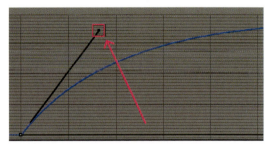

280

Step 08 キー接線を使用して、動きを調整する

キー接線の設定

キー接線は、トラックビューカーブエディタで設定します。キーを選択し、ボタンのクリックで設定することができます。

❶ [接線を自動に設定]
キー前後のカーブの形状によって自動的に滑らかに接続します。

❷ [接線をスプラインに設定]
[ベジェ接線ハンドル]の表示のある状態に設定します。[ベジェ接線ハンドル]が表示されていないときにクリックすると編集できるようになります。

❸ [接線を高速に設定]
キーの前後を、ボールのバウンドのように急激に変化させます。

❹ [接線を低速に設定]
キーの前後をゆっくりつなぎます。キーに近づくと変化が減少し、キーを過ぎると変化が大きくなります。

❺ [接線をステップに設定]
次のキーの時間まで値が変化しません。次のキーの時間になると、急激に値が変わります。

❻ [接線を線形に設定]
選択したキーとキーの間を直線でつなぎます。この間は等速で動きます。

❼ [接線をスムーズに設定]
前後のキーをスムーズに繋ぐように自動的にカーブが設定されます。最初のキーの前や最後のキーの後は、滑らかにしません。これを使用すると、作成した動きを滑らかにすることができます。ハンドルを表示したい場合はこの設定の後に、[接線をスプラインに設定]をクリックします。

[接線を線形に設定]を使用して等速な動きを設定する

ここでは等速に動かしたいので、最初と最後のキーフレームを選択し、[接線を線形に設定]を設定します。また、シーンを伸ばしてもそのまま回転が続くように、[範囲外のタイプ]はリピートに設定します。メニュー →[ツール]→[プレビュー・ビューポートをキャプチャ]→[プレビューアニメーションを作成]で、プレビューを作成して、加速や減速をせず滑らかに回転しているか確認しましょう。

メリーゴーラウンドの台も同じく設定する

1 メリーゴーラウンドのパーツをすべて表示させ、土台を選択し、「0フレーム」にキーを作成します。

2 「150フレーム」に、反時計回りに360度回転するキーを作成します。

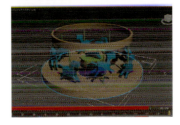

3 トラックビューカーブエディタを開き、2つのキーフレームを選択し、[接線を線形に設定]をクリックすると❶、図❷のようにキーとキーの間が直線になります。

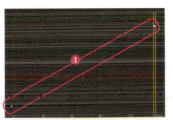

4 [範囲外のパラメータカーブ]パネルをリピートに設定し、動きをリピートさせます。プレビューし、馬が前進して見えるかを確認しましょう。

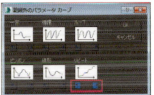

キー接線を使用して馬の動きを微調整する

馬の柱を選択し、トラックビューカーブエディタを開きます。

1. ［キー接線］を使用して下に行ったときに弾むような動きに変更します。グラフの下側に行ったときが下がっている状態なので、最初と最後のキーを選択し❶、［接線を高速に設定］します❷。

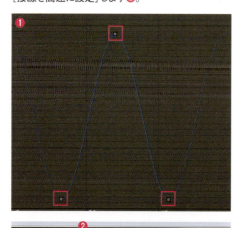

2. 図のようなカーブの形状になります。

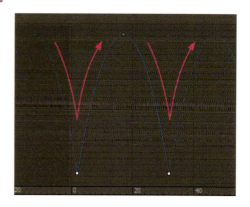

3. 設定できたら、プレビューしてみましょう。少しわかりにくいかもしれませんが、馬が下がった後跳ね上がるような軽快な動きになっています。すべての馬の動きを同じように調整しましょう。これで、メリーゴーラウンドのアニメーションが完成しました。シーンファイルを保存します。保存先は「3dsMax_Lesson ▶ Lesson13 ▶ 13-2」を指定し、保存ファイル名は「13-2_sample_15_work_01.max」とします。

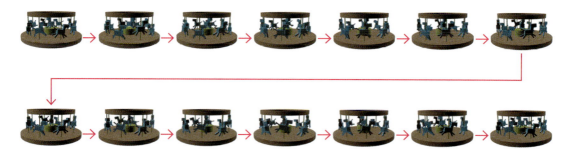

13-3 移動、回転、拡大・縮小以外のアニメーション

移動、回転、拡大・縮小以外のパラメータにもキーを作成してアニメーションさせることができます。いくつかの例をもとに、基本的なパラメータ以外のアニメーションの作成方法を学んでいきます。

モーファーモディファイヤのアニメーション

オブジェクト全体を動かすアニメーションの他に、オブジェクト自体の形状を変形させるアニメーションも設定することができます。Lesson12で作成したキャラクターの表情を変化させていきましょう。

モーファーモディファイヤの設定

Lesson13 ▶ 13-3 ▶ 13-3_sample_01.max

サンプルシーンを開きます。自分で作成したデータを使用する場合は、Lesson12で設定が完了しているキャラクターのシーンを開きます。

アニメーションを設定する

1. 分離ツールで、顔オブジェクトのみを表示させます。モーファーモディファイヤの[mrp_mouth]の値の横のスピナーアイコン上でマウスを上下にドラッグさせて、口が開くか確認します❶。確認できたら、数値は「0」に戻しておきます。

2. オートキーモードをオンにして、スピナーをドラッグすると、スピナーの周りに赤い枠線が表示されます❷。赤い枠線が表示されているフレームは、その数値でキーフレームが作成されていることがわかります。別のフレームに移動すると、この赤い枠線は非表示になります。

Step 01 キーフレームの設定

口を開けて閉じるアニメーション

[mrp_mouth]の値に以下のようにアニメーションを設定します。

> 10フレーム→100.0   15フレーム→0.0

とキーフレームを作成し、アニメーションを設定します。オートキーで作成すると、自動的に「0フレーム」目に「0.0」の値のキーが作成されるので、合計3つのキーが作成されています。タイムライン上ではキーのある場所は、黒いキーフレームで示されています。プレビューして動きを確認してみましょう。

キーのある場所は黒く表示される

283

Lesson 13 アニメーションの作成

2回口を開けて閉じるアニメーション

1 [タイムスライダ]を「20フレーム」へ移動し、[mrp_mouth]の値を「0.0」にしてキーフレームを作成します。「15フレーム」から「20フレーム」までは閉じたままになります。

2 [タイムスライダ]を「25フレーム」へ移動し、[mrp_mouth]の値を「100.0」にしてキーフレームを作成します。[タイムスライダ]を「30フレーム」へ移動し、[mrp_mouth]の値を「100.0」にしてキーフレームを作成します。「25フレーム」から「30フレーム」までは開いたままになります。

3 [タイムスライダ]を「40フレーム」へ移動し、[mrp_mouth]の値を「0.0」にしてキーフレームを作成します。トラックバーは図のようになります。

> **CHECK！ 同じ値のキーフレームを設定**
>
> 次のキーフレームにも同じ値を入れるには、一度他の数値を入れ、正しい値を入れます。

Step 02　アニメーションカーブの調整

アニメーションカーブをトラックビューカーブエディタで確認する

1 [GEO_ch_head]を選択した状態で、トラックビューカーブエディタを開きます。モディファイヤのパラメータはこの状態では見えていないので、[GEO_ch_head]❶→[修正オブジェクト]❷→[修正オブジェクト]❸→モーファー❹という順にクリックしていき、[[1] mrp_mouth]をクリックして選択します❺。

2 図のようなグラフになります。

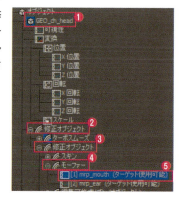
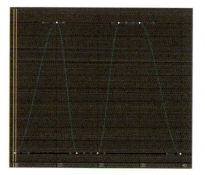

284

キーを追加する

コマ撮り立体アニメーションのようにするために調整していきます。Step01で作成したキーフレームに追加して、以下の5つのキーフレームを作成します。

```
7フレーム→50.0    13フレーム→50.0    23フレーム→50.0
02フレーム→80.0   35フレーム→20.0
```

COLUMN

アニメーションをオフにする方法

アニメーションをオフにするには、そのグラフ上のすべてのキーを削除する必要があります。タイムライン上やトラックビューカーブエディタ上でキーを削除すると、削除されていない直前および直後のキーの値が適用され、すべてのキーがなくなると、最後に残っていたキーの値が適用されます。

接線をステップに設定する

すべてのキーを選んで❶、[接線をステップに設定]すると❷、キー以降は停止し、キーのところでぱっと変化するアニメーションになります❸。こうすることで、頭部のモデルを置き換えたような印象にすることができます。

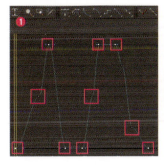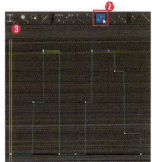

Step 03　背景カラーのアニメーション

背景にアニメーションを設定する

オートキーをオンにしたまま、[タイムスライダ]を「40フレーム」へ移動し、メニュー→[レンダリング]→[環境]の[環境と効果]パネルの[共通パラメータ]ロールアウト内[バックグラウンド]で[カラー]を白(0、0、0)に変更します。背景色を変更することができます❶。
カラーの四隅が赤く囲まれていると❷、そのパラメータにアニメーションが表示されていることがわかります。

このように、オブジェクトの移動や回転、モーファーなど以外のパラメータにも、アニメーションを設定することができます。

Lesson 13 アニメーションの作成

COLUMN

ドープシートでキーフレームを確認する

アニメーションはトラックビューのドープシートを使用して確認することもできます。
まずは、調整したい項目のキーがどのフレームにあるか確認しておきます。

メニュー→［グラフィエディタ］→［トラックビュー：ドープシート］を選択します。
ドープシートでは、時間の変化が横向きにマス目で表現されています❶。ワールドという文字の横には、シーン上でキーが設定されているフレームに四角が表示されています。
40フレーム目に設定されているのが背景のアニメーションのキーフレームです❷。

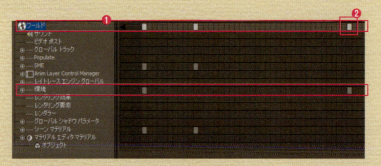

40フレーム目に四角の表示がある［環境］という項目の右のアイコン❸をクリックすると、バックグラウンドカラーの項目が、現れます。

バックグラウンドカラーの横軸にある白い四角❹を選択して削除すると、アニメーションが削除できます。

13-4 キャラクターアニメーションを制作する

ここまでで学んだアニメーションの設定方法を活かし、キャラクターアニメーションを制作します。生き生きとした動きになるように意識して制作しましょう。

アニメーションの概要

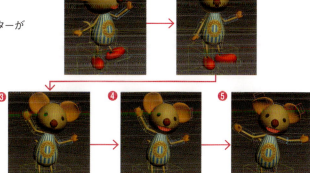

制作するアニメーションの内容は、右のキャラクターが
- 立っている❶
- 前方の何かに気づく❷
- 手を上げ❸
- セリフ「やあ、はじめまして」❹
- 挨拶するセリフ「よろしくね」❺

という一連の動きです。

Step 01 演技のプランニング

時間を計れるもの（ストップウォッチやスマートフォンのストップウォッチ機能）を用意します。実際にキャラクターの動きを自分で演技し、セリフも口に出してみましょう。ストップウォッチを使って演技の時間を計ります。

ポーズ	フレーム	アニメーション時間	原画となるキーポーズのフレーム
セットアップ時のポーズ	0		
はじまりの止め	1～61	→60F（2秒）	原画❶ 61
気づき	61～76	→15F（0.5秒）	原画❷ 76
間	76～86	→10F（0.3秒）	
手を上げる	86～96	→10F（0.3秒）	原画❸ 96
セリフ：「やあ」	96～131	→35F（1.2秒）	
間	131～141	→10F（0.3秒）	
セリフ：「はじめまして」	141～186	→45F（1.5秒）	原画❹ 186
間	186～216	→30F（1秒）	
セリフ：「よろしくね」	216～252	→36F（1.2秒）	原画❺ 252
終りの余韻	252～312	→60F（2秒）	

> 原画とは、アニメーションの動きの要となるキーポーズのことをいいます。動きはじめのポーズ、最後のポーズは必ず原画となります。他にもアニメーションの途中の止めポーズや動きの途中の印象的なポーズを原画とします。
> 最初に原画にあたるキーポーズを設定して、その間の動きを調整することでスムーズな動きを制作します。

以上のようなプランに基づき、320フレーム程度のアニメーションを制作していきます。※「F」は「フレーム」を意味しています。

Lesson 13 アニメーションの作成

Step 02 ベースシーンを作成する

Lesson13 ▶ 13-4 ▶ 13-4_sample_01.max

シーンを読み込む

1. サンプルシーンを開きます。自分で作成したデータを使用する場合は、Lesson13-2でアニメーションを付けた、メリーゴーラウンドが回転しているシーンを開きます。

2. アプリケーションボタン→［読み込み］→［合成］で、別のサンプルシーン「13-4_sample_01_chara.max」を開きます。自分で作成したデータを使用する場合は、Lesson12で設定が終了しているキャラクターのシーンを開きます。［サブツリーを選択］をチェックして❶、［CTL_ch_rig_root］をクリックします❷。
［CTL_ch_rig_root］の子に設定されているオブジェクトがすべて選択されます❸。
［OK］ボタンをクリックすると❹、データが読み込まれます❺。

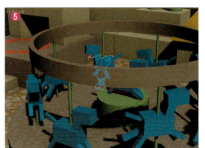

3. ワークスペースシーンエクスプローラで、［CTL_ch_rig_root］を選択します❶。［選択して移動］ツールで、見やすいところまで移動させます❷。

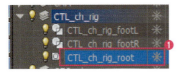

4. ［レンダリング設定］で、［出力サイズ］を幅「1920」、高さ「1080」と設定します❶。画面右下の［時間設定］ボタンを押し、［フレームレート］の［FPS］で「30fps」❷、［アニメーション］を開始時間「0」、終了時間「320」、と設定します❸。

5. ［タイムスライダ］を動かして、メリーゴーラウンドがシーンを通して回転し続けているかを確認します。シーンファイルを保存します。保存先は「3dsMax_Lesson ▶ Lesson13 ▶ 13-4」を指定し、保存ファイル名は「13-4_sample_01_work_02.max」とします。

Step 03　アニメーションのための細かな準備を行う

キャラの最初の位置を決める

基本的なキャラクターの位置は、[CTL_ch_rig_root]で決めます。[CTL_ch_rig_root]を選択し、[GEO_patio]の前あたりに配置します。

CHECK! ビューの見え方を記録しておく

パースビューで[現在のビューをホームに設定]しておくと、いつも同じ位置から見ることができます。

見えている必要がない背景は非表示、動かない背景はフリーズする

1 たくさんのオブジェクトが表示されていると作業の邪魔になってしまうことがあります。
地面とキャラクターの近くのオブジェクト以外はアニメーションにはあまり関わりがないので、非表示にします。

2 キャラクター近くの背景や地面のオブジェクトは、動くことはありません。意図せずアニメーションを設定して動かしてしまうことを避けるため、背景オブジェクトをすべて選択し、ビュー上で右クリック→[オブジェクトプロパティ]→[フリーズ]にチェックを入れ、動かないようにします。フリーズ状態だと、オブジェクトはグレーで表示されます。

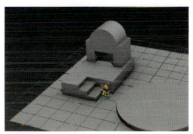

キャラクターをフリーズさせ、色のついた表示にする

1 キャラクターのポーズを付けるためには、ボーンオブジェクトを使用します。ジオメトリオブジェクトは表情を付けるまでは選択する必要がないので、ワークスペースシーンエクスプローラで[GEO_ch]レイヤのフリーズアイコンをオン❶にして、フリーズします。キャラクターがグレー表示になります❷。

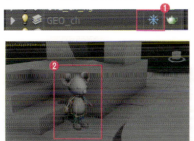

2 キャラクターがグレー表示だとイメージがつかみにくいので、フリーズ状態でもグレー表示にならないように設定します。ワークスペースシーンエクスプローラで[GEO_ch]レイヤをダブルクリック→ビュー上で右クリック→[オブジェクトプロパティ]→[フリーズをグレーで表示]をオフにします❶。キャラクターのジオメトリオブジェクトは色がついた状態になります❷。フリーズはされているので、ビュー上では選択できません。こうしておくと、間違って動かすことがなくなります。

Step 04 選択セットを作成する

動かすためのオブジェクトをすべて選択する

1. ワークスペースシーンエクスプローラ上で、[RIG_ch]レイヤをダブルクリックし❶、ボーンオブジェクトをすべて選択します。足元のIKコントローラを追加で選択するために、Ctrlキーを押しながら[CTL_ch_rig]レイヤの中の[CTL_ch_rig_footL] [CTL_ch_rig_footR]をクリックします❷。これで、キャラクターアニメーション時に動かす必要があるオブジェクトをすべて選択したことになります。

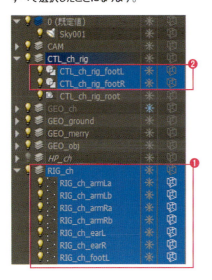

2. 図のメニューの赤枠の[選択セット作成]となっている部分に[motionOBJ]と記入します。記入後enterキーを押します。これで、選択していたオブジェクトを選択セット[motionOBJ]にセットしました。

3. オブジェクトの選択を解除して、図のアイコンをクリックすると、プルダウンに[motionOBJ]が表示されます。[motionOBJ]を選択すると、動かすオブジェクトすべてを選択した状態が再現されます。これで動かす必要があるオブジェクトを手早く選択できるようになりました。

CHECK! 名前付き選択

選択セット作成の左側のアイコンをクリックすると、[名前付き選択セット]というパネルが現れます。選択セット自体を削除したり、選択セットにオブジェクトを追加したりすることができます。

初期ポーズのキーを作成する

1. 選択セットで[motionOBJ]を選択します。[タイムスライダ]を「0F」に移動し、[キーを設定]ボタンをクリックします。これで、選択しているオブジェクトすべての「0F」にキーを作成しました。

2. シーンファイルを保存します。保存先は「3dsMax_Lesson▶Lesson13▶13-4」を指定し、保存ファイル名は「13-4_sample_04_work_01.max」とします。このデータがキャラクターアニメーション制作のベースシーンとなります。

CHECK! 初期状態を決めておく

初期状態のキーを作成しておくことは、たいへん重要です。いろいろ回転させてしまった後にどれが正しい腕の向きかわからなくなったときなどに、必要になります。

13-4 キャラクターアニメーションを制作する

Step 05 最初のポーズの設定

最初のポーズを設定する

1 オートキーモードをオンにします。選択セットで[motionOBJ]を選択します。[タイムスライダ]を「1F」に移動し、[キーを設定]ボタンをクリックします。これで、選択しているオブジェクトのみの「1F」にキーを作成しました。

2 「1F」でキャラクターのルートヘルパーを回転させ、体の向きを設定します。

3 ボーンオブジェクトを回転させ、最初のポーズを設定します。視線は手前ではない方向を向かせておきます。壁に手をかけているようなポーズにしてみましょう。

CHECK! 性別、性格をポーズに反映させる

ポーズには性別（男女）性格（元気、おとなしいなど）を表すようなニュアンスや、このとき何をどんな気持ちで見ているのか、などの設定を考えておくとリアリティのあるポーズが作れます。元気な男の子で、メリーゴーラウンドの馬をわくわくしながら見ている、という設定で作っていきます。

4 シーンファイルを保存します。保存先は「3dsMax_Lesson ▶ Lesson13 ▶ 13-4」を指定し、保存ファイル名は「13-4_sample_05_work_01.max」とします。上書き保存はせず、末尾を02、03……として保存しましょう。

Lesson 13 アニメーションの作成

Step 06　原画を設定する

原画とは？

原画とは、この場合はアニメーションのキーポイントとなるポーズのことです。このアニメーションで原画にあたる場所は、P.287「演技のプランニング」の原画❶〜❺となります。
指定されているフレームに各原画のポーズのキーフレームを作成していきます。

原画❷を設定する

1. 原画❶はStep 05で設定したので、同様の手順で原画❷のポーズを作成します。選択セットで［motionOBJ］を選択します。［タイムスライダ］を「76F」に移動し、［キーを設定］ボタンをクリックします。これで、選択しているオブジェクトの「76F」にキーを作成しました。

2. 各パーツの角度や位置を調整して、［気づいて少しこちらを向いたポーズ］に変更します。ポーズを付け終わったら、［タイムスライダ］を横に動かして、最初のポーズからどのように変化するかを確認しましょう。

原画❸を設定する

1. 原画❸のポーズを作成します。選択セットで［motionOBJ］を選択します。［タイムスライダ］を「96F」に移動し、［キーを設定］ボタンをクリックします。「96F」にキーを作成しました。

2. 「やあ」というセリフを言いながら、手を上げたようなポーズに変更します。ポーズを付け終わったら、［タイムスライダ］を横に動かして、前のポーズからどのように変化するかを確認しましょう。

右手を少し下げる、腕を上げると肩も上がるので上げた手と反対側に体を傾ける、頭の角度も変更するのがポーズをとるコツです。

原画❹を設定する

1. 原画❹のポーズを作成します。選択セットで［motionOBJ］を選択します。［タイムスライダ］を「186F」に移動し、［キーを設定］ボタンをクリックします。「186F」にキーを作成しました。

2. 「はじめまして」というセリフを言った後のポーズに変更します。ポーズを付け終わったら、［タイムスライダ］を横に動かして、前のポーズからどのように変化するかを確認しましょう。

体を視線のほうに向ける、足を広げる、腰と背中のボーンを使って少し前のめりにするのがポーズをとるコツです。

13-4　キャラクターアニメーションを制作する

原画5を設定する

1. 原画❺のポーズを作成します。選択セットで[motionOBJ]を選択します。「タイムスライダ」を「252F」に移動し、[キーを設定]ボタンをクリックします。「252F」にキーを作成しました。

2. 「よろしくね」というセリフを言った後のポーズに来ました。キーを作成し終わったら、[タイムスライダ]を横に動かして、前のポーズからどのように変化するかを確認しましょう。

原画がすべて設定できたら、シーンを保存します。

前のめりになっているのを戻す　腰を曲げる（体の角度にも気を付ける）あたりが、気をとるコツです。

プレビューを作成する

1. メニュー→[ツール]→[プレビュービューポートをキャプチャ]→[プレビューアニメーションを作成]を選択します。[プレビューを作成]パネルでは、[プレビュー範囲]の[カスタム範囲]で、「1」～「320」を指定します❶。

2. [フィルタ表示]のボーンオブジェクトのチェックを外しておきます❷。ボーンオブジェクトを表示したままプレビューを作成すると、ジオメトリがよく見えません。

Step 07　止めの時間を作る

現在の状態は、原画のキーとキーの間を3ds Maxが自動的に補完することで、アニメーションになっている状態です。3ds Maxが行う補完は、ポーズとポーズを滑らかにつなぐだけのものです。このままでも動いている、という意味ではアニメーションといえるかもしれませんが、止めの時間や素早い動きの部分などを作ることで、動きにメリハリが生まれるので、より生き生きとしたアニメーションになるように調整していきます。

止めの時間を作る

1. P.287の原画❶にあたるはじまりの止めの時間を「1～61F」に設定するため、選択セットで[motionOBJ]を選択し、「61F」にキーフレームを作成します。このキーフレームを「1F」にコピーします。キーをどこまで動かしたかわからない場合は、図の左下の部分を見ます。「61F」から「1F」にコピー、ということがわかるはずです。これではじまりの止め→「61～76F」気づいてこちらを向く（原画❷）、という演技ができました。

2. 気づいてから手を上げるまでの間を作ります。同じようにして、「76F」のキーを「86F」にコピーします。「76～86F」止め→「86～96F」で手を上げる（原画❸）、という演技になりました。

293

Lesson 13 アニメーションの作成

3 手を上げたあと～「はじめまして」前の止めを作ります。「96F」のキーを「141F」にコピーします。「96～141F」止め→「141～186F」で「はじめまして（原画 ❹）」という演技になりました。

4 「よろしくね」の前の止めを作ります。「186F」のキーを「216F」にコピーします。「186～216」止め→「216～252F」で「よろしくね（原画 ❺）」という演技になりました。

Step 08　パーツの動きに時間差を作る

何かの気配を感じて、斜め後ろを見る動きをイメージして、実際に動いてみましょう。まず、頭を動かす→体を向ける、という動きになりませんか？　原画から原画の動きを作成する場合、体のパーツごとに少しだけ時間をずらしたり、他のパーツに影響された動きを追加することで、リアリティのある動きを作り出すことができます。「121F」までのアニメーションを微調整します。

時間設定を変更して調整する

1 時間設定を変更します。時間設定が長いと、タイムラインのキーフレームの表示が小さくなり❶、調整しにくいので、[時間設定]ボタンをクリックし、終了時間を「121」に設定します❷。キーフレームが大きくなり、調整しやすくなります❸。

2 頭の動きの開始を早めます。頭のボーンを選択し、「61F」のキーフレームを「55F」へ移動します❶。「76F」のキーフレームを「64F」へ移動します❷。

3 胴体の動きを少し早めます。振り向きの動きがゆっくりに感じるので、腰と背中のボーンを選択し、動きはじめの「61F」を「63F」に移動し、動き終わりの「76F」のキーを「72F」に移動します。

4 頭の動きを調整します。頭のボーンの動きを「86F」→「92F」に、「96F」→「100F」にずらします。90F以降の頭の傾きの動きが少し遅れました。

5 体の前に手を動かします。右手の肘先と手のボーンを選択します。「86F」→「84F」、「96F」→「92F」にずらします。手先だけを選択し、「84F」→「82F」と「94F」→「88F」を2F前にずらします。手を上げるときに、手先が先行して動きはじめてから、体が動くようになりました。

6 手の動きをパーツごとに調整します。体を動かしたときの自然な手の動きは、末端を少し遅らせることで調整します。両側の肘下と手のボーンを選択し、「61F」のキーフレームを「65F」へ移動します。「76F」のキーフレームを「80F」へ移動します。両手のボーンだけを選択し、「65F」のキーを「69F」へ移動、「80F」のキーを「84F」、「86F」のキーを「90F」へ移動します。

7 プレビューを作成して、原画と原画のポーズを単純に繋いだときよりも、動きが自然になっていることを確認しましょう。

Step 09　耳の動きを追加する

頭の動きに合わせて、耳の細かい動きを付けましょう。こういった細かいパーツの動きも、生き生きとしたアニメーションを作るうえで重要な要素です。

1. 気づきの耳の動きを付けます。何かの音をきっかけに気づいたイメージで、頭が動くより前に耳がぴくっと動き始めるようにします。両耳の骨ターゲットを選択し、「51F」にキーを設定します❶。[タイムスライダ]を「55F」に移動し、参照座標系を[ローカル]に変更して、耳をそらせます❷。

2. 頭の動きの後に耳の動きを追加します。「96F」に[タイムスライダ]を移動し、両耳のターゲットを選択し、「キーを設定」でキーを作成します。「141F」でも同じくキーを作成します。「104F」に[タイムスライダ]を移動し、参照座標系を[ローカル]に変更して、頭と同じ方向に傾ける動きを付けます。

「51F」の耳の角度

「55F」の耳の角度

耳の動きを追加する前　　耳の動きを追加した後

Step 10　モーファーで口の動きを付ける

キャラクターの表情や話すアニメーションを作成していきます。

初期状態を（はじまりの止め）開いた口にする

頭のオブジェクトを選択し、フリーズを解除します。オートキーをオンの状態で、モーファーモディファイヤの[mrp_mouth]の値を「100」にします。

モーファーにキーを付ける

1. モーファーのアニメーションで、口の動きを作成します。オートキーをオンにします。耳がぴくっとしたところで、一度口を閉じさせるために[タイムスライダ]を「59F」に移動し、[mrp_mouth]の値を「0」にします。[タイムスライダ]を動かすと、「0F～61F」でゆっくりと口を閉じています。

2. 口を閉じている時間を作ります。[タイムスライダ]を口の閉じはじめの「57F」に移動し、[mrp_mouth]の値を「100」にします。

3. 口パクとは、セリフに合わせた口の動きのことです。セリフに合わせた口の動きを設定していきます。セリフのはじめは手が上がりきる前にしたいので、「95F」に[タイムスライダ]を移動させ、[mrp_mouth]の値「0」のキーを作成します。

4. 以降も以下のように設定していきます。
「102F」→[mrp_mouth] 100（やあ）
「105F」→[mrp_mouth] 50
「110F」→[mrp_mouth] 100
「115F」→[mrp_mouth] 100
「121F」→[mrp_mouth] 20
モーショングラフカーブエディタで見ると、図のようになっています。

Lesson 13 アニメーションの作成

CHECK! 値が「0」のキーを作成するには
スピナーで一度「0」以上の数値を入れてからもとに戻すとキーが作成できます。

5 「121F」までのアニメーションが完成しました。背景を表示して、さまざまな角度からプレビューしてみましょう。続きの作業のために［時間設定］ボタンをクリックし、終了時間を「312」に設定しておきます。シーンファイルを保存します。保存先は「3dsMax_Lesson ▶ Lesson13 ▶ 13-4」を指定し、保存ファイル名は「13-4_work_01.max」とします。

Exercise —練習問題

Q Lessonで学習した手順を参考にして、このあとのアニメーションを完成させましょう。P.287の「演技のプランニング」に則って、312フレームまでを作っていきます。Lesson11-2で作成した、目閉じや耳の変形のモーフ、13-2で学んだグラフエディタでのカーブの調整方法などを使用して、生き生きとしたアニメーションにしましょう。

A ●ある動きのときにはどの部分が先に動くのか、まず自分の体で動いて考えて、パーツのタイミングをずらしていくと良いです。こまめにプレビューを作成するのも完成度を高める秘訣です。

ポーズ	フレーム	アニメーション時間	原画となるキーポーズのフレーム
セットアップ時のポーズ	0		
はじまりの止め	1～61	→60F (2秒)	原画❶ 61
気づき	61～76	→15F (0.5秒)	原画❷ 76
間	76～86	→10F (0.3秒)	
手を上げる	86～96	→10F (0.3秒)	原画❸ 96
セリフ:「やあ」	96～131	→35F (1.2秒)	
間	131～141	→10F (0.3秒)	
セリフ:「はじめまして」	141～186	→45F (1.5秒)	原画❹ 186
間	186～216	→30F (1秒)	
セリフ:「よろしくね」	216～252	→36F (1.2秒)	原画❺ 252
終りの余韻	252～312	→60F (2秒)	

ライティングの効果

An easy-to-understand guide to 3ds Max

Lesson 14

制作したシーンをより魅力的に見せるために必要な工程が、ライティングです。この章では、Lesson10で扱ったライトの知識を深めます。さまざまなライトの効果や特性を知り、シーンのイメージに合わせたライティングをすることで、背景の上のキャラクターを目立たせたり、視線を集めたい場所に誘導することもできるようになります。

Lesson 14　ライティングの効果

14-1 ライトの種類と影の設定

さまざまなライトとライトが作り出す影の特性を理解します。照明の種類や方法によって、同じオブジェクトでもまったく異なる物に見えてきます。ライトの設定では、さまざまな影も設定することが可能です。影もシーンを見る人に与える印象を大きく変える要素のひとつです。

ライトの種類

　　　　　　　　　　　　　　Lesson14 ▶ 14-1 ▶ 14-1_sample_light.max

サンプルシーンを開きます。3ds Maxにはさまざまなタイプのライトが用意されています。シーン用途に応じて適切なライトを使用しましょう。

スポットライト（ターゲットスポット、フリースポット）

スポットライトは、名前の通り、舞台照明のスポットライトのような光源です。ある1点の光源から円錐状に光が広がります。ライトの位置と角度の変化で照明効果と影が変化します。

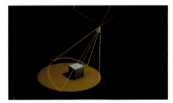  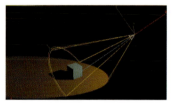

　　上方向から照らしたもの　　　　　横方向の箱の近くから照らしたもの　　横方向の少し離れたところから照らしたもの

ターゲットスポットとフリースポットライトは同じ効果のライトです。フリースポットは、ライト自体を移動、回転させる操作が可能です。ターゲットスポットは、ターゲットオブジェクトを使用してライトを移動、回転させる操作が可能です。ライト自体を操作して回転させることはできません。ライトは作成後に切り替えることもできます。

指向性ライト（ターゲット指向性、フリー指向性）

指向性ライトは、太陽の光が地球の表面を平行に照らすように、単一方向に平行な光線です。光源の範囲内にあるものであれば、光源が離れたり平行移動しても照明効果と影が変化しません。角度を変えると照明の角度は変化します。指向性ライトは主に太陽光のシミュレーションに使用されます。昼間の明るい空間の場合、メインライトは指向性ライトを選択することが多いです。

　　上方向から照らしたもの　　　　　横方向の箱の近くから照らしたもの　　横方向の少し離れたところから照らしたもの

ターゲット指向性、フリー指向性ライトは同じ効果のライトです。フリー指向性はライト自体を移動、回転させる操作が可能です。ターゲット指向性は、ターゲットオブジェクトを使用してライトを移動、回転させる操作が可能です。ライト自体を操作して回転させることはできません。ライトは作成後に切り替えることもできます。

14-1 ライトの種類と影の設定

オムニライト

オムニライトは、ある1点の光源からすべての方向に向かって放射状に光が広がります。スポットライトから円錐範囲の制限をなくしたようなライトです。オムニライトは、シーンに補助的な光を追加したり、点光源の照明をシミュレートしたりするのに使用します。

上方向から照らしたもの

横方向の箱の近くから照らしたもの

横方向の少し離れたところから照らしたもの

Step 01 データの準備

Lesson14 ▶ 14-1 ▶ 14-1_sample_01.max

データを準備する

サンプルシーンを開きます。自分で作成したデータを使用する場合は、Lesson13で最後に保存したデータを開きます。地面とパティオ（背後の建造物）以外の背景オブジェクトを非表示にします。
パースビューで図のような見た目に設定し、ビューキューブで［現在のビューをホームに設定］しておきます。

ライトの確認

メニュー→［ツール］→［ライトリスト］を選択します❶。［ライトリスト］パネルに何もライトが表示されていなければ、このシーンにライトは設定されていません。ライトがすでに設定されている場合は、すべてのライトをシーンから削除して、❷の状態にします。

CHECK! ライトリスト

ライトが存在していると、すべてのライトの光の強さ（マルチプライヤ）、ライトカラーなどの設定を一覧で確認することができ、設定の変更も可能です。また、左側の縦長のボックスをクリックすると、そのライトをビュー上で選択することができます。

Lesson 14 ライティングの効果

F9レンダリングする

F9レンダリングで現在の状態を確認します。

ライトは存在していませんが、仮想の照明が設定されているため、オブジェクトには光が当たっています。

Step 02 ライトの作成

ターゲットライトを作成する

1. ここでは、ターゲット指向性ライトを作成します。コマンドパネル→［作成］タブ→［ライト］を選択します❶。その下のプルダウンメニューで［フォトメトリック］から［標準］に変更します❷。これで、［標準］ライトが作成できます。オブジェクトタイプの中から［ターゲット指向性］ボタンをクリックします❸。

2. フロント、またはレフトビューでライトを置きたい位置をクリックします❶。マウスをドラッグして、ターゲットを配置したい場所で離します❷。作成し終えたら、右クリックで作成モードを抜けます。ターゲットライトは必ずターゲットの方向を向きます。パースビューを［リアリスティック］表示にすると、ライトの効果をビュー上で見ることができます。

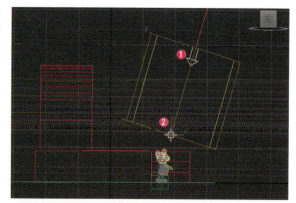

3. ライトを位置や角度を調整します。ライトがキャラクターの左上から当たるように位置と角度を調整します。

14-1 ライトの種類と影の設定

> **CHECK!** ライトの位置と角度の調整方法
>
> ・ライトだけを選択して移動
> ・ライトとターゲット間を繋ぐ水色の線をクリックして移動（ライトの角度を変えずに全体を動かす）
> ・ターゲットのみを選択して移動（ターゲットが選びにくい場合はライトだけ選択→右クリック→「選択したLi.ンットラ付」て選択可能）

照明の範囲を調整する

1 図のように、ライトの照らす範囲が一部となっているので❶、範囲を広げます。ライトを選択→[修正]タブ→[方向パラメータ]ロールアウト内の[ホットスポット/ビーム]❷で範囲を広げ、[フォールオフ/フィールド]❸で、光が外側に向かってだんだん弱くなる範囲を設定します。ここでは、全面が光になるように以下の数値で調整します。

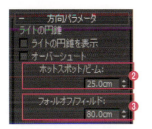

2 再度F9キーでレンダリングして、指定範囲すべてに当たっているか確認しましょう。

> **CHECK!** オーバーシュートの効果
>
> [方向パラメータ]ロールアウト内の[オーバーシュート]のチェックをオンにすると、簡単にライトの範囲を無制限にすることができます。注意点としては、影を落とすように設定したとき、オーバーシュートで光が当たっていたとしてもフォールオフの値より外側は影が落ちないことです。また、広範囲に照明を当てることで、レンダリング時間が長くなることもあります。

> **レンダリングとビュー表示の違い**
>
> ビューのリアリスティック表示はライトの確認をするのにたいへん便利ですが、実際のレンダリングとまったく同じというわけではありません。必ず、レンダリングをして確認するクセをつけましょう。

Lesson 14 ライティングの効果

Step 03 ライトが落とす影の設定

Step01の設定のレンダリング結果を見ると、キャラクターの足元に影がないことに違和感を感じます。3ds Maxのライトは初期状態では影を落とす設定になっていません。

ライトの影を落とす

1 [ライト]→[修正]タブ→[シャドウ]の項目でオン/オフを設定することができます❶。プルダウンでいくつかの影の設定を選択し、ここでは[レイトレースシャドウ]を選択します❷。

2 ビューでも影が表示されますが、F9レンダリングをしてみましょう。キャラクターの足元にくっきりとした影が落ちているのがわかります。ライトの種類と影の設定でさまざまなシーンのライトが設定できます。

COLUMN

特殊な影を落とす[スカイライト]

スカイライトはこれまで解説したライトと違って配置する位置や角度が照明効果に影響しない特殊なライトです。
スカイライトを選択→[修正]タブ→[スカイライトパラメータ]設定の影付けをオンにすると❶はっきりとした影ではなく、曇天時のようなふわっとした影を落とします。ただし、レンダリング時間が長くなります。また初期設定のままだと、ざらざらとした影になりがちです。スカイライトを選択→[修正]タブ→[レンダリング]ロールアウトの[各サンプルのレイ数]を増やすと❷、レンダリング時間は長くなりますがざらざら感は減っていきます。

スカイライトには特別な影付けのオプションがあります。メニュー→[レンダリング]→[レンダリング設定]→[アドバンスドライティング]をクリックし、プルダウンメニューから[ライトトレーサー]を設定することで、[スカイライトパラメータ]設定のパラメータが無視されるかわりに、比較的短いレンダリング時間できれいな影付けをすることができるようになります。

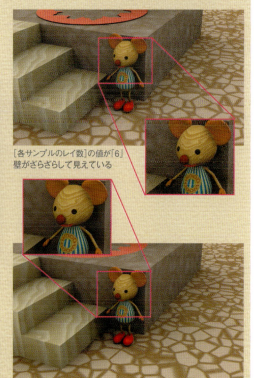

[各サンプルのレイ数]の値が「6」
壁がざらざらして見えている

[ライトトレーサー]を使用
壁のザラザラ感がなく、滑らかに見える

14-2 ライトをシーンに配置する

ライトを設定したら実際にシーンに配置していきましょう。
効果的な位置を考えながら、キャラクターや世界を見せる画面作りをしましょう。

Step 01　メインのライトの配置と調整

Lesson14 ▶ 14-2 ▶ 14-2_sample_01.max

ライトの配置と範囲を設定する

舞台全体を照らすメインライトを配置し、位置を調整します。

1. サンプルシーンを開きます。自分で作成したデータを使用する場合は、Lesson14-1のすべての設定が完了しているシーンを開きます。コマンドパネルの[作成]タブ→[ライト]で[標準]を選択し、[フリー指向性]ボタンをクリックし、パースビューでライトを作成します❶。照明がなるべくオブジェクトの中央を照らすように配置します❷。

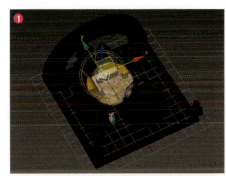

2. ライトの範囲（ホットスポット/ビーム）は大きく広げすぎずに、照らしたいものになるべく合わせた範囲を❶のように設定します。ビューをライトに切り替えると❷、照らされている範囲を把握することができます❸。

ライトが全体に当たった状態

影をつける

フリー指向性ライトの［シャドウ］で［シャドウ］をオンにします❶。直下のプルダウンリストから［シャドウマップ］を選択します❷。
レンダリングすると影が落ちますが、影の輪郭がギザギザしています❸。

ボケの設定で影をより滑らかにする

1. ［シャドウマップパラメータ］ロールアウトで、［サイズ］を「4096」に変更します❶。影にあったギザギザがなくなりました❷。

2. 影のボケを作るため、［シャドウマップパラメータ］ロールアウト内［サンプル範囲］の数値を大きくします。「20.0」にすると❶、影がぼけて滑らかになりました❷。

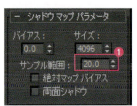
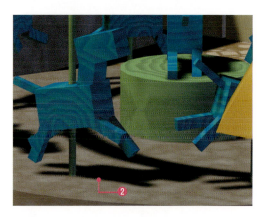

影の明るさを設定して色を付ける

影の明るさを調整するために［シャドウパラメータ］ロールアウト内［オブジェクトシャドウ］の［密度］を「0.5」にします❶。（「1」が濃く、「0」で影がなくなる）
［カラー］をやや青くします❷。影が青みをおびた色になりました❸。
設定がすんだら、さまざまな角度から F9 レンダリングしてみましょう。

14-2 ライトをシーンに配置する

Step 02　影をやわらげる補助ライトの配置と調整

補助ライトを設定する

1. キャラクターが画面に大きく入るようにビューの見た目を調整してレンダリングします。ライトが当たっていない部分は黒くつぶれてしまいます。

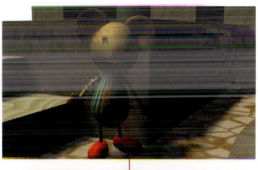

2. 補助ライトを配置して、暗い部分をやわらげていきます。［フリー指向性ライト］を配置し、暗い部分にあたるように位置と角度を調整します。現実にはありえませんが、補助ライトは物の影にかくれたものも照らせたほうがよいので、［シャドウ］はオフにして❶、［強度/カラー/減衰］ロールアウトの［マルチプライヤ（ライトの明るさ）］を「0.5」とします❷。色もやや青みがかった色にします❸。黒くつぶれていた部分がやわらぎました❹。

照り返しの表現を設定する

1. 顔の下側や、胴の下部分が暗くなっているので、ここにも補助ライトを設定していきます。［シャドウ］をオフにします。

2. ［作成］タブ→［ライト］で［標準］を選択し、［フリー指向性］ボタンを押してパースビューでライトを作成します。メインライトの正反対の方向から、影部分に当たるように位置と角度を調整します。［シャドウ］はオフにして［強度/カラー/減衰］ロールアウトの、［マルチプライヤ（ライトの明るさ）］を「0.3」とします❶。色は黄みがかった色にします❷。

Lesson 14 ライティングの効果

3 後ろからの補助ライトを追加します。さまざまな角度から F9 レンダリングして、暗くなっている部分がないようにライトを追加していきましょう。図の角度から見たときに画面手前側を向いている面が暗いので、[シャドウ]をオフ、[マルチプライヤ]を「0.3」に設定し、ライト色を青系の色にしたライトで照らします。

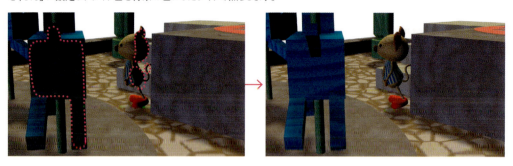

Step 03 オブジェクト外の地面の作成とライト設定

ライティングは調整しましたが、地面より外側が背景色のみでは不自然なので地面を作成します。

ライトを[オーバーシュート]にする

1 平面のオブジェクトを作成し、オブジェクトカラーを地面に似た色に設定します。オブジェクト名を[GEO_ground_large]とします。平面のオブジェクトを[選択して移動]ツールを使用して、地面より下に配置します。

2 この状態で F9 レンダリングすると、メインライトの照らす範囲が狭いので、図のような見た目になります。[方向パラメータ]ロールアウト内の範囲(ホットスポット/ビーム)を変更するのではなく、[オーバーシュート]のチェックをオンにします。この方法でも全体を照らすことができます。

背景色を変更する

カメラの角度によっては空側に背景色が見えてしまうので、その場合は、メニュー→[レンダリング]→[環境]の[バックグラウンドカラー]で[カラー]を変更して、背景色を空の色に変更します。
これで、シーンへのライトの配置ができました。

COLUMN

影の種類とその特徴

影の種類は、ライトを選択し、[修正]タブ→[シャドウ]ロールアウトの項目で選択します。影の種類と、その特徴を解説します。

[レイトレースシャドウ]

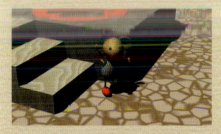

光源から光線の動きを計算して影を描き出す。

利点
・精細な影の輪郭を描き出せる
・透明または半透明のマテリアルが落とす影を表現できる

欠点
・ぼかしたような柔らかい影が表現できない
・シャドウマップよりもレンダリング時間がかかる

[シャドウマップ]

シーンをレンダリングする前の工程で、ライトからの早い目でそれぞれの面に対して影に入っているかいないかを計算して、画像として保持し、レンダリング時にその画像をライトから各面に貼り込んで、影として表現する。

利点
・レンダリング時間が短い
・レイトレースの影では不可能なぼかしたような柔らかい影を表現することができる

欠点
・きれいに影を出すためには、メモリを大量に消費する場合がある
・透明または半透明のマテリアルが落とす薄い影や物を透過した色のついた影が表現できない

[アドバンスドレイトレース]

レイトレースシャドウに似ていますが、シャドウの動作をより細かく制御できる。

利点
・標準のレイトレースシャドウよりもRAM使用量が少なく処理時間が短い
・多数のライトや面を使った複雑なシーンに適する
・透明度と不透明度がマッピングされたオブジェクトの影が出力できる

欠点
・シャドウマップよりも処理時間が長い
・ソフトな影を出力できない

[エリアシャドウ]

領域またはボリュームを使用し、ライトによって生成される影をシミュレートする。

利点
・透明または半透明のマテリアルが落とす影を表現できる
・レイトレースの影では不可能なぼかしたような柔らかい影を表現することができる

欠点
・美しい結果を得るためにはレンダリングに多くの時間がかかる

Lesson 14　ライティングの効果

Exercise — 練習問題

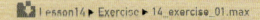　Lesson14 ▶ Exercise ▶ 14_exercise_01.max

　Lesson14の最後に保存したシーンからライトを削除して、新たに夜のシーンのライティングを行ってみましょう。夜のシーンは昼間の太陽光源とは違い、街燈や電飾などの照明によって照らされます。その特徴をとらえて、作成してみましょう。

❶ 夜でも真っ暗ではないので、全体を照らすライトを設定します。ライトリストにライトがないことを確認してフリー指向性ライトを作成します。[シャドウ]はオンにして[シャドウマップ]を選択、色は青系、[マルチプライヤ]は「0.8」、オーバーシュートの設定を行います。シーン全体が上から照らされるよう配置します。

❷ 全体を照らすライトが地面から反射する光を設定します。フリースポットライトを作成します。[シャドウ]はオフ、色は青系、[マルチプライヤ]は「0.2」、オーバーシュートの設定を行います。手前右側の下少し上向きにシーン全体が照らされるよう配置します。

❸ 手前の街燈の下に照明を設定します。オムニライトを作成します。[シャドウ]はオンにして[シャドウマップ]を選択、色はオレンジ系、[マルチプライヤ]は「1.0」、遠方減衰の設定を以下を目安に行います。オムニライトをインスタンスクローンして、奥の街燈の下にも配置します。

❹ 看板にオムニライトを配置します。[シャドウ]はオンにして[シャドウマップ]を選択、色はオレンジ系、[マルチプライヤ]は「0.7」、遠方減衰の設定を以下を目安に行います。オムニライトをインスタンスクローンして、看板の周りに配置します。

 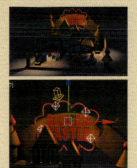

❺ メリーゴーラウンドの上にフリースポットライトを配置します。[シャドウ]はオンにして[シャドウマップ]を選択、色は青系、[マルチプライヤ]は「1.0」、[ホットスポット/ビーム]と[フォールオフ/フィールド]の設定を図のように行います。メリーゴーラウンドの上から真下に光が当たるように配置します。レンダリングすれば、夜のライティングの完成です。

カット編集と
レンダリング

An easy-to-understand guide to 3ds Max

Lesson 15

1カットが10秒を超えるようなアニメーションは少々退屈です。アニメーションが見る人に伝わりやすくなるように、時間を切り分けて、カメラ位置やキャラの入り方を設定します。それぞれのカメラの映像をレンダリングしてムービーファイルに書き出し、ひとつのムービーにまとめてカット割りのある映像に仕上げる解説をします。

Lesson 15　カット編集とレンダリング

15-1　3ds Maxでのカット割り

一般的な映像制作では、はじめに絵コンテがあり、カットの切り分けが決まっているので、カット割りを後から考えることはありません。しかし、3DCGの映像制作では、アニメーションを作成した後に、さまざまな方向、距離から映像を出力することができます。今回は3ds Max上でカメラ構図を切り替えて、長いアニメーションをカット割りしていきます。

距離やズームによるカメラ構図の使い分け

効果的なカット割りを行うために、カメラ構図やキャラクターの映り方を工夫する必要があります。

ショットの種類

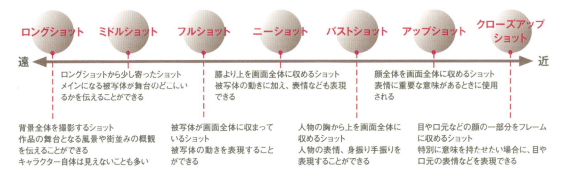

Step 01　カメラを複数設定する　　Lesson15 ▶ 15-1 ▶ 15-1_sample_01.max

サンプルシーンを開きます。自分で作成したデータを使用する場合は、Lesson14-2で最後に保存したシーンを開きます。これらのシーンにはすでに作成されたカメラが複数存在しています。このLessonでは新たに3台のカメラを作成し、計4台のカメラを設定しています。

カメラを整理し、ロングショット用のカメラを設定する

1　ワークスペースシーンエクスプローラで[CAM]レイヤに入っているカメラを確認します❶。
[Camera_50mm]以外のカメラは、不要なので削除します❷。

2　[Camera_50mm（ロングショット）]のカメラの位置や角度を、図のように俯瞰で遊園地全体が入る構図に調整します。このロングショット用のカメラの名前を[Camera_long]とします。

3種類のカメラを作成する

1. キャラクターがカメラを見たときに正面になるように、キャラの全身を画面いっぱいに入れこんだカメラ（フルショット）を作成します。カメラの名前は[Camera_full]とします。

2. キャラクターがカメラを見たときに顔を大きくとらえるターゲットカメラ（アップショット）を作成します。カメラの名前は[Camera_up]とします。

3. 「前方のなにかに気付く動き（P.287原画❷）」の前のキャラクターを、メリーゴーラウンド側から見たターゲットカメラ（ミドルショット）を作成します。カメラの名前は[Camera_middle]とします。

4. すべてのカメラは、ワークスペースシーンエクスプローラで[CAM]レイヤに入れておきます。

Step 02　カット割りを設定する

シーンの構成をふまえて、どの部分をどのカメラで写すのか考えます。以下を基本に工夫してみましょう。

・ムービー1
001～045F
シーンの最初は状況の説明を兼ねて[Camera_50mm]で全景を映します。

・ムービー3
111～218F
[Camera_middle]で、観覧車を手前に写しこんで、キャラクターを写します。

・ムービー2
046～110F
気づきの表情を見せるため、[Camera_up]で顔のアップを映します。

・ムービー4
219～320F
[Camera_full]で、キャラクターを大きく写します。

Lesson 15　カット編集とレンダリング

15-2 レンダリング設定とプロダクション

レンダリングとは、カメラ、ジオメトリ形状やライト、マテリアル、などのさまざまなシーン設定を計算して、画像を生成することです。Lesson6で学んだ静止画レンダリングではなく、シーンを動画として出力することができるプロダクションレンダリングの方法を解説します。適切な出力設定をしてレンダリングし、アニメーションを映像作品に仕上げましょう。

［レンダリング設定］パネル

レンダリングに関する設定は、メニュー→［レンダリング］→［レンダリング設定］を選択し、［レンダリング設定］パネルで行います。

［レンダリング設定］パネル

❶ ［共通パラメータ］

❺ ［レンダリング］ボタンをクリックすると、レンダリングを開始します。
❻ ［レンダリングするビュー］画面上のどのビューをレンダリングするか設定することができます。デフォルト設定ではアクティブビューが選択されています。
❼ ［ビューポートにロック］ボタンがチェックされている場合、どのビューがアクティブになっていても、表示名のビューがレンダリングされます。

❷ ［共通設定］タブ

レンダリングに必要な基本設定は、［共通設定］タブの中で行うことができます。

❸ ［時間出力］（［共通設定］ロールアウト内］）

［時間出力］では、レンダリング時に出力するフレームを細かく設定することができます。

❽ ［単一］現在のフレームを「1」枚のみ出力
❾ ［フレーム間隔］フレーム間隔「1」で、「1」、「2」、「3」。フレーム間隔「2」で、「1」、「3」、「5」と設定値の間隔で出力
❿ ［アクティブタイムセグメント］現在のシーンの時間設定で出力
⓫ ［範囲］任意の範囲で出力
⓬ ［フレーム］カンマ（,）で区切ると、そのフレームだけ、ハイフン（）で数字を繋ぐと、その数字と数字の間をレンダリング

15-2 レンダリング設定とプロダクション

❹ [レンダリング出力]（[共通パラメータ] ロールアウト内）

[ファイル] ボタンをクリックすることで❶、レンダリングするファイル名、ファイルの種類、保存場所を設定できます。
[ファイルの種類] を選択❷した後 [設定] ボタン❸で、詳細な設定をすることができます。❹をチェックすると、レンダリングする様子がリアルタイムで表示されます。

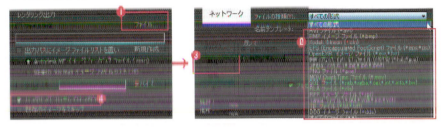

COLUMN　レンダラーによる表現の違い

計算（レンダリング）を行うシステムのことを、「レンダラー」と呼びます。本書では3ds Max 標準レンダラーの [既定値のスキャンラインレンダリング] を使用しますが、[Nvidia mental ray] というレンダラーを使用すると、ガラスや水のような透明な物質を、光が透過する際の屈折、反射、表面下散乱、コースティクス、被写界深度、および煙や水蒸気のような微細粒子状の物質によって引き起こされる光学現象などを表現することができます。レンダラーは [レンダリング設定] → [共通パラメータ] ロールアウト内の設定で変更することができます。

アニメーションのレンダリング設定

Lesson15 ▶ 15-2 ▶ 15-2_sample_01.max

各カメラのレンダリング設定を行い、4つのシーンを作成します。

4つのカメラからのレンダリング設定を行う

1 サンプルシーンを開きます。自分で作成したデータを使用する場合は、Lesson15-1でカメラの作成が完成しているシーンを開きます。Lesson15-1のStep02を確認し、「ムービー1」の出力設定を行います。

ビューポートを [Camera_long] に切り替えます。メニュー→ [レンダリング] → [レンダリング設定] の [レンダリングするビュー] 設定を [Camera_long] に設定します。

2 [共通設定] タブの [時間出力] の [範囲] をチェックします。開始を「1」、終了を「45」に設定します。[出力サイズ] は 幅「1920」、高さ「1080」に設定します。

3 [レンダリング出力] の [ファイル] ボタンをクリックし❶、ファイルの保存先を設定します。保存形式の設定は

　ファイル名：「15-2_anim_c01.mov」❷
　ファイルの種類：「MovQuickTime ファイル (mov)」❸

とし、[設定] ボタンをクリックします❹。[圧縮の種類] は「MPEG-4ビデオ」（ない場合はフォト-JPEG）❺を選択し、[品質] は 高❻とします。

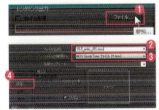 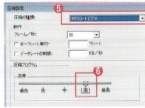

4 [レンダリング出力] の「レンダリングフレームウィンドウ」をオンにして、「ムービー1」レンダリング用のシーンとして別名で保存します。

Lesson 15 カット編集とレンダリング

レンダリングとムービーの確認

F9 レンダリングは[タイムスライダ]のある1フレームだけを出力するのに対し、「プロダクションレンダリング」はレンダリング範囲で指定した開始フレームから終了フレームまでを出力します。

シーンをプロダクションレンダリングする

1 前ページの設定で[レンダリング設定]の[レンダリング]ボタンをクリックしてレンダリングを開始します❶。レンダリングが始まると図のようなパネルで、レンダリングの状況を表示します❷。レンダリングが終了したらムービーを再生して、正しくレンダリングされているか確認します。

2 残りの3つのカメラの分も以下の設定でレンダリングします。

・ムービー2
ビューポートカメラを[Camera_up]に切り替え
[レンダリングするビュー]の設定を[Camera_up]に設定
[時間出力]を[範囲]で「046〜110F」を設定
[出力サイズ]は幅「1920」、高さ「1080」に設定
ファイル名:15-2_anim_c02.mov

・ムービー3
ビューポートカメラを[Camera_middle]に切り替え
[レンダリングするビュー]の設定を[Camera_middle]に設定
[時間出力]を[範囲]で「111〜218F」を設定
[出力サイズ]は幅「1920」、高さ「1080」に設定
ファイル名:15-2_anim_c03.mov

・ムービー4
ビューポートカメラを[Camera_full]に切り替え
[レンダリングするビュー]の設定を[Camera_full]に設定
[時間出力]を[範囲]で「219〜312F」を設定
[出力サイズ]は幅「1920」、高さ「1080」に設定します。
ファイル名:15-2_anim_c04.mov

レンダリングが終わったら、すべてのムービーを再生して、問題がないか確認します。

Exercise — 練習問題

QuickTime Playerを使って、これまでに制作した映像を編集をしてみましょう。

❶作成した[15-2_anim_c01.mov]をQuickTimePlayerで開きます。ムービーを最後まで再生します。再生が終わった状態で[15-2_anim_c02.mov]を図❶の赤い部分にドラッグします。
再生ボタンで再生するとムービーが繋がった状態で再生されます。

❷同じように再生が終わった状態で[15-2_anim_c03.mov]を赤い部分にドラッグします。

❸再生ボタンで再生し、再生が終わった状態で[15-2_anim_c04.mov]も繋ぎます。
4つのカットを繋いだアニメーションが作成されます。再生してみましょう。

❹ファイルを閉じる際に現れるパネルで[保存]ボタンをクリックしておくと、[15-2_anim_c01.mov]を再度開いて再生するとき、編集された状態で再生されます。この編集は簡易的なものなので、たとえば[15-2_anim_c01.mov]だけを別の場所などに移動すると、再生されなくなってしまいます。

3ds Max 主要ショートカットキー 一覧

3ds Maxの主要なショートカットキーの一覧です。

ショートカットキー	使用できる対象	機能
F1		オンラインヘルプ画面表示
F3	アクティブビュー	シェーディング面 表示/非表示
F4	アクティブビュー	エッジ面 表示/非表示
F9		レンダリング
F10		[レンダリング設定パネル]を表示/非表示
Ctrl+z		アンドゥ(直前の操作を取り消す)
Ctrl+y		リドゥ(操作の取り消しをやり直す)
Ctrl+a	アクティブなパネル	すべてを選択
Ctrl+d	アクティブなパネル	選択を解除
Ctrl+i	アクティブなパネル	選択を反転
Ctrl+v		複製(クローンオプション表示)
Shift+t	アクティブビュー	アクティブビューでセーフフレーム表示/非表示
Shif+t		[アセットトラッキング]パネルを表示/非表示
Shift+v	選択したオブジェクト	プレビュー作成パネルを開く
Alt+w		アクティブビューのみを表示/もとに戻す
Alt+q	選択したオブジェクト	分離して表示
Tab	数値入力時	次の数値入力フィールドへ
Esc	数値入力時	入力を確定する
8		環境タブを表示
w		[選択して移動]ツールを使用
e		[選択して回転]ツールを使用
r		[選択して均等にスケール]ツールを使用
t	アクティブビュー	トップビュー
f	アクティブビュー	フロントビュー
l	アクティブビュー	レフトビュー
p	アクティブビュー	パースビュー
b	アクティブビュー	ボトムビュー
m		マテリアルエディタ表示/非表示
PageDown	選択したオブジェクト	子を選択
Ctrl+PageDown	選択したオブジェクト	すべての子を選択
PageUp	選択したオブジェクト	親を選択
<		[タイムスライダ]を前のフレームへ
>		[タイムスライダ]を次のフレームへ
Ctrl+x		エキスパートモード
Ctrl+Shift+x	選択したオブジェクト	ギズモ表示/非表示
スピナー 右クリック		数値を「0」にリセット

※ショートカットを使用できる対象は、画面の状態によって変わります。

INDEX

••• 英数字 •••

F9レンダリング	102
FFDモディファイヤ	151
FK	262
HIソルバ	263
ID	197, 199, 200
IK	262
Isoライン	159
UVWアンラップ	212, 219
UVW座標	211, 213, 215
UVWマップ	211, 215, 216
ViewCube	032
3D	206

••• あ •••

アクティブビュー	028
アセットトラッキング	173
アタッチ	119, 134
アニメーション	013, 015, 270, 287
アニメーションカーブ	277, 280
アプリケーションボタン	017
位置合わせ	064
位置合わせ（ワールド）	065
インスタンスクローン	071
インセット	127, 142
ウェイト	250
ウェイトツール	253, 254
ウェイトテーブル	256
エッジ	106, 108, 110, 136
エッジ面	028
エンベロープ	250
オートキー	271
オートグリッド	084, 169
オーバーシュート	301
押し出し	126

オブジェクト	029, 034, 036, 064, 067, 076, 080, 148
［オブジェクトカラー］パネル	051
オブジェクトを選択する	033, 034, 036
オブジェクトの色を変更する	051
オブジェクトのグループ化	067
オブジェクトの名前を変更する	035
オブジェクトを移動する	037
オブジェクトを回転させる	038
オブジェクトを拡大・縮小させる	039
オブジェクトの作成	080
オブジェクトを非表示にする	035
オブジェクトをフリーズさせる	035
オムニライト	299
親子関係	076, 237
［親］座標系	043

••• か •••

［階層］タブ	018
階層リンク	076, 237
学習パス	020
拡張プリミティブ	050, 052
角度スナップ	085
カット	014, 130
カット割り	310
カメラ	310
カメラオブジェクト	029, 094
カメラパラメータ	097
［画面］座標系	042
ガンマとLUT	006, 024
キー接線	281, 282
キーフレーム	270, 275, 283, 284
キーをコピー	275
ギズモ	037
基点	041, 065, 234
［基点中心を使用］	044
キャップ	119, 142
キャディインターフェイス	117

キャラクター	012, 164	サブマテリアル	198
キャラクターアニメーション	287	参照クローン	073
キャラクターデザイン	015	参照座標系	041, 042
キャラクターモデリング	015, 164	シェイプオブジェクト	029
キャラクターリギング	015, 234	ジオメトリ	106
クアッドメニュー	019	ジオメトリオブジェクト	029
クイックアクセスツールバー	017	ジオメトリを編集	114
クイック位置合わせ	066	ジオメトリを変形	152
グループ	067	しきい値	265
グループ化	067	指向性ライト	298
グループのアタッチ	069	システム単位設定	023
グループのデタッチ	069	質感設定	015
グループを解除する	068	[修正]タブ	018
グループを[再帰的に開く]	068	集約	128
グループを閉じる	069	出力サイズ	272
グループを開く	068	出力ソケット	198
グループを分解する	069	シュリンク選択	111
グロー選択	111	[ジンバル]座標系	043
クローン	070, 073	シンメトリ	178
原画	287, 292	スキュー	153
原点	041	スキン	238, 248
広角カメラ	101	スキンモディファイヤ	238, 248
合成	209	スケール合わせ	065
[合成]パネル	093	ステータスバーコントロール	018
[合成]マップ	209	ストレッチ	154
[コーノー]	053	スノライン	053, 054
ゴールオブジェクト	262	スポットライト	298
コピークローン	070	スムージンググループ	120, 145
コマンドパネル	018, 046, 050, 109	[スムーズ]	053
コンストレイント	181	スライス平面	129, 142
コントロールポイント	151, 174	スレートマテリアルエディタ	019, 194
		静止画出力	102
・・・ さ ・・・		セグメント	047, 048
		接続	117
[作成]タブ	018, 050	[選択して移動]ツール	017, 037
サブオブジェクト	108, 114	[選択して均等にスケール]ツール	017, 039, 040
サブオブジェクトレベル	108	[選択]座標系	043
サブディビジョンサーフェス	158	[選択して押しつぶし]	040

317

[選択して回転]ツール	017, 038	背景カラー	285
選択セット	290	配列	074
[選択部分の中心を使用]	044	バウンディングボックス	030
[ソフト選択]	113	パラメータ	048
		[半径]	051

・・・た・・・

		ビジュアルスタイル	028
ターゲットオブジェクト	064	ビットマップ	205, 215
ターゲットカメラ	094, 096	[ビュー]座標系	042
ターゲット連結	122	ビュー操作	032
ターボスムーズ	158, 229	ビューポート	018, 027
タイムスライダ	018, 271	ビューポートナビゲーション	018
[高さ]	051	ビューポートラベル	028
単位設定	023	ビューポートラベルメニュー	018
チャネルパラメータ	225	ビューポートを2画面表示にする	166
チャネルリスト	224	ビューポートを最大化する	166
頂点	106, 108	[表示]タブ	018
頂点法線	132	標準カメラ	099
頂点を削除する	059	標準プリミティブ	046, 049
頂点を挿入する	058	ピンチ	136
ツイスト	154	ファイルの保存	035
ディスプレイ単位設定	023	フィジカル(物理)カメラ	094
テーパ	155	[フィレット]	051
テクスチャマッピング	204	縁取り	108, 110
デタッチ	119	フライアウト	018
手続き型マップ	205	フリーカメラ	094
デュアルクォータニオンスキニング	256	フリーズ	025, 035
トップビュー	027	ブリッジ	124
トラックビューカーブエディタ	277	プリミティブ	012, 080, 106
		プルダウン	018

・・・な・・・

		フレーム	270
		フレームレート	273
		プレビュー	276
入力ソケット	198	プロジェクトフォルダ	022
ノイズ	156	プロダクションレンダリング	314
		フロントビュー	027
		平面化	131

・・・は・・・

		[ベジェ]	053
パースビュー	027	[ベジェコーナー]	053

ベジェハンドル …………………………… 057, 280
ベベル ……………………………………… 127
ヘルパーオブジェクト ……………………… 024
［変換座標の中心を使用］………………… 044
変換中心 …………………………………… 044
編集可能ポリゴン ………………………… 107
ベンド ……………………………………… 155
望遠カメラ ………………………………… 099
方向位置合わせ（ローカル）……………… 065
法線 ………………………………………… 132
法線位置合わせ …………………………… 066
ボーンオブジェクト ……………………… 238
ホーンツール ……………………………… 240
ポリゴン …………………………… 106, 108, 110
ポリゴン編集 ……………………………… 114

••• ま •••

マテリアル ………………………………… 194
マテリアルエディタ ……………………… 194
マテリアルノード ………………… 194, 196, 198
マテリアル／マップブラウザ …………… 194, 197
ミラー ……………………………… 170, 260
［ミラー軸］………………………………… 082
［ミラー］ツール …………………………… 082
メインツールバー ………………………… 017
メッシュスムーズ ………………………… 160
メニュー …………………………………… 018
面取り ……………………………………… 122
面法線 ……………………………………… 132
［モーション］タブ ………………………… 018
モーファー ………………………… 013, 224, 228, 283
文字シェイプ ……………………………… 089
文字を作成する …………………………… 060
モディファイヤ …………………………… 148, 153
モディファイヤスタック ………………… 109, 149

••• や •••

［ユーティリティ］タブ …………………… 018
ようこそ画面 ……………………………… 016, 020
要素 ………………………………………… 108

••• ら •••

ライティング ……………………………… 015, 298
ライト ……………………………… 191, 192, 298
ライトオブジェクト ……………………… 029
ライトの作成 ……………………………… 300
ライトリスト ……………………………… 299
ライン ……………………………………… 054
リアリスティック ………………………… 028
リギング …………………………………… 013, 234
リボン ……………………………………… 018
リング選択 ………………………………… 112, 140
ループ選択 ………………………………… 112, 140
レイヤ ……………………………… 231, 236, 268
レッスンファイル ………………………… 006, 022
レフトビュー ……………………………… 027
連結 ………………………………………… 118
レンダラー ………………………………… 313
レンダリング ……………………… 015, 024, 025, 102, 312
レンダリング設定 ………………………… 312
レンダリングフレームウィンドウ ……… 019, 103
［ローカル］座標系 ………………………… 043
ロールアウト ……………………………… 018

••• わ •••

ワークスペースシーンエクスプローラ
……………………………… 018, 025, 026, 034, 231
［ワールド］座標系 ………………………… 042

319

アートディレクション　山川香兌
カバー写真　川上尚見
カバー＆本文デザイン　原 真一朗（山川図案室）
本文レイアウト　三嶽 一（Felix）
編集　松之木 大将
　　　株式会社レミック
　　　秋山絵美（技術評論社）

世界一わかりやすい
3ds Max
操作と3DCG制作の教科書

2016年2月25日　初版　第1刷発行
2017年6月27日　初版　第2刷発行

著　者　　奥村 優子／石田 龍樹（IKIF+）

発行者　　片岡　巌
発行所　　株式会社技術評論社
　　　　　東京都新宿区市谷左内町21-13
　　　　　電話 03-3513-6150　販売促進部
　　　　　　　 03-3513-6166　書籍編集部

印刷／製本　共同印刷株式会社

定価はカバーに表示してあります。
本書の一部または全部を著作権の定める範囲を越え、
無断で複写、複製、転載、データ化することを禁じます。

©2016　奥村 優子、石田 龍樹

造本には細心の注意を払っておりますが、
万一、乱丁（ページの乱れ）や落丁（ページの抜け）がございましたら、
小社販売促進部までお送りください。送料小社負担でお取り替えいたします。

ISBN978-4-7741-7860-8 C3055　Printed in Japan

●お問い合わせに関しまして

本書に関するご質問については、FAXもしくは書面にて、必ず該当ページを明記のうえ、右記にお送りください。電話によるご質問および本書の内容と関係のないご質問につきましては、お答えできかねます。あらかじめ以上のことをご了承のうえ、お問い合わせください。

なお、ご質問の際に記載いただいた個人情報は質問の返答以外の目的には使用いたしません。また、質問の返答後は速やかに削除させていただきます。

宛先
〒162-0846
東京都新宿区市谷左内町21-13
株式会社技術評論社書籍編集部
「世界一わかりやすい3ds Max
操作と3DCG制作の教科書」係
FAX:03-3513-6183

●技術評論社Webサイト
URL:http://gihyo.jp/book/

なお、ソフトウェアの不具合や技術的なサポートが必要な場合は、Autodesk社のWebサイト上のホームページをご利用いただくことをおすすめします。

Autodesk社　サポートとラーニング
https://knowledge.autodesk.com/jp/support

著者略歴

奥村 優子（IKIF+）

株式会社IKIF+所属
ディレクター・演出
映画「ドラえもん」2007〜2010、TVシリーズ「キングダム」、TVシリーズ「モンスターハンターストーリーズ RIDE ON」など多くの作品の3DCGディレクターを務める。「がんばれ！ルルロロ（第2期）」やWEB映像などで、コンテ演出も手掛ける。
東京工芸大学非常勤講師、アニメーション学会員、アニメーション協会員。

石田 龍樹（IKIF+）

株式会社IKIF+所属
CGテクニカルディレクター
TVシリーズ「キングダム」、TVシリーズ「モンスターハンターストーリーズ RIDE ON」などの作品で3Dキャラクターのセットアップを、TVシリーズ「アルドノア・ゼロ」にてCGアニメーションと一部のセットアップを手掛ける。

株式会社 アイケイアイエフプラス
http://www.ikifplus.co.jp/

商業アニメーションを中心に、幅広く3DCGアニメーション制作を手掛けている。メカやロボットからかわいいキャラクターのモデリング、アニメーションまで3DCGに関する業務全般を扱っている。
3DCGを使用しない、さまざまな技法を用いたアニメーションの制作も行う。